U0211921

发音质量自动评测技术

张　珑　严　可　季伟东　王建华　著
李海峰　主审

哈爾濱工業大學出版社

内容提要

本书结合作者在发音质量自动评测研究领域最新的科技成果，系统地介绍了发音质量自动评测的基本理论、技术和方法。本书首先详细叙述了发音质量自动评测的技术框架、发展历程及存在的挑战；然后从评测特征提取和评测模型训练两个角度，分别介绍与音素相关的后验概率变换、针对发音质量评测的声学模型训练、基于评测性映射变换的无监督声学模型自适应和系统相关的评测性映射变换的训练及统一框架；最后结合汉语普通话音节的三元结构和音韵特点，分别对汉语普通话声韵母、声调和儿化音变的发音质量自动评测技术进行针对性研究和创造性方法改进。

本书可作为高等院校智能信息处理、模式识别、语音信号处理、教育技术等学科高年级本科生和研究生的教学用书，也可作为从事计算机辅助语言学习、口语自动化评测的科技人员了解发音质量自动评测领域动向及应用新技术的重要参考书。

图书在版编目(CIP)数据

发音质量自动评测技术/张珑著. —哈尔滨：
哈尔滨工业大学出版社，2015.6
ISBN 978-7-5603-5415-6

Ⅰ.①发… Ⅱ.①张… Ⅲ.①发音-质量-自动检测
Ⅳ.①H018.1

中国版本图书馆 CIP 数据核字(2015)第 165954 号

策划编辑 王桂芝
责任编辑 郭 然
出版发行 哈尔滨工业大学出版社
社 址 哈尔滨市南岗区复华四道街 10 号 邮编 150006
传 真 0451-86414749
网 址 http://hitpress.hit.edu.cn
印 刷 哈尔滨工业大学印刷厂
开 本 787mm×1092mm 1/16 印张 12 字数 291 千字
版 次 2015 年 6 月第 1 版 2015 年 6 月第 1 次印刷
书 号 ISBN 978-7-5603-5415-6
定 价 48.00 元

(如因印装质量问题影响阅读，我社负责调换)

前　言

发音质量自动评测(Automatic Pronunciation Quality Evaluation,APQE)是计算机辅助语言学习(Computer Assisted Language Learning, CALL)及口语考试中的核心技术问题,其研究成果对提高学习者学习的灵活性和满意度、减少人工阅卷的主观性和不稳定性、降低投入成本、提高实效性具有重要的理论意义和科学价值,应用前景广阔。随着国内普通话的大力推广和普及,以及国外汉语学习热潮的快速兴起,针对汉语普通话的发音质量自动评测技术实际需求强劲,且更具特色和挑战性,有必要深入系统地研究。

汉语是一种单音节声调语言,每个音节包括声母、韵母和声调三部分,音节间界限较分明,有鲜明的轻重音和儿化音。汉语音节的三元结构及音韵特点与英语语音差异较大,需要结合评测任务和汉语语言特点,在表征、建模和计算等方面进行针对性研究和创造性方法改进,以提高声学模型的精度和评测模型的准确度。

本书结合作者在该领域研究的科技成果,系统地介绍了发音质量自动评测的基本理论、技术和方法。本书从两个角度分别探讨母语人群的汉语普通话发音质量自动评测技术:一是从整体评测角度入手,深入探讨在仅有专家篇章级别标注情况下的发音质量自动评测技术(详见本书第2~5章);二是从细节评测角度入手,深入探讨在获取专家音素级别精细标注情况下的发音质量自动评测技术(详见本书第6,7章)。

在整体评测层面,首先针对不同音素后验概率测度不能一致地描述音素发音质量的缺陷,提出一种可训练的与音素相关的后验概率变换方法。通过对不同音素的后验概率进行相应的变换,使得变换后的音素发音质量测度能更加一致地描述发音质量。接下来,针对目前发音质量自动评测系统中声学建模的缺点,提出一种针对评测的声学模型训练算法。该方法利用覆盖各种不同发音质量的数据,通过最小化机器分与人工分均方误差准则进行声学模型训练,因此,可得到与评测目标紧密相连的声学模型(称为评测声学模型)。紧接着,针对评测声学模型难以进行有效的无监督自适应的问题,提出一种利用评测性映射变换(Evaluation-oriented Mapping Transform,EMT)的无监督自适应方法。EMT仍利用覆盖各种不同发音质量的数据,通过最小化机器分与人工分均方误差得到,因此具有与评测目标紧密相连的性质(即“评测性”)。在测试时,通过将EMT直接应用至自适应后的声学模型,能将这种评测性“映射”到该声学模型上,得到说话人相关的评测声学模型;然后,考虑评测系统具体应用存在的问题,提出了将具体评测系统融入EMT训练的统一理论框架。利用统一框架能得到更符合具体的评测系统要求的EMT,使系统性能得到进一步提升。在国家普通话水平测试(PSC)现场录音语音库上的实验结果表明(篇章级别上进行整体评测),将音素相关后验概率变换融入EMT训练统一框架中得到了显著超过人工评分一致度的性能,表明该方法能很好地解决后验概率测度的两个问题。

在细节评测层面,针对汉语普通话发音特点和发音规律,以提高人机评分相关性和降低机器评分错误率为目标,模拟人工专家评测的过程,从声韵母、声调、儿化音变三个层面,选取具有代表性的鲁棒评测特征,构建更加精细的声学模型和更加准确的评测模型,用来提升汉语普通话发音质量自动评测方法的实际性能。针对经典的发音良好度(Goodness of Pronunciation,GOP)算法存在的问题,提出一种基于音素混淆概率矩阵的声韵母发音质量自动评测方法,提高了音素段切分的准确性,同时有效降低声学模型间的相似度,提高计算的精度。针对包含错误发音的数据容易获取,但标注困难、不易利用的问题,提出一种基于扩展发音空间的声韵母发音质量自动评测方法,提高了声学模型的适应性和覆盖范围,同时设计对错误发音数据进行聚类的非监督学习策略,可实现发音质量评测模型的自动更新。针对多层次基频特征的综合利用问题,提出一种基于系统融合的多维置信度的声调发音质量自动评测方法,建立嵌入式和显式混合声调模型,能同时利用长时语段和短时语段的基频特征,且避免了单维置信度分数加阈值判断方式的缺点,有效提高了声调发音质量评测方法的准确性。针对汉语儿化音复杂多变、很难采用传统的评测方法进行有效评测的问题,提出一种基于分类思想的儿化音发音质量自动评测方法。结合儿化音的发音规律和声学特性,优选儿化音的多种代表性特征,包括共振峰、发音置信度、时长等,同时提出了一种改进的AdaBoost集成学习方法,该方法重新设计了基分类器的权值计算方法和迭代更新策略,特别适合数据分布不平衡的多类分类问题,实现了对儿化音发音质量的有效分类,分类效果明显优于 AdaBoost 分类器和其他经典单一分类器。通过综合声韵母、声调和儿化三个方面的评测结果(音节级别上进行细节评测),系统实际评测性能得到很大提升,音节分差下降到4.26,与人工评测的3.71 非常接近,说明机器自动评测可以代替人工评测在大规模语言考试中应用。

本书由张珑、严可、季伟东、王建华共同撰写,具体编写分工为:第1,6,7,8 章由张珑撰写,第2,3,4 章由严可撰写,第5 章由王建华和季伟东共同撰写。全书由张珑统稿,李海峰主审。另外,单琳琳、张鹏、段喜萍、赵云雪等人在本书的图片处理、数据收集方面做了很多工作,在此表示感谢。

由于作者水平有限,书中难免存在不妥之处,望读者批评指正。

作 者

2015 年3 月

目　录

第1章 发音质量自动评测技术概论

1.1 引　　言

发音质量自动评测(Automatic Pronunciation Quality Evaluation, APQE)一般是让说话人朗读给定文本,计算机对其发音进行自动分析,计算出发音质量的置信度,最后反馈出具体等级或者分数[1]。它的目标是赋予计算机担任虚拟教师的能力,对学生的发音质量进行公正、客观、高效的评测,缓解专业口语教师严重稀缺的问题。在学习上,它能帮助学生更好地了解实际发音水平,提高口语学习效率和促进自学的进行;在考试上,它能辅助或者代替人工进行口语考试的阅卷,大幅提升阅卷效率及质量[2,3]。因此,发音质量的自动评测技术日益成为语音信号处理和现代教育技术的研究热点。

发音质量自动评测就其本质而言,是对人工主观评测过程的模拟,并通过对人工评测结果的机器学习,达到甚至超过人类专家的评测性能。为此,本章首先从人类认知的角度入手,分析人工评测的整个过程,给出发音质量自动评测的基本原理和功能结构;接着介绍如何在语音识别技术框架下,搭建出一个基本的发音质量自动评测系统,并对系统中主要功能模块的关键技术和优化方法进行详细探讨;然后介绍研究用语音数据库的采集、录制和人工标注方法,并给出多种系统性能评价方法,用来从不同侧面反映实际应用系统的各项性能指标;最后通过文献综述的方式,对国内外发音质量自动评测技术的发展历程、主要技术方法和实际应用系统进行了详细阐述,并进一步提出了当前研究存在的主要问题和面临的技术挑战。

1.2 发音质量自动评测的基本原理

从认知的角度看,评测专家对待评测语音进行人工评测的过程如图1.1所示,需要经历感觉、知觉、理解评测三个阶段[4]。感觉阶段指人的听觉系统对待评测语音信号进行接收和初步处理,获取其语音表征。知觉阶段是指将上述语音表征识别或者关联为某种语言形式的心理过程(分别对应与文本无关和与文本相关的发音质量评测),其中语言形式是指特定类别语音表征在心理上留下的经验和认知(心理表征),现代神经科学认为,这些语言形式以某种方式存储于大脑之中[5]。由于感觉和知觉很难截然分开,一般被统称为感知。理解评测阶段是对从待评测语音中提取的语音表征,与存储在大脑中的某一固有语言形式所能容许的语音表征进行匹配和比对的过程[6]。当评测专家在感知过程中获得的语音表征与固有语言形式所允许的语音表征相比发生偏离或者越界时,专家将依据此偏移量判断发音质量的标准程度。

发音质量自动评测正是采用一种模型化的方式来模拟人类评测专家的评测过程,类比图1.1,其功能结构如图1.2所示。从图1.2中可以看出,感觉阶段对应发音质量自动评测中语音信号的特征提取,获得代表性发音特征。知觉阶段的语言形式对应着标准发音单元模型集合(广义上讲,可以是不同粒度上不同类别的多种标准发音单元模型集合,比如音节模型集合、声韵母模型集合、声调模型集合等),感知结果对应着在标准发音单元模型集合上的识别结果或者关联结果(分别对应与文本无关和与文本相关的发音质量自动评测)。理解评测阶段的匹配偏差程度对应着发音特征由对应标准发音单元模型生成的置信度,评测结果对应着最后评定的发音质量等级或者分数。

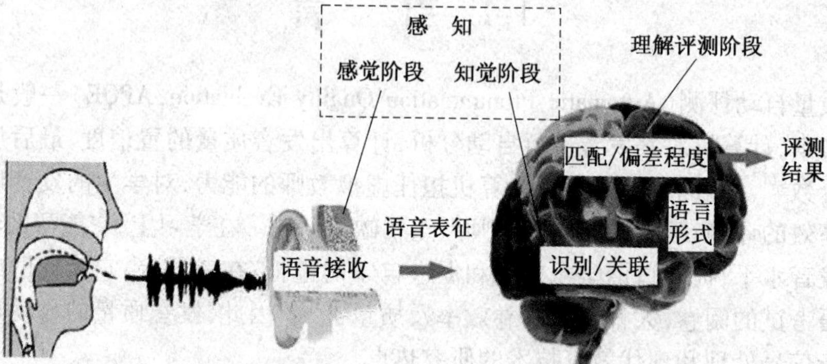

图 1.1 基于认知理论的人工评测过程

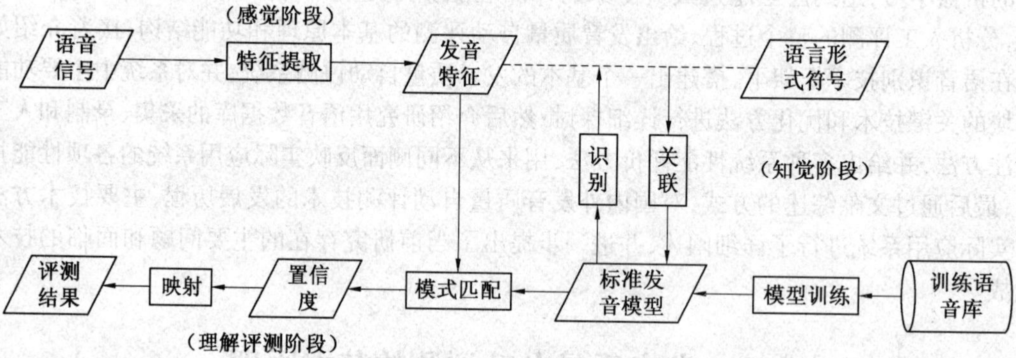

图 1.2 发音质量自动评测的基本功能结构图

从图 1.2 也可以看出,发音质量自动评测任务需要解决的主要问题是,待评测语音与标准发音单元模型之间的匹配程度问题。因此,发音质量自动评测可以转化为计算语音识别中待评测语音段能够被正确识别为其对应的标准发音单元模型的置信度问题(即信号 X 被解码成模式 P 的置信度)。基于这样的思想,发音质量自动评测的目标是寻找适合的评测特征或者特征集,使得这些特征对于发音标准的语音可以得到较高的分数,而对于发音不标准的语音则得到偏低的分数。因此,可以借鉴语音识别技术的基本框架来进行发音质量的自动评测。

1.3　发音质量评测系统的基本功能

1.3.1　系统结构框架

根据1.2节发音质量自动评测的基本功能结构，基线系统的结构框架如图1.3所示，其中核心功能包括发音特征提取、发音模型训练及发音质量评测，在下面几个小节中将对它们进行详细介绍。

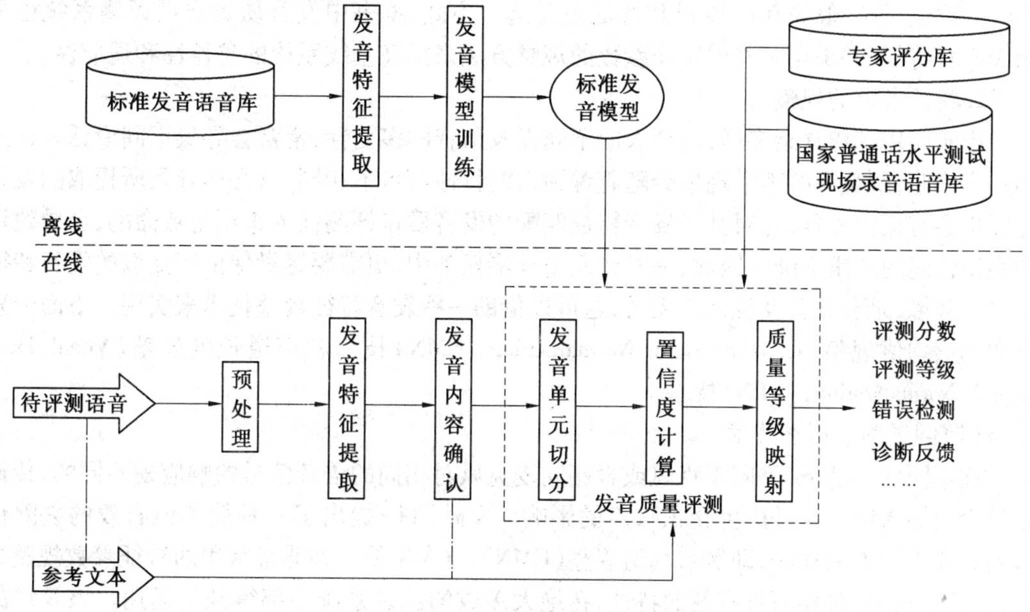

图1.3　发音质量自动评测基线系统的结构框架图

预处理：为了保证后续处理的鲁棒性，在实用系统中，一般需要对输入语音进行一些预处理，比如去除噪声、活动语音检测、语音增强等，以便进行准确的语音识别及发音质量自动评测。

发音内容确认：针对发音质量自动评测任务而言，由于待评测人是按照参考文本进行发音的，因此待评测语音的对应文本是已知的。而对于胡乱发音或者故意错读的语音没有进行发音质量评测的必要和意义，通过发音内容确认模块，只对那些基本符合参考文本，且基本完整的发音进行评测，能有效地提高评测系统的鲁棒性。发音内容确认可参见文献[7,8]，本书不做具体研究。

发音质量评测：首先根据已知参考文本，利用标准语音识别器将待评测语音按照基本发音单元进行切分；第二步提取切分后识别的似然度数值（置信度计算）；第三步把似然度数值映射为专家评测等级或分数（发音评分），或者将似然度数值符合某阈值范围的发音判为发音缺陷或者错误（错音检测）。

1.3.2　发音特征提取

1. 短时谱特征

语音信号一般被看作是短时平稳信号，因此在处理语音信号时，常常需要对语音信号做分帧处理,然后提取每个语音帧的特征参数。常见的特征参数有梅尔倒谱系数(Mel Frequency Cepstrum Coefficient,MFCC)、线性预测倒谱(Linear Predictive Cepstrum,LPC)系数、感知线性预测(Perceptual Linear Prediction,PLP)系数、线谱对(Line Spectrum Pair,LSP)参数等。上述谱特征都具有很强的通用性,在各类语音相关任务中都得到了广泛的应用,比如语音信号处理、语音识别、说话人识别等。一些对比研究结果表明,对谱特征本身的鲁棒性处理常常比选择哪种谱特征类型更重要[9]。不同类型的谱特征之间具有一定的互补性,不同类型的谱特征的融合对系统性能的提升有一定帮助[10]。因此,在发音质量自动评测领域,很少提出有针对性的新的谱特征类型,大多数研究者都是直接利用已有的谱特征或者进行细微的改进,且一般 MFCC 和 PLP 特征是首选。为此,本书中发音质量自动评测系统也采用 MFCC 特征,并采用一些谱特征参数的规整方法来提高基线系统的鲁棒性和适应性。

2. 特征参数的规整

由于应用环境复杂多样,说话人的不同以及语音的多变性,常常会导致不同说话人在发同一音素时,所呈现的声学现象会随着说话人的特性而各不相同,这必然导致所提取的发音特征也会有很大差异,这对基于发音特征匹配的发音质量评测任务来说是致命的,会导致评测系统性能的严重下降。因此,在发音质量评测任务中,更需要尽量保证所提取的发音特征与录音环境、录音设备及说话人无关,这可以借助一些发音特征规整技术来实现。下面分别介绍倒谱均值规整(Cepstral Mean Normalisation, CMN)技术和声道长度规整(Vocal Tract Length Normalization,VTLN)技术。

(1)倒谱均值规整技术。

在不同的环境下,不同麦克风或者相同麦克风对相同的语音信号的响应是不同的,传输信道会对输入语音信号产生卷积噪声的影响。文献[11]提出了一种简单但有效的去除信号卷积噪声影响的算法,即倒谱均值规整(CMN)。CMN 是一种非常常用的特征参数规整方法,它具有简单、鲁棒而且有效的特性,在绝大多数的识别系统中都得到了运用。该算法的具体做法是对训练集和测试集中的每个语音段的语音信号都进行变换,变换方法是在其倒谱特征的基础上减去其所在语音段的倒谱特征均值,这样变换前后信号的概率密度分布相同,只相差一个常数,相当于在横轴上做一个平移,而变换后信号倒谱均值为零,一方面可以补偿说话人之间的差异,另一方面也可以消除环境和信道中的噪声,有助于提高特征的鲁棒性。该算法的不足之处在于,当语音信号比较短时(小于 2 s),比如对只包含一个音素的语音段,其倒谱均值可能估计不准,此时进行 CMN 处理会导致错误率增加;而且倒谱均值本身对区分不同音素是有信息量的,此时进行 CMN 处理会降低特征区分性。所以,一般需要在较长语音信号上进行 CMN 会更为有效和准确。

(2)声道长度规整技术。

说话人对声学特征的影响非常复杂,它不仅来源于说话人生理上的差异,还来源于说话人语言特点的差异。但是,研究者普遍认为:声道的形状,特别是声道的长度(Vocal Tract Length,VTL)是人与人之间发音不同的主要影响因素。因此,如果能把不同说话人的声道长度规整到一个标准长度,即进行声道长度规整(VTLN),能够有效消除说话人的不同。VTLN 方法主要是对说话人的频谱做变换,包括线性变换和非线性变换两种,通过将不同说话人的共振峰规整到近似的位置,以减少声学特征咱不同说话人上的差异。由于采取线性变换和采取非线性变换的方法对语音识别任务中的识别效果差不多,本书选用线性变换的方法,下面进行简要介绍。

首先,简化声道传输模型。假设声道是一段截面均匀的管子,此时声道长度与共振峰成反比,声道长度规整可简单地通过在频域内进行线性变换来实现,计算公式为

$$f' = \alpha f \tag{1.1}$$

式中　f, f'——变换前后的频域变量;

α——频率规整因子。

但是这种简单的直接线性变换会造成带宽的扩大或缩小,进而导致部分频率信息丢失。因此,可采取一种能保持带宽的分段线性变换的方法,其计算公式为式(1.2),用图形表示如图1.4所示。

$$f' = \begin{cases} Af+B & 0 \leqslant f \leqslant F_L \\ \alpha f+\beta & F_L \leqslant f \leqslant F_U \\ Cf+D & F_U \leqslant f \leqslant F_{max} \end{cases} \tag{1.2}$$

式中　F_L, F_U——规整的下边界频率和上边界频率;

$A, B, C, D, \alpha, \beta$——变换参数,由 α, F_L 和 F_U 确定;

F_{max}——频率的最大值。

式(1.1)、式(1.2)中的最重要的参数就是规整因子 α,一般取值范围设定为0.8～1.2,需要提前进行估算确定,方法有基于特征的方法和基于模型的方法。基于特征的方法是通过统计语音的频率特性,直接估计出每个说话人的规整因子,速度快但不稳定。本书采用基于模型的方法,建立隐马尔科夫模型(Hidden Markov Model,HMM),采用最大似然准则来估计规整因子,相对比较稳定,具体方法可参见文献[12]。

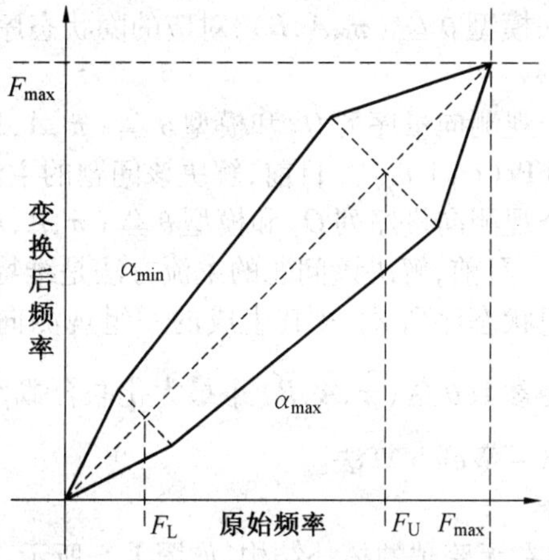

图1.4　线性频率变换示意图

1.3.3　发音模型训练

1. HMM模型

隐马尔科夫模型(HMM)是语音识别中声学建模的常用方法,特别适合处理短时平稳的语音信号。HMM是一种在马尔科夫(Markov)链基础上发展起来的统计模型,它反映着一个双重随机过程,其中一个过程用于描述状态之间的转移,而另一个过程用于描述由状态生

成观测向量。由于观测向量序列是可见的，而状态序列是不可见的，且观测向量与状态之间不是一一对应关系，需要通过观测向量感知到状态的性质及其特性，因此被称为隐马尔科夫模型。

假定一个观测向量序列 $O_T=\boldsymbol{o}_1\boldsymbol{o}_2\cdots\boldsymbol{o}_i\cdots\boldsymbol{o}_{T-1}\boldsymbol{o}_T$ 是符合马尔科夫过程的一个随机变量，它的概率是

$$\mathrm{Pr}^{①}(O_T)=\mathrm{Pr}(\boldsymbol{o}_1)\times\prod_{t=2}^{T}\mathrm{Pr}(\boldsymbol{o}_t\mid O_{t-1})=\mathrm{Pr}(\boldsymbol{o}_1)\times\prod_{t=2}^{T}\mathrm{Pr}(\boldsymbol{o}_t\mid \boldsymbol{o}_{t-1})$$

每个 HMM 中包含若干个状态，记作 $S=\{s_1,s_2,\cdots,s_N\}$，N 为状态数目。那么，O_T 对应的隐状态序列为

$$Z_T=z_1z_2\cdots z_i\cdots z_{T-1}z_T$$

其中，z_t 为 t 时刻所处的状态，$z_t\in S$。

一个 HMM 可以用一个三元组来描述，记作 $\theta\triangleq(\boldsymbol{\pi},\boldsymbol{A},B)$。

其中，$\boldsymbol{\pi}=(\boldsymbol{\pi}_{s_1},\boldsymbol{\pi}_{s_2},\cdots,\boldsymbol{\pi}_{s_N})$ 为初始状态概率，其中 $\boldsymbol{\pi}_{s_i}$（简记为 $\boldsymbol{\pi}_i$）表示初始选取的状态为 s_i 的概率，且 $\sum_{i=1}^{N}\boldsymbol{\pi}_i=1$。

$\boldsymbol{A}=[a_{s_i,s_j}]_{N\times N}$ 为状态转移矩阵，其中 a_{s_i,s_j}（简记为 $a_{i,j}$）表示从状态 s_i 转移到状态 s_j 的概率，且 $\sum_{j=1}^{N}a_{ij}=1,1\leqslant i\leqslant N$。

$B=\{b_{s_i}(\boldsymbol{o}_t)\}(1\leqslant i\leqslant N)$ 为输出概率分布，其中 $b_{s_i}(\boldsymbol{o}_t)$（简记为 $b_i(\boldsymbol{o}_t)$）表示在 t 时刻，且处于 s_i 状态时，产生观测向量 $\boldsymbol{o}_t$ 的输出概率。

若 $t-1$ 时刻，其状态为 s_i，则 $\mathrm{Pr}(\boldsymbol{o}_t\mid\boldsymbol{o}_{t-1})=\prod_{j=1}^{N}a_{ij}b_j(\boldsymbol{o}_t)$，且 $\mathrm{Pr}(\boldsymbol{o}_1)=\sum_{j=1}^{N}\boldsymbol{\pi}_jb_j(\boldsymbol{o}_1)$。

对于观测向量序列 O_T，模型 $\theta\triangleq(\boldsymbol{\pi},\boldsymbol{A},B)$，对应的隐状态序列 Z_T，HMM 存在以下三个最重要的基本问题。

① 评价问题：给定一个观测向量序列 O_T 和模型 $\theta\triangleq(\boldsymbol{\pi},\boldsymbol{A},B)$，如何计算由该模型产生该观测向量序列的概率，即 $\mathrm{Pr}(O_T\mid\theta)$。目前，解决该问题的主流方法是前向后向算法。

② 解码问题：给定一个观测向量序列 O_T 和模型 $\theta\triangleq(\boldsymbol{\pi},\boldsymbol{A},B)$，如何获得产生该观测向量序列的最佳状态序列 Z_T。目前，解决该问题的主流方法是维特比（Viterbi）算法。

③ 学习问题：给定一组状态序列 Z_T 及其生成的一组观测向量序列 O_T，训练模型 $\theta\triangleq(\boldsymbol{\pi},\boldsymbol{A},B)$，并通过调整模型参数 $\tilde{\theta}\triangleq(\tilde{\boldsymbol{\pi}},\tilde{\boldsymbol{A}},\tilde{B})$ 来最大化联合概率 $\prod_{o}\mathrm{Pr}(\boldsymbol{o}\mid\tilde{\theta})$。目前，解决该问题的主流方法是 Baum－Welch 算法。

2. HMM 常用拓扑结构

HMM 一般采用自左向右无跨越的拓扑结构，如图 1.5 所示。

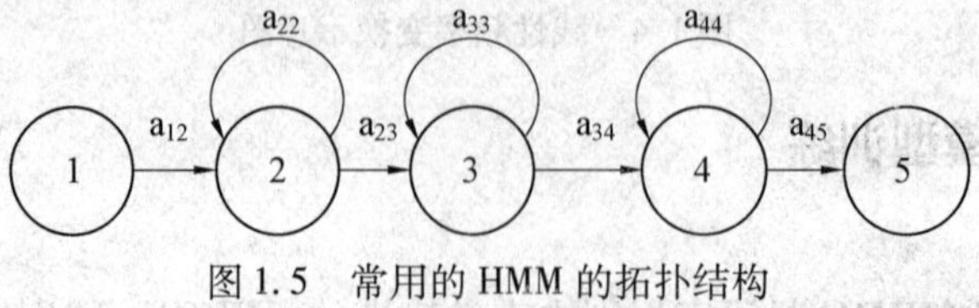

图 1.5 常用的 HMM 的拓扑结构

① 本书中概率（Probability）采用符号 Pr（正体）表示，特此说明。

首尾两个状态分别称为入口状态(Entry State)和退出状态(Exit State),不产生观测向量;其他状态均产生观测向量,因此也称为释放状态①(Emitting State)。例如,我们采用图 1.5的 HMM 描述音素〔a〕(啊)的发音。假设状态 2 表示张口阶段,状态 3 表示发音阶段,状态 4 表示发音结束阶段②。由于人们发音有较强的顺序性,因此发音〔a〕的时候不可能先闭口再张口,也不可能多次张口、闭口。可见,自左向右无跳转的 HMM 能很好地描述人类的发音特性。在这种结构下,无需估计初始概率分布 π。因此,我们需要估计转移矩阵 $\boldsymbol{A}$ 及观测向量的概率分布 B。其中,转移矩阵 $\boldsymbol{A}$ 的估计不在本书讨论范围,下面将简单介绍状态的概率分布 B 的建模及参数估计。

3. HMM 的状态建模及参数估计

虽然语音信号是非平稳信号,但研究表明,在短时间内语音信号可看成是平稳信号。在 HMM 假设中,同一个状态所释放的观测量是平稳的,描述着信号的短时平稳性;而状态之间是不平稳的,描述了在一个较长的时间内,由于发音状态的变化导致所观测的信号不再平稳。例如上文采用一个含三个有效状态的 HMM 描述音素〔a〕的发音,则该建模方式的基本假设就是音素〔a〕的发音可用张口、发音、结束这三个平稳状态描述。由于我们认为同一状态所产生的观测量是平稳的,因此,在当收集足够多的属于该状态所产生的观测量后,就可以估计出该状态的概率分布 B。

当然,对于不同说话人、录音环境,HMM 的状态内平稳假设并不成立。因此,一种好的建模方法需要满足以下两个条件:第一,能较精确地估计出该状态的概率分布参数 B;第二,可通过少量数据对状态参数 B 进行调整,使它能描述当前说话人在当前录音环境下的统计特性;或者能较精确地描述可变环境及说话人情况下的不变量(即发音状态)。目前在语音信号处理中,常用高斯混合模型(Gaussain Mixture Model,GMM)或者人工神经网络(Artificial Neural Network,ANN)对 HMM 的状态进行建模,分别称为 HMM-GMM 和 HMM-ANN 框架,下面分别加以介绍。

(1)利用 GMM 进行 HMM 状态建模(HMM-GMM 框架)。

GMM 即高斯混合模型,它采用多个不同权重的高斯概率密度函数之和表示描述状态的概率密度函数。GMM 不仅能较精确地描述平稳信号的统计特性,还可以通过少量数据对模型参数进行快速调整(称为说话人自适应),使得更新后的模型(通常称为"说话人相关的声学模型")能较好地描述测试集中新说话人、新录音环境的统计特征,是语音信号处理中主流的声学建模方法,本书中的后续工作也将在此基础上进行。

令符号 θ 表示 HMM,它的第 s 状态号记为 θ_s,第 s 状态的第 k 高斯记为 θ_{sk},则观测向量 $\boldsymbol{o}_t$ 的似然度计算如下:

$$\Pr(\boldsymbol{o}_t \mid \theta_{sk}) = \frac{1}{\sqrt{(2\pi)^{\mathrm{Dim}} \mid \boldsymbol{\Sigma}_{sk} \mid}} \exp\left[-\frac{1}{2}(\boldsymbol{o}_t - \boldsymbol{u}_{sk})^T \boldsymbol{\Sigma}_{sk}^{-1} (\boldsymbol{o}_t - \boldsymbol{u}_{sk})\right] \tag{1.3}$$

其中,$\boldsymbol{u}_{sk}$,$\boldsymbol{\Sigma}_{sk}$ 分别为该 HMM 的第 s 状态的第 k 高斯的均值矢量和协方差矩阵(一般为对角阵);Dim 为声学特征(即观测量)的维数。因此,该状态的似然度即为所有高斯似然度的加权和,如下所示:

---

① 在语音信号处理中,一般称为"有效状态",本书也将沿用这种称呼。

② 实际 HMM 的训练中并没有精细至状态标注,因此实际的 HMM 的状态物理意义并不明确。该例仅是为了更形象地阐述这种自左向右无跳转的 HMM 建模的思想。

$$\Pr(\boldsymbol{o}_t \mid \theta_s) = \sum_{k=1}^{K_s} c_{sk} \Pr(\boldsymbol{o}_t \mid \theta_{sk}) \tag{1.4}$$

其中,K_s 为第 s 状态的高斯数目;c_{sk}为第 s 状态的第 k 个高斯的权重。

(2)利用 ANN 进行 HMM 状态建模(HMM-ANN 框架)。

相比 GMM,ANN 更加擅长描述可变的发音人及录音环境中的不变量,因此也受到广泛重视。利用 ANN 进行 HMM 状态建模的方法最早由 Ikbal 等人提出[13],但由于 ANN 训练的自由度会随着 MLP 的层数增加而呈指数增长,因此当时的研究仅限于浅层的 ANN,学习能力不强,收益有限。随后,在 2009 年, Y. Bengio 在工作中提出了一种名叫 DBN(Deep Belief Network)可深层学习的 ANN[14],并逐渐成为统计模式识别的研究热点。随后,微软的研究人员将其应用于语音识别中,在不做自适应的情况下,取得了显著超过 GMM-HMM 的识别性能,并受到语音信号处理研究人员的高度关注[15,16]。

然而,目前 HMM-ANN 或者 HMM-DBN 的研究尚不成熟,人们仍难以利用少量样本进行可靠的声学模型参数调整,因此暂时无法取代 HMM-GMM。另外,在本书所研究的发音质量评测任务中,尚未发现有应用 DBN 取得显著收益的报道。因此,后续的研究工作仍在 HMM-GMM 框架下进行。

4. EM 算法及 HMM 的状态参数的最大似然估计

期望最大化(EM)算法是统计学习中重要的最大似然估计(Maximum Likelihood Estimation, MLE)方法,也是 HMM-GMM 参数估计的基石。同时,EM 也是本书后续章节的针对评测的声学建模的重要理论基础,因此本节将详细介绍 EM 算法及如何利用 EM 算法估计 HMM 中的状态参数。

(1)EM 算法简介。

EM 算法是 HMM 训练问题的中 Baum-Welch 重估计的基石,它解决了在不完全数据下最大似然估计的问题[17,18]。EM 的主要思想是通过引入适当的辅助函数,将不完全数据的最大似然估计转化为完全数据的最大似然估计,并通过对辅助函数的优化,从而达到间接的优化不完全数据的对数似然度的目的。

这里,我们讨论的 EM 算法不局限于语音信号处理,因此采用符号 X 表示观测序列,Y 表示隐含的状态序列,Φ 表示数学模型。我们的目标是根据不完全数据优化目标函数 $\log \Pr(X|\Phi)$。

根据贝叶斯公式可知 $\Pr(X,Y|\Phi)=\Pr(Y|X,\Phi)\Pr(X|\Phi)$,两边取对数,有

$$\log \Pr(X|\Phi) = \log \Pr(X,Y|\Phi) - \log \Pr(Y|X,\Phi) \tag{1.5}$$

上式两边对观测序列 X 在旧模型 $\Phi^{(0)}$ 下的隐变量 Y 求期望,可得

$$E_{S|X,\Phi^{(0)}}[\log \Pr(X \mid \Phi)] = E_{S|X,\Phi^{(0)}}(\log \Pr(X,Y \mid \Phi)) - E_{S|X,\Phi^{(0)}}(\log \Pr(Y \mid X,\Phi)) \tag{1.6}$$

令

$$Q(\Phi \mid \Phi^{(0)}) = E_{S|X,\Phi^{(0)}}(\log \Pr(X,Y \mid \Phi)) = \sum_Y \Pr(Y \mid X,\Phi^{(0)}) \log \Pr(X,Y \mid \Phi) \tag{1.7}$$

$$H(\Phi \mid \Phi^{(0)}) = E_{S|X,\Phi^{(0)}}(\log \Pr(Y \mid X,\Phi)) = \sum_Y \Pr(Y \mid X,\Phi^{(0)}) \log \Pr(Y \mid X,\Phi) \tag{1.8}$$

于是可得

$$\log \Pr(X \mid \Phi) = E_{S|X,\Phi^{(0)}}[\log \Pr(X \mid \Phi)] = Q(\Phi \mid \Phi^{(0)}) - H(\Phi \mid \Phi^{(0)}) \quad (1.9)$$

另外，根据杰森不等式 $\sum_i a_i \log x_i \leqslant \log \sum_i a_i x_i$（其中 $\sum_i a_i = 1$ 且 $a_i \geqslant 0$）有

$$H(\Phi \mid \Phi^{(0)}) - H(\Phi^{(0)} \mid \Phi^{(0)}) = \sum_Y \Pr(Y \mid X, \Phi^{(0)}) \log \frac{\Pr(Y \mid X, \Phi)}{\Pr(Y \mid X, \Phi^{(0)})} \leqslant$$

$$\log \sum_Y \Pr(Y \mid X, \Phi^{(0)}) \frac{\Pr(Y \mid X, \Phi)}{\Pr(Y \mid X, \Phi^{(0)})} = \log \sum_Y \Pr(Y \mid X, \Phi) = 0 \quad (1.10)$$

于是可知：

$$\log \Pr(X \mid \Phi) - \log \Pr(X \mid \Phi^{(0)}) \geqslant Q(\Phi \mid \Phi^{(0)}) - Q(\Phi^{(0)} \mid \Phi^{(0)}) \quad (1.11)$$

上式表明了在每一步迭代过程中，对辅助函数 Q 进行优化的同时，目标函数也会得到优化，且优化幅度比 Q 的优化幅度更大。分析辅助函数 Q，不难发现 Q 分为两部分，其中 $\Pr(Y|X,\Phi^{(0)})$ 为隐状态在更新前模型下的概率，在 HMM 估计中可采用前后项算法（即 HMM 的估计问题）求得；对于第二部分 $\Pr(X,Y|\Phi)$，隐变量 Y 已经不再“隐藏”，因此可直接进行最大似然估计。可见，通过 EM 算法，我们将对复杂的目标函数的优化简化为对较简单的 Q 函数的优化。

（2）利用 EM 算法估计 HMM 的状态（GMM）参数。

对于一个时长为 T 的观测向量序列 $O_T = \boldsymbol{o}_1, \boldsymbol{o}_2, \cdots, \boldsymbol{o}_T$，根据 GMM（假设其为某个 HMM 的第 s 状态，记为 θ_s）计算对数似然度的公式为

$$L(\theta_s) = \sum_{t=1}^{T} \log \Pr(\boldsymbol{o}_t \mid \theta_s) = \sum_{t=1}^{T} \log \sum_{k=1}^{K_s} \frac{c_k}{\sqrt{(2\pi)^{\mathrm{Dim}} |\Sigma_{sk}|}} \exp\left[-\frac{1}{2}(\boldsymbol{o}_t - \boldsymbol{u}_{sk})^{\mathrm{T}} \Sigma_{sk}^{-1} (\boldsymbol{o}_t - \boldsymbol{u}_{sk})\right] \quad (1.12)$$

优化目的任务是最大化通过调节 GMM 的参数，使得 $L(\theta_s)$ 的期望最大化。然而，我们不知道观测向量属于哪个高斯，难以直接优化式(1.12)。通常做法是采用 EM 算法，引入辅助函数 $Q(\theta_s, \theta_s^{(0)})$，将隐含的高斯通过求期望方式“显示”出来，如下所示：

$$Q(\theta_s, \theta_s^{(0)}) = \sum_{t=1}^{T} \sum_{k=1}^{K_s} \gamma_{sk}^{(0)}(\boldsymbol{o}_t) \log \Pr(\boldsymbol{o}_t \mid \theta_{sk}) \quad (1.13)$$

其中，$\theta_s^{(0)}$ 为更新前的 GMM 模型参数①；θ_s 为更新后的 GMM 参数；$\gamma_{sk}^{(0)}(o_t)$ 为更新前的 HMM 模型的第 s 状态第 k 高斯（$\theta_{sk}^{(0)}$）在观测向量 $\boldsymbol{o}_t$ 时的后验概率（Posterior Probability，PP）。对于第二项的 $\log \Pr(\boldsymbol{o}_t \mid \theta_{sk})$，代入式(1.3)，可以发现 log 和高斯似然度计算中的 exp 可以消掉，因此 Q 函数是关于均值矢量 $\boldsymbol{u}$ 的二次函数，开口恒向下，因此很容易求解到 Q 的全局最优解。

同时，可以证明，辅助函数与原函数在原点处一阶导相等，如式(1.14)[19]。这个性质将在本书的第3,4章中使用到。

$$\frac{\partial Q(\theta_s, \theta_s^{(0)})}{\partial \theta_s} = \left.\frac{\partial L(\theta_s)}{\partial \theta_s}\right|_{\theta_s = \theta_s^{(0)}} \quad (1.14)$$

因此，高斯混合模型的估计可归纳如下。

---

① 本书凡是有上标$^{(0)}$的参数表示该参数是根据更新前的声学模型得到。

E 步：根据更新前的声学模型计算所有训练样本的所有时刻的所有高斯的后验概率 $\boldsymbol{\gamma}_{sk}^{(0)}(\boldsymbol{o}_t)$，如式(1.13)所示。其中 $\boldsymbol{\gamma}_s^{(0)}(\boldsymbol{o}_t)$ 为状态 s 在 t 时刻下的后验概率，可由前后项算法（HMM 的第一个问题的解）或者 Viterbi 解码（HMM 的第二个问题的解）得到。

$$\boldsymbol{\gamma}_{sk}^{(0)}(\boldsymbol{o}_t)=\boldsymbol{\gamma}_s^{(0)}(\boldsymbol{o}_t)\frac{c_{sk}^{(0)}P(\boldsymbol{o}_t\mid\theta_{sk}^{(0)})}{\sum_{l=1}^{K_s}c_{sl}^{(0)}P(\boldsymbol{o}_t\mid\theta_{sl}^{(0)})}\tag{1.15}$$

M 步：更新 GMM 模型参数

$$\boldsymbol{u}_{sk}=\frac{\sum_{t=1}^{T}\boldsymbol{\gamma}_{sk}^{(0)}(\boldsymbol{o}_t)\boldsymbol{o}_t}{\sum_{t=1}^{T}\boldsymbol{\gamma}_{s}^{(0)}(\boldsymbol{o}_t)}\tag{1.16}$$

$$\Sigma_{sk}=\frac{\sum_{t=1}^{T}\boldsymbol{\gamma}_{sk}^{(0)}(\boldsymbol{o}_t)(\boldsymbol{o}_t-\boldsymbol{u}_{sk})(\boldsymbol{o}_t-\boldsymbol{u}_{sk})^{\mathrm{T}}}{\sum_{t=1}^{T}\boldsymbol{\gamma}_{sk}^{(0)}(\boldsymbol{o}_t)}\tag{1.17}$$

例：音素〔a〕的参数的估计，其中音素〔a〕由一个三个有效状态的自左向右无跳转的 HMM - GMM 描述，如图 1.6 所示。

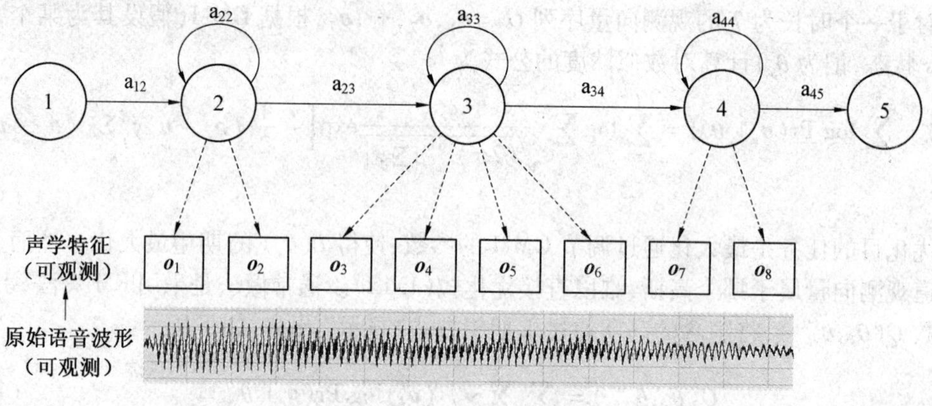

图 1.6　利用 HMM 描述发音〔a〕

E 步：根据更新前的声学模型 $\theta^{(0)}$ 进行语音识别，得到观测向量属于的状态，并计算高斯后验概率。

通过 HMM 的解码（图 1.6），我们可以知道 $\boldsymbol{o}_1,\boldsymbol{o}_2$ 由 $\theta^{(0)}$ 的状态 2 所释放，$\boldsymbol{o}_3,\boldsymbol{o}_4,\boldsymbol{o}_5,\boldsymbol{o}_6$ 由状态 3 所释放，$\boldsymbol{o}_7,\boldsymbol{o}_8$ 由状态 4 所释放。因此对于观测向量 $\boldsymbol{o}_1$ 而言，状态 2 的后验概率 $\gamma_2^{(0)}(\boldsymbol{o}_1)=1$，其他状态的后验概率（$\gamma_3^{(0)}(\boldsymbol{o}_1),\gamma_4^{(0)}(\boldsymbol{o}_1)$）均为 0，依此类推。对于 $\theta^{(0)}$ 的第 2 状态的第 k 高斯 $\theta_{2,k}^{(0)}$，在状态 2 条件下的高斯后验概率 $\mathrm{PP}(\boldsymbol{o}_1,\theta_{2,k}^{(0)}\mid\theta_2^{(0)})$ 即为该高斯的加权似然度 $c_{2,k}^{(0)}\Pr(\boldsymbol{o}_1\mid\theta_{2,k}^{(0)})$ 除以该状态的所有高斯的加权似然度 $\sum_{l=1}^{K_2}c_{2,l}^{(0)}\Pr(\boldsymbol{o}_1\mid\theta_{2,l}^{(0)})$，即

$$\gamma_{2,k}^{(0)}(\boldsymbol{o}_1)=\gamma_2^{(0)}(\boldsymbol{o}_1)\frac{c_{2,k}^{(0)}\Pr(\boldsymbol{o}_1\mid\theta_{2,k}^{(0)})}{\sum_{l=1}^{K_2}c_{2,l}^{(0)}\Pr(\boldsymbol{o}_1\mid\theta_{2,l}^{(0)})}\tag{1.18}$$

其中，K_2 为状态 2 的高斯数目。可见，E 步并不存在隐变量，所有的高斯后验概率均可根据

更新前的模型 $\theta^{(0)}$ 解析求得。

M 步：根据高斯在所有时刻的后验概率，利用式(1.16)及式(1.17)更新声学模型，并返回 E 步。

当然，目前一般采用前后项算法取代 Viterbi 解码进行状态后验概率的估计[20]。与 Viterbi估计的区别在于，采用前后项算法估计时状态后验概率不再仅限于取{0,1}二值，而是介于0 和 1 之间的有理数，即 $\gamma_s^{(0)}(\boldsymbol{o}_t)\in[0,1]$，但状态下的高斯后验概率的计算方法不变。

总结起来，对于音素〔a〕的 HMM 的参数估计过程如图 1.7 所示。

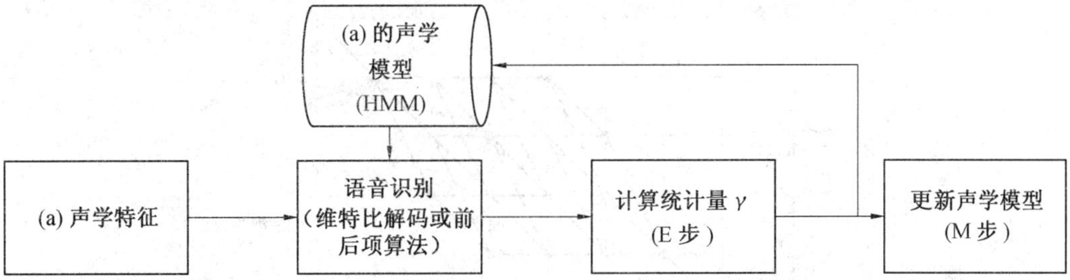

图 1.7　发音质量自动评测系统中描述发音〔a〕的 HMM 的训练流程

上面讲的是单个 HMM 的 GMM 参数估计。对于多个 HMM 的参数估计，如“中〔zh ong〕”，只需要将〔ong〕的 HMM 并接在〔zh〕的 HMM 后，消去中间的无效状态后，就可采用与上述单个 HMM 完全一致的方法估计 GMM 参数：即通过 Viterbi 解码或者前后项算法，将隐藏的状态“显示”出来即可利用 EM 算法完成 GMM 参数的估计，如图 1.8 所示。

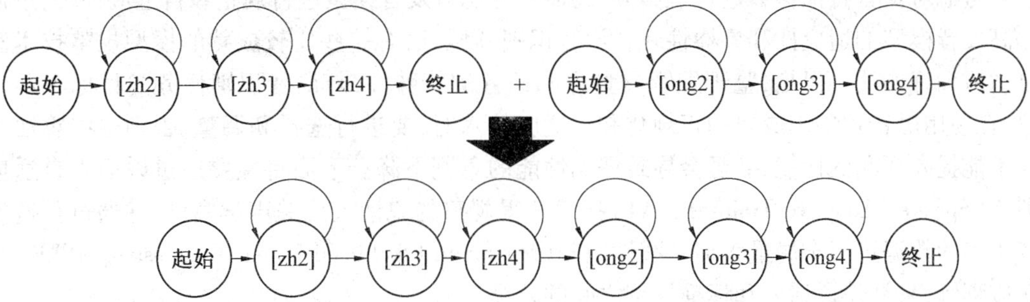

图 1.8　多个 HMM 的状态参数估计示意图

说明：只需将多个 HMM 首尾相接，消去中间的无效状态即可。

5. HMM 的解码过程

对于一个给定的语音段，利用训练好的声学模型(HMM)对其解码，这是一个典型的网络搜索过程。对于网络搜索问题，基本的求解方法主要有两类：深度优先搜索(Best-first)和宽度优先(Breadth-first)搜索。具体到语音识别任务中，常见的深度优先搜索方法是时间异步(帧异步)的堆栈搜索[21,22]和 A* 搜索[23,24]，比如，麻省理工大学(MIT)的 Lincon 系统和国际商用机器公司(IBM)的 ViaVoice 系统；常见的宽度优先搜索方法是时间同步(帧同步)的 Viterbi 搜索，比如卡内基梅隆大学(CMU)的 sphinx 系统[25]、剑桥大学(CU)的 HTK 系统[26]及微软公司(Microsoft)的 Whisper 系统等[27]。

目前，时间同步 Viterbi 搜索算法在语音识别中得到更广泛的应用。通过时间同步

Viterbi搜索算法可以得到搜索空间中 HMM 状态与语音帧之间最佳的对应关系。搜索空间一般是通过语言模型来构造的,语言模型通常是由大规模语料库进行训练得到的,常用的有n-gram语言模型,能在一定程度上保证语音识别结果是合乎语法规范的。当发音质量比较差,或者发音方言比较重,或者信噪比比较低时,可选择搭建全音素循环网络来构造搜索空间,通常会得到更好的识别效果,但识别的结果不一定合乎语法规范。在搜索空间上进行 Viterbi 解码就是用网络中可能的音素的状态序列和待识别语音段进行匹配,在确保累积概率最高的准则下从中挑选最优结果,从而实现音素识别,其过程如图 1.9 所示。

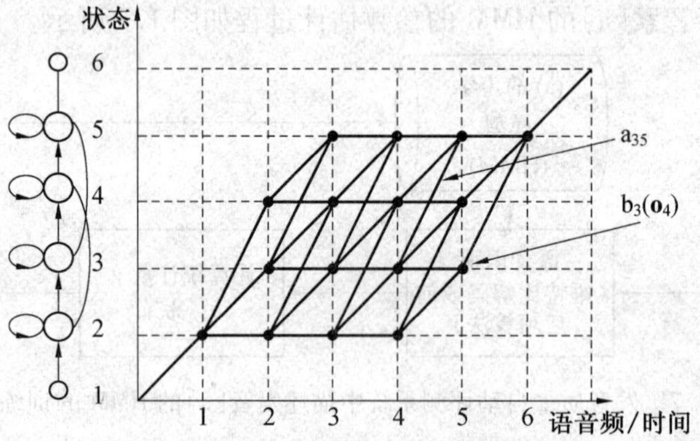

图 1.9 Viterbi 宽度优先搜索算法

6. 模型的规整和自适应

与特征参数的规整同样的目的,为减少说话人的待评测发音和标准发音之间的差异,除了要考虑对发音特征参数进行规整外,还需要考虑对发音模型进行规整和自适应训练,进而提高发音模型的适应性和鲁棒性。在语音识别领域,已有一些比较成熟的模型规整技术和自适应训练方法。但是,鉴于发音质量评测任务的特殊性,与语音识别任务的目标并不一致,在使用语音识别中成熟的正规化和自适应技术时,要进行选择和调整,否则这些算法不但不能提高评测的性能,甚至会导致评测性能的急剧下降。下面将主要通过说话人自适应训练(Speaker Adaptive Training, SAT)技术获得规整的说话人无关声学模型,并通过预选发音正确的数据进行全局最大似然线性回归(Maximum Likelihood Linear Regression, MLLR)自适应训练,来补偿说话人和标准模型之间的差异。

(1)基于 SAT 的说话人无关模型。

由 1.3.3 小节中 3 和 4 可知,在训练基于 HMM 的各个音素声学模型时,需要使用训练语音库进行嵌入式模型训练,采用最大似然准则,估算出 HMM 中的相关参数。为保证每个音素的声学模型能得到充分训练,一般要求训练语音库中包含大量说话人的语音数据。但是,由于大量说话人的存在,不同说话人之间的声学特性差别较大,这必将导致训练出来的这些声学模型既包含语音信号中音素的相关变化,也包含一部分与说话人自身特性的相关变化,这与声学模型训练的初衷并不一致。一般情况下,更希望声学模型只反映语音信号中音素相关的变化,而与说话人无关,这时就需要采取声学模型层次的正规化技术。

SAT 是一种典型的声学模型规整技术,在语音识别任务中被广泛采用,其训练结果包括一个规范模型(Canonical Model)和一组转换函数。其中,规范模型是一种说话人无关声学模型,它有效地去除了说话人和环境的影响,能更好地反映音素相关特征,且使模型参数分布的方差变小，模型更加紧凑。转换函数用来表示训练集中各个说话人和环境的变化情况，规范模型经过对应转换函数变换后，可以得到相应的能够反映说话人和环境特点的个性化声学模型，即说话人相关声学模型。可以看出，规范模型是说话人无关的标准声学模型，对于新的说话人或环境具有较强的自适应能力，也更适合用于发音质量评测任务。

在进行 SAT 时，可以采用 MLLR 算法，也可以采用约束最大似然线性回归（Constraind Maximum Likelihood Linear Regression，CMLLR）算法。MLLR 算法中均值和方差不相关，有各自独立的变换矩阵；而 CMLLR 算法中均值和方差是相关的，它们的变换矩阵是相同的（故被称为“受限”），具体参见式（1.19）。因此，CMLLR 算法的运算量较小。有研究表明，在进行 SAT 时，上述两种算法的性能基本一致[28]，因此本书采用基于 CMLLR 算法的 SAT 技术。

$$
\begin{aligned}
\widetilde{\boldsymbol{\mu}} &= \boldsymbol{A}\boldsymbol{\mu} + \boldsymbol{b} \\
\widetilde{\Sigma} &= \boldsymbol{A}\Sigma\boldsymbol{A}^{\mathrm{T}}
\end{aligned}
\tag{1.19}
$$

式中　$\boldsymbol{A}$——变换矩阵；

　　　$\boldsymbol{b}$——偏移量。

（2）基于数据预选的 MLLR 模型自适应。

在声学模型训练时，使用的是训练语音库中的语音数据，因此训练得到的声学模型在反映语音信号中音素相关变化的同时，还部分反映着训练语音库中说话人的发音特点。但在实际的发音质量评测任务中，学习者或者测试者一般都不是训练语音库中说话人，这必然会导致他们的语音和已训练好的声学模型可能会存在很大差异，而这些差异既可以采用声学模型层次的规整技术来解决，还可以采用声学模型的自适应方法来解决。在语音识别任务中，有两种自适应策略应用最为广泛，一种是基于 MLLR 的自适应方法[29]，一种是基于最大后验概率（Maximum a Posterior，MAP）的自适应方法[30]。其中，基于 MAP 的自适应方法只能调整那些在自适应数据中出现的观测向量对应的分布，因此需要较多的数据，这在自动发音质量评测任务中很难得到满足，因此，本书中选用基于 MLLR 的自适应方法。

基于 MLLR 的自适应方法是在最大似然估计准则下，利用有限的自适应数据去估计出一系列的线性变换，这些变换能够抓住原始模型与当前说话人和当前声学环境的联系，实现对原始模型的有效调整。变换后的模型能够大大降低原始模型与自适应数据之间的不匹配，能够更好地反映当前说话人和当前声学环境的特点，具有更好的适应性。虽然基于 MLLR 的方法既可以调整模型均值，也可以调整模型方差，但说话人之间的差异主要表现在均值特征上，因此本书仅调整模型的均值。此外，自适应数据只应该反映说话人和声学环境的变化，而不应该包含发音错误或者发音缺陷所带来的变化，为让变换后的模型能更多地反映说话人和声学环境的特性，更少地反映发音单元相关的变化，可采取的办法是，让所有模型都共享同一套变换矩阵，即进行全局的 MLLR 自适应变换，能够有效降低错误发音数据的影响，更适合发音质量自动评测任务。

发音质量评测任务与语音识别任务的根本目标并不相同，因此，进行说话人自适应时也必然会各有侧重。语音识别的目标是提高识别率，进行说话人自适应时，只需要尽量减少训练数据和测试数据的不匹配程度，而不用考虑这种不匹配是由什么样的原因引起的，比如是由说话人的特性引起的,还是由说话人的发音错误引起的。而发音质量评测任务的目标是判断说话人的发音质量的标准程度,而不是提高识别率。因此,在发音质量评测任务中进行说话人自适应时,重点处理由于说话人特性和环境带来的不匹配,而避免处理由于说话人发音错误引起的不匹配。因此,必须采用发音正确的数据对标准发音模型进行自适应训练,否则,说话人自适应算法不但不一定能提高发音质量评测的性能,甚至可能会导致评测性能的急剧下降。

为此,可采取的策略是先用发音质量评测算法对待评测语音进行评测(具体评测方法参见1.3.4小节),选择评测结果为发音正确的数据(置信度分数高),对标准发音模型进行自适应训练,提高模型的适应性,然后采用新的自适应后的模型对待评测语音重新进行评价。其中,用于自适应训练的数据选择的具体方法如算法1.1所示。

输入:测试集中所有待评测语音段 S 及对应参考文本 T,预设阈值 *Thresh*。

输出:用于自适应训练的数据集 DS。

1. $DS=\Phi$;
2. 通过发音字典,生成对应参考文本 T 的音素序列 $P_{1,M}=p_1p_2...p_M$;
3. 根据 $P_{1,M}$ 对待评测语音段 S 按音素进行强制对准切分,得到二元序列 (s_i,p_i),
   $1\leqslant i\leqslant M$,其中 s_i 为音素 p_i 所对应的语音子段;
4. for $i=1$ to M do
5. 　计算 $GOP(p_i|s_i)$;
6. 　if $GOP(p_i|s_i)\geqslant Thresh$
7. 　　$DS=DS\cup(s_i,p_i)$。
8. 　end
9. end

算法1.1　针对发音质量评测的可用于自适应训练的数据选择算法

1.3.4　发音质量评测

1. 发音单元切分

(1)基于文本的强制对准切分。

发音质量自动评测任务常常并不需要实现整个语音识别的功能,它只需要把待评测的语音段和它对应的参考文本的声学模型进行对比,进而计算出它们之间相似的程度,即相应声学模型产生该语音段的置信度水平。因此,精确的音素切分是准确计算发音置信度的前提和基本保证。一个简单的做法是,把参考文本做分词后搭建一个词网,然后借助发音字典把词网中的单词替换为它们对应的音素序列,进而构成一个音素网络。按照这个音素网络,每个音素对应的HMM声学模型进行连接,构成一个HMM状态网络,这个状态网络就是进行解码的搜索空间。这个状态网络中的每一个状态,既可以向它下一个状态转移,也可以向自身转移,因此,在整个状态网络中包含多种转移路径,需要根据观察序列从中计算出最佳的状态转移路径。同时,根据状态转移路径,可以得到很详细的音素切分点信息,甚至是音素模型中每个状态的分割点信息。整个过程如图1.10所示。

显然,这是一种最简单的识别网络,且无论说话人如何发音,识别结果一定是"zhong guo bei jing(中国北京)"。假设学生将其中的"北京"错读成了"人民",语音识别器输出的识别结果也是"北京"。但可以预见,由于"人民"的发音与"北京"的发音相去甚远,评测器

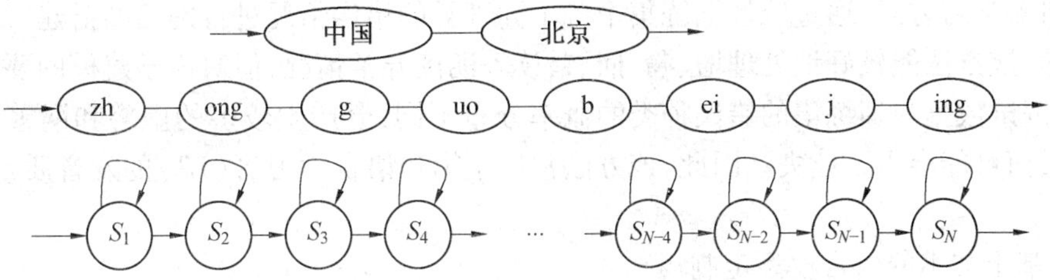

图1.10 音素切分时根据参考文本构建搜索网络

通过计算可以知道该学生的“北京”二字发音不标准，从而达到错读扣分的目的。但是，若学生将其读成“北、北京”的情况，通常第一个“北”的发音会与“sil”（静音模型）对齐，从而评测器会误认为这是一段静音而不做判断。

另一方面，回顾1.3.3小节4的MLE模型训练，不难发现，在E步时，我们是通过切分的方式将隐藏的状态显示出来，并在此基础上计算高斯后验概率。可见，切分是与MLE建模高度匹配的一种语音识别方法。在评测的实践中发现，若考生严格按照文本朗读，即使面临Golden声学模型与方言发音不匹配的情况，一般仍可得到精度较高的切分结果。

因此，基于文本的切分方式有着简单、高效、无需发音错误的先验知识，对声学建模要求不高等优点，但对后端评测器的性能要求较高，且对增读、漏读、回读等朗读异常情况处理能力不足。因此，它常被用于发音流畅度相对较好的第一语言学习者（First Language，L1）的发音质量自动评测任务上。

（2）基于文本的识别网络搭建。

基于文本的识别网络搭建正是为了弥补切分的不足。一种典型的识别网络如图1.11所示[31]。我们可根据朗读文本，考虑其增读、漏读、回读、错读（错读可看成是一个增读和一个漏读）等情况，搭建识别网络，进行语音识别。

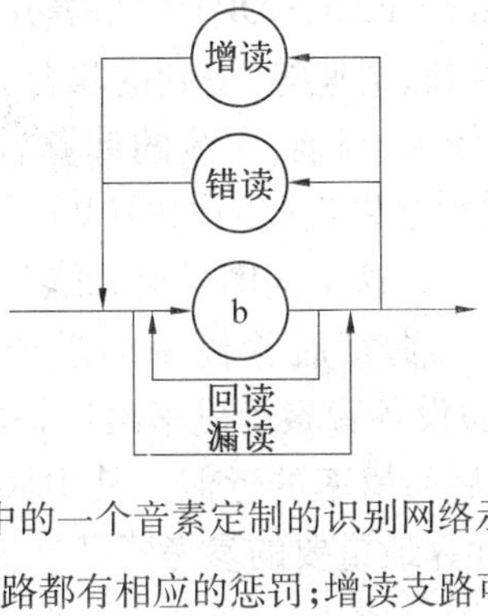

图1.11 根据文本中的一个音素定制的识别网络示意图（以“b”为例）

注：其中增读、漏读、回读、错读支路都有相应的惩罚；增读支路可用一个filler（填充模型）循环网络代替；错读支路为音素并联网络，每个音素都有相应的权重，可参看文献[31]。

可见，当增读、漏读、回读、错读支路的惩罚无穷大时，该网络退化为切分路径。相比切分路径，识别网络更利于描述学生的各种发音异常。但该方法需要根据发音异常的先验知识设计各支路的惩罚。

对于各支路惩罚的设置较为烦琐，特别是错读支路，与音素（例如〔b〕很容易错读成〔p〕，但很少错读成〔a〕）上下文相关，利用先验知识搭建识别网络需要进行较精巧的设计。在数据量较少时，可采用人工方式，通过总结典型错误模式进行网络搭建；在数据量较多时，可通过机器学习方式,通过统计训练集中各不同种类的错误情况进行网络的搭建[32]。

显然,该方法能较好地处理增、漏、回、错读等朗读异常情况,但对声学建模的要求较高。同时,若测试数据与训练集的错误种类的概率分布不同,会产生较多的虚警和漏警,相对切分路径反而可能会得不偿失。因此,该方法常用于第二语言学习者(L2)的发音质量评测任务上。

(3)基于文本的语言模型定制。

语言模型(Language Model,LM)是大词汇量连续语音识别(Large Vocabulary Continuous Speech Recognition,LVCSR)的不可缺少部分。通过 LM 的定制,使评测系统的语音识别模块转变为受限领域的 LVCSR,因此可获得更高的识别率(即机器转写结果和考生真实发音的转写文本的一致程度)。仍然考虑文本"北京",学生错发成"北、北京"的情况,基于识别网络的识别只需要识别出"北京"和一个"增读"即可,而基于 LM 的识别希望较准确地识别出"北、北京"。

引入 LM 进行识别,在一定程度上可以改善切分路径对朗读异常的处理不足,但该方法对声学建模及语言模型建模要求非常高。相对识别网络,一般而言,它使得解码的自由度更大,容易引入更多的混淆。因此,该方法在一些水平较低的 L2(如幼儿或小学生学外语)发音质量评测任务中得到了广泛的应用。

另外,在文本无关的发音质量评测任务中,由于学生不需要严格按照文本表述,使得基于 LM 的语音识别比基于网络的语音识别有着显著的优势[33-35]。

2. 置信度计算

音素切分后,可以得到比较准确的音素边界信息,然后在每个音素的语音段内计算其对应该音素的置信度。置信度直接反映发音质量的好坏,是获得满意打分及检测结果的关键。常用的置信度计算方法有对数似然度[36]、对数似然比、对数后验概率[37,38]、归一化对数似然比、发音良好度(Goodness of Pronunciation,GOP)[39,40]等几种形式。在此基础上,把这些分数与更多的发音特征结合,比如时长、语速等,得到的联合分数效果会更好[40,42]。

由于准确的后验概率计算量较大,目前,主流的计算后验概率有两种方法:①基于帧平均的后验概率[37,38]。利用一遍识别结果生成的词图(Word Graph)、词格(Word Lattice)或者 N-best 列表的结果来进行。通过假设这个词图、词格或者 N-best 列表可以代表最容易混淆的部分,由此产生的后验概率作为真实后验概率的近似。②基于音素段的发音良好度(GOP)算法[39,40]。在音素层面,假设各音素等概率出现,并使用最大值近似累加项,由此产生的简化了的后验概率作为真实后验概率的近似。其中,GOP 算法更是被广泛用于各种发音评测系统中,是发音质量分数计算最重要的参考[38,41,43]。本书采用 GOP 算法作为基线系统的置信度计算方法。

(1)对数似然度算法。

对数似然度方法是直接计算参考音素的声学模型产生该语音段的对数似然值作为置信度分数,具体公式为

$$LP_i = \sum_{t=\tau_i}^{\tau_{i+1}} \log(\Pr(s_t \mid s_{t-1})\Pr(\boldsymbol{o}_t \mid s_t)) \tag{1.20}$$

式中 τ_i——第 i 个音素的起始时间;

$\boldsymbol{o}_t, s_t$——t 时刻的观察向量和其所在的状态模型;

LP_i—— 第 i 个音素产生该待评测语音段的生成概率；

$\Pr(s_t \mid s_{t-1})$—— 状态转移概率；

$\Pr(\boldsymbol{o}_t \mid s_t)$—— 状态 s_t 的输出概率分布。

可以看出，对数似然度逐帧进行计算，在同一发音人的不同发音上具有一定的可比性，但对不同发音人的同一发音一般不具有可比性，其受发音人的个体特征、录音信道和语速等的影响都比较大，鲁棒性不好。

(2)对数后验概率算法。

对数后验概率算法是将待评测语音段中由参考音素的每个状态的声学模型产生的对数后验作为置信度分数。具体公式为

$$LLP_{q_i} = \sum_{t=\tau_i}^{\tau_{i+1}} \log(\mathrm{PP}^{①}(s_k \mid \boldsymbol{o}_t)) \tag{1.21}$$

其中，$\mathrm{PP}(s_k \mid \boldsymbol{o}_t)$ 是对于待评测语音段中的第 t 帧观察向量 $\boldsymbol{o}_t$，对于其参考文本音素 q_i 第 t 时刻所处的状态 s_k 的基于帧的后验概率，计算公式为

$$\mathrm{PP}(s_j \mid \boldsymbol{o}_t) = \frac{\Pr(\boldsymbol{o}_t \mid s_j)\Pr(s_j)}{\sum_{k=1}^{K}\Pr(\boldsymbol{o}_t \mid s_k)\Pr(s_k)} \tag{1.22}$$

式中　K—— 音素 q_i 的状态数的总数目；

$\Pr(\boldsymbol{o}_t \mid s_k)$—— 给定状态 s_k 下观测向量 $\boldsymbol{o}_t$ 的概率分布；

$\Pr(s_k)$—— 音素的先验概率分布。

一般假设 $\Pr(s_k) = \Pr(s_j)$，则上式推导为

$$\mathrm{PP}(s_j \mid \boldsymbol{o}_t) = \frac{\Pr(o_t \mid s_j)}{\sum_{k=1}^{K}\Pr(o_t \mid s_k)} \tag{1.23}$$

由于采用的声学模型是 HMM 模型，其本质上是一个产生式模型，部分不同音素声学模型间的区分度不大，因此这种方法的评测效果一般，鲁棒性不强。

人们又先后提出对数似然比、对数后验概率及归一化对数似然比的方法，取得了更好的效果，已经成为现在发音质量评测方法的主流。

(3)发音良好度(GOP)算法。

GOP 算法是一种针对音素的后验概率计算方法。对于某个给定的音素 p 及其观测向量序列 O_T，传统的后验概率策略得到的音素 p 的对数后验概率为

$$\log \mathrm{PP}(p \mid O_T) = \log\left(\frac{\Pr(O_T \mid p)\Pr(p)}{\sum_{i=1}^{N}\Pr(O_T \mid p_i)\Pr(p_i)}\right) \tag{1.24}$$

式中　N—— 音素集合中音素的总数量。

为了计算每个音素的评测分数，S. M. Witt 等人在后验概率的基础上，假设所有音素出现的先验概率相等，并将分母中的求和算法近似成为求最大值算法，得到了 GOP 的概念，其计算公式为

$$\log \mathrm{PP}(p \mid O_T) = \log\left(\frac{\Pr(O_T \mid p)\Pr(p)}{\sum_{i=1}^{N}\Pr(O_T \mid p_i)\Pr(p_i)}\right) \approx \log\left(\frac{\Pr(O_T \mid p)}{\max_{i=1}^{N}\Pr(O_T \mid p_i)}\right) =$$

① 本书中后验概率(Posterior Probability)采用符号 PP(正体)表示，特此说明。

$$\log \Pr(O_T \mid p) - \log \Pr(O_T \mid id(O_T)) \tag{1.25}$$

$$GOP(p) = \log \Pr(O_T \mid p) - \log \Pr(O_T \mid id(O_T)) \tag{1.26}$$

式中　$id(O_T)$—— 观测向量序列 O_T 在标准发音空间内的识别结果。

由此可见，$GOP(p) \leqslant 0$。$GOP(p) = 0$ 时，发音最标准，值越小，发音错误的可能性越大。

对于单个音素语音段，直接按公式进行计算即可。但对于连续语流，实际计算时分子部分来自于强制对准网络(FA)，分母部分来自于音素循环网络(PL)，如图 1.12 所示[44]。

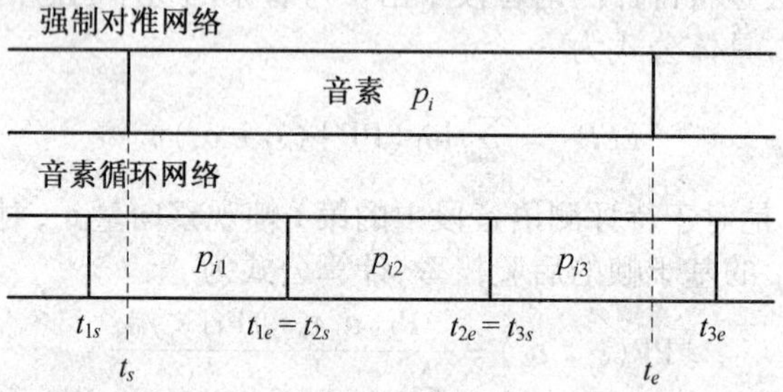

图 1.12　连续语流中的 GOP 分数的计算

$$GOP(p_i) = \frac{\log \Pr(O_T \mid p_i)}{t_e - t_s} - \sum_{j=1}^{N} \frac{\log \Pr(O_T \mid p_{ij})}{t_{je} - t_{js}} \tag{1.27}$$

式中　t_s, t_{js}—— 音素 p_i 和 p_{ij} 的开始时间点；

t_e, t_{je}—— 音素 p_i 和 p_{ij} 的结束时间点。

3. 质量等级映射

各种置信度分数虽然都能够不同程度地反映输入语音和声学模型的匹配程度，但它们的量值各不相同，不直观且不好理解，无法对比，不利于对系统进行有效评价。为此，需要把它们转化成为具体的发音质量等级分数，转化方法如下：

基线系统中的发音等级分为三类，即发音正确、发音缺陷和发音错误，因此需要设置两个阈值，阈值设定一般采用直接线性映射的方式。由于每个音素的置信度分数的分布并不完全相同，所以需采取为每个不同的音素设置不同的阈值，来区别说话人某个音素的发音质量。比如，对于 GOP 分数，可按照如下方法为每个音素设置相应的阈值：首先计算出训练数据中属于 p 的全部音素段的 GOP 分数，然后计算分数的均值 μ_p 和方差 δ_p，并设定阈值为

$$T_p = \mu_p + \alpha\delta_p + \beta \tag{1.28}$$

式中　α, β——经验值，本书在开发集上进行计算得到。

由于基线系统要把发音质量分成标准、缺陷和错误，可采用双阈值设定的方法来进行，即

$$T_{pi} = \mu_p + \alpha_i\delta_p + \beta_i \quad i \in \{1,2\} \tag{1.29}$$

式中　T_{p1}, T_{p2}——对应音素 p 的发音缺陷阈值和发音错误阈值。

1.4　研究用语音数据库

现有发音质量评测技术的相关研究主要涉及两类语音数据库，一类用于标准发音模型的训练，一类用于发音质量的评测。用于标准发音模型训练的标准语音库，应该满足音素覆

盖和音色覆盖的要求,且数据量要足够大,满足建模需求。同时,标准发音模型代表着标准纯正的发音,其训练用语音库不能包含明显的发音错误或者发音缺陷。对发音质量进行评测的语音库,需要包含一定比例的各类发音错误和发音缺陷,一般应采用实际评测任务中获取的现场录音数据,以保证评测的真实性和有效性,这类语音库虽然较易获取,但人工准确标注的工作量巨大,成本极高。因此,现有研究中对该类语音库的标注主要有两种形式:粗标语音数据库和详标语音库。粗标语音库一般仅在篇章(或者是说话人)级别上给出专家的整体评分,这种标注成本低、综合性强、评分稳定度高。详标语音数据库需要在音节(甚至是声母、韵母、声调等)级别上给出专家的细致评分,这种标注成本极高,需要专家多次仔细听辨。

本书将从两个不同角度分别探讨母语人群的汉语普通话发音质量自动评测技术:一是从整体评测角度入手,深入探讨在仅有专家篇章级别标注情况下的发音质量评测技术;二是从细节评测角度入手,深入探讨在获取专家音素级别精细标注情况下的发音质量评测技术。因此,上述两种方式标注的语音库都有涉及。

由于发音评测具有一定的主观性,不同人对同一批数据的评测结果会有所不同,甚至同一个人在不同时间或者不同环境下对同一批数据的评测结果也会有所不同。为此,本书采取多个评测专家的人工评分的融合作为最后评分,详见下面语音库的具体说明。

1.4.1　标准发音语音库

CCTV:新闻联播语音库,用于标准发音模型和规范的说话人无关模型的训练。为训练标准的基于音素(本项目研究中,音素特指汉语中的声母和韵母,具体参见文献[45])的语音识别模型,采集中央电视台新闻联播节目音频 186 段,近 70 h 的发音数据(16 kHz 采样,16 bit 量化,按句切分,WAV 格式存储),并进行对应文字的手工标注。其中,男性播音员语料共 17 359 句,女性播音员语料共 15 931 句。男性播音员有:罗京、王宁、张宏民、康辉和郭志坚,女性播音员有:李瑞英、李修平、邢质斌、海霞和李梓萌。每位播音员的语料数见表 1.1。

表 1.1　新闻联播语音库中播音员语料数统计

男性播音员	罗京	王宁	张宏民	康辉	郭志坚	总计
语料数/句	5 131	5 468	4 195	1 884	681	17 359
女性播音员	李瑞英	李修平	邢质斌	海霞	李梓萌	总计
语料数/句	5 268	5 349	4 657	425	232	15 931

G1-112:音节级标准语音库。选取 112 名性别均衡、发音标准的发音人进行朗读录音,他们的普通话水平为一级乙等,且经人工仔细复核不存在发音错误和发音缺陷,其中男生 45 份,女生 67 份,男女比例基本均衡。每份语音样本包含 100 个单音节字和 50 个双音节词,一共 200 个音节。语音 16 kHz 采样,16 bit 量化,WAV 格式存储。

PZ-G1-56:篇章级标准语音库。选取 56 名性别均衡、发音标准的发音人进行朗读录音,其中绝大多数发音人达到普通话水平测试的一级甲等认证(最高认证),发音水平与专业播音员相当;剩下的极少部分发音人也有一级乙等认证。录音内容为国家普通话水平测试大纲中的 60 篇短文,每篇 400 字,声韵、声调覆盖均衡,在安静教室内采用近讲麦克风录制,有效语音约 100 h。语音 16 kHz 采样,16 bit 量化,WAV 格式存储。

ERHUA:儿化音标准语音库,用于标准儿化韵母模型的训练。聘请普通话水平为一级甲等的两位说话人,一男一女,按照国家普通话水平测试大纲提供的普通话测试儿化词语表朗读两遍的录音,16 kHz 采样,16 bit 量化,WAV 格式存储。该儿化词语表包含 36 个儿化韵母,共 188 个双音节儿化词语。

1.4.2 国家普通话水平测试现场录音语音库

PSC-1176:采集黑龙江省某大学国家普通话水平测试(Pǔtōnghuà Shuǐpíng Cèshì in Chinese,PSC)考试站,2009 年共 1 176 份考试现场数据(16 kHz 采样,16 bit 量化,WAV 格式存储),其中男生 567 份,女生 609 份,男女比例基本均衡。每份语音样本包含 100 个单音节字和 50 个双音节词,一共 200 个音节。同时,聘请三位国家级测试员对这些现场数据进行评分,并进行发音缺陷和发音错误的详细标注。标注方法是采用自行开发的普通话水平测试评分软件,如图 1.13 所示,按照国家普通话测试的评分要求,标记出考生在测试中出现的所有发音缺陷和发音错误。要求具体标记到每个音节的每个声母、韵母、声调(含轻声)和儿化,而且在可分辨的情况下,要求详细标出实际发音的声母、韵母和声调。该语音库可以满足发音评测模型、错音检测模型和发音诊断模型的训练和测试。

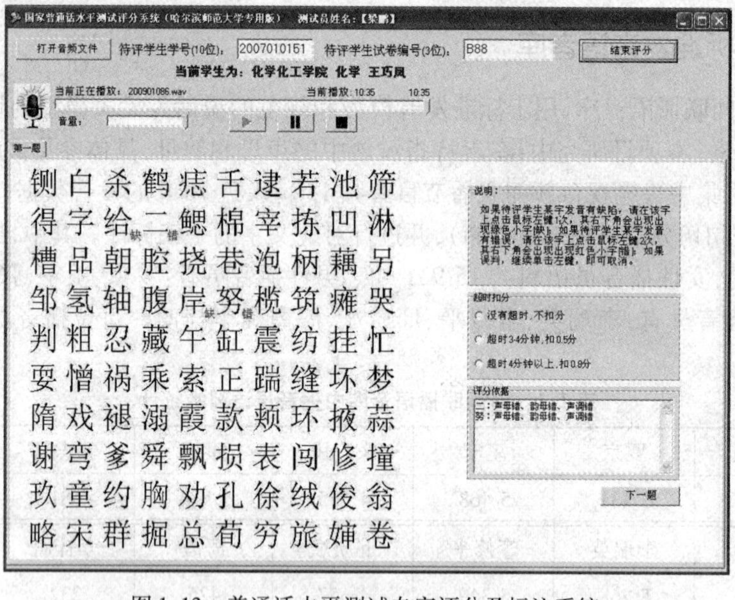

图 1.13 普通话水平测试专家评分及标注系统

下面,对 PSC-1176 语音库中所有考生最终的普通话水平等级进行统计分析,考生中的最好成绩是一级乙等,最差成绩是三级甲等,各等级所占比例见表 1.2。按照考生所在的方言区主要分成北方方言区、吴方言区、湘方言区、赣方言区、闽方言区、粤方言区及其他(含各少数民族地区)六个区域,并统计不同方言区考生普通话水平等级分布情况,见表1.3。可以看出北方方言区的一级乙等和二级甲等的比例明显高于其他方言区,合计达到 76.0%,比其他方言区均高出 20% ~30%。这主要是因为普通话是“以北京语音为标准音,以北方话为基础方言”的,普通话在语言语音上与“北方方言”非常接近,因此,具有“北方方言”背景的人学说普通话也较为容易,普通话也较为标准。

根据实验需要，把 PSC-1176 语音库随机拆分成三部分，每部分分别是 1 000 份、89 份和 87 份，互相无重复，且男女比例基本均衡，分别记作 PSC-Train-1000，PSC-Test-89 和 PSC-Develop-87，将用作后续实验的训练集、测试集和开发集。

表 1.2　PSC-1176 语音库中考生的普通话水平等级分布

等级	人数	所占比例
一级乙等	199	16.9%
二级甲等	615	52.3%
二级乙等	269	22.9%
三级甲等	93	7.9%

表 1.3　PSC-1176 语音库中不同方言背景考生的普通话水平等级分布

方言区等级	北方方言	吴方言	湘方言	赣方言	闽方言	粤方言	其他
一级乙等	18.8%	13.9%	11.8%	14.8%	9.3%	10.0%	12.2%
二级甲等	57.2%	38.9%	45.6%	42.6%	34.7%	36.7%	30.6%
二级乙等	19.0%	33.3%	32.4%	29.6%	32.0%	40.0%	38.8%
三级甲等	5.0%	13.9%	10.3%	13.0%	24.0%	13.3%	18.4%
总人数	864	36	68	54	75	30	49

为方便后续实验，对于每一个发音对象（声母、韵母、声调、儿化和音节），分别用三个整数来表示不同的评测结果等级，发音正确为 2，发音缺陷为 1，发音错误为 0。具体处理过程如下：首先评测专家会根据评分要求对待评测语音段中的每一个音节进行评价（标记出错误发音和缺陷发音），评分系统可自动计算出每个音节的分数；然后评测专家再对每个音节进行详细标注（标记出该音节的各子项，包括声母、韵母、声调、儿化等的错误发音和缺陷发音，在可分辨的情况下，要求详细标出实际发音的声母、韵母和声调），评分系统可进一步自动计算出各个子项的分数；最后，评分系统需要对所有评测专家对同一发音对象的评分进行融合，得到每一个发音对象的最终得分，称之为专家综合打分，并作为评测系统的最后评价标准。融合方式一般可选择取最小值方式、计算平均值方式或者投票方式。为更好地消除单个评测专家的主观性，本书采用投票机制进行分数融合，即对于同一发音对象，如果有两个及以上的专家评分相同，则记为相应分数，否则记为 1 分。

PSC-PZ-3787：采集全国十余省市（包括安徽、湖北、江苏、江西、山东、山西、上海、浙江等多个地区）PSC 考试站，共 3 787 份考试现场数据（16 kHz 采样，16 bit 量化，WAV 格式存储），参与考试的学生水平良莠不齐。每份语音样本包含一个学生在 3.5 min 内朗读的一篇 400 字的短文，该题满分为 30 分。虽然这些数据都有教师的现场评分，但由于阅卷工作紧迫、不同教师评分尺度把握不一、评测工作强度大、疲劳工作在所难免等因素，导致现场评分质量不可靠。因此，我们找了三名具有国家级评测员资质认证（PSC 评测员的最高认证）的评测员在相互独立且时间充足的情况下进行了重新评分①。接下来，从中随机抽取 3 187 份

① 要求评测员一般要听两遍录音，精确标注后给分，因此，三人一天仅能完成 20 ~ 30 人的阅卷任务。

数据作为后续研究所使用的训练集,剩下的 498 份为测试集,分别记作 PSC-PZ-Train-3187 和 PSC-PZ-Test-498,训练集和测试集无交叠。

1.5 发音质量自动评测系统的性能评价

在进行发音质量自动评测方法研究之前,应该首先选择和制定合理的系统性能评价方法。从本质上说,发音质量评测是人的一种主观评价,它没有一致的客观评价标准,而且评测目标、任务的不同,主观评价的标准也各不相同。因此,很难做出客观上的量化,也很难直接在系统性能上做出数量上的判断。一般情况下,只能选择人工的评测结果为标准参照,直接把系统自动评测的结果和人工评测的结果进行比较,进而决定评价系统的性能优劣。系统自动评测的结果和人工评测的结果越接近,系统的自动评测性能越好。

本书所采用的系统性能评价方法主要有三种:第一种是国际上比较流行的相关系数评价方法,这种方法已经在很多发音质量自动评测研究中广泛使用,当然也适用于汉语普通话发音质量自动评测;第二种是联合错误率的评价方法;第三种是分差的评价方法。联合错误率一般用于度量多分类系统的分类性能,分差则多用于度量实际评测系统的整体性能。本书中使用这两种方法从不同侧面、更直观地观测系统的实际性能,也更适合汉语普通话水平测试的具体情况。

1.5.1 相关系数评价方法

相关系数(Correlation Coefficient,CC)常用来考察两组数据序列一致性的良好程度,因此,可以用来度量发音质量自动评测结果与人工评测结果之间的一致性,当然也可以用来度量不同人工评测结果之间的一致性。假设 $X=\{x_1,x_2,\cdots,x_n\}$ 和 $Y=\{y_1,y_2,\cdots,y_n\}$ 分别是对同一发音样本序列的两种不同的评测结果序列,f_n' 为样本数目,那么它们的相关系数计算公式为

$$CC(X,Y)=\frac{\sum_{i=1}^{n}(x_i-\bar{x})(y_i-\bar{y})}{\sqrt{\sum_{i=1}^{n}(x_i-\bar{x})^2\sum_{i=1}^{n}(y_i-\bar{y})^2}} \tag{1.30}$$

式中 $\bar{x},\bar{y}$——序列 X 和 Y 的样本均值;

x_i,y_i——序列 X 和 Y 的第 i 个样本值,$i=1,2,\cdots,n$。

由于发音质量评测一般是对某一说话人的发音质量的整体情况进行评测,因此在评估系统的性能时,首先计算每个说话人 k 的所有发音样本对应的相关系数 $CC_k(X,Y)$,然后再统计所有说话人相关系数的均值,即

$$CC=\frac{1}{K}\sum_{k=1}^{K}CC_k(X,Y) \tag{1.31}$$

式中 K——说话人的总人数。

专家评分间的相关系数是评价系统性能的重要参考,首先分析一下不同专家间的相关系数情况,详见表 1.4 ~ 表 1.6。

表 1.4　评测专家之间声韵母评分的相关系数

评测专家	专家 1	专家 2	专家 3
专家 1	1.00	0.851	0.872
专家 2	—	1.00	0.825
专家 3	—	—	1.00
平 均	0.849		

注：为方便和机器自动评测方法的性能进行比较，如非特殊说明，本书中所有数据统计信息均只针对测试集 PSC-Test-89 语音库（参见 1.4.2 小节）。

表 1.5　评测专家之间声调评分的相关系数

评测专家	专家 1	专家 2	专家 3
专家 1	1.00	0.864	0.895
专家 2	—	1.00	0.838
专家 3	—	—	1.00
平 均	0.873		

表 1.6　评测专家之间音节评分的相关系数

评测专家	专家 1	专家 2	专家 3
专家 1	1.00	0.823	0.847
专家 2	—	1.00	0.816
专家 3	—	—	1.00
平 均	0.829		

从表 1.6 中可以看出，对于非标准发音语音库的专家评分间的相关度，本书结果与国内外其他发音质量评测系统研究中给出的结果基本一致，这说明专家打分结果是可信的。

下面，给出每位评测专家评分与三位专家综合打分的相关系数统计，见表 1.7。三位专家综合打分的计算方法参见 1.4.2 小节。

表 1.7　评测专家评分与所有专家综合评分之间的相关系数

评测对象	专家 1	专家 2	专家 3	平均
声韵母	0.892	0.873	0.901	0.889
声　调	0.897	0.865	0.924	0.895
音　节	0.843	0.842	0.858	0.848

可以看出，每位评测专家与三位专家综合打分的相关系数更高，因此三位专家的综合打分可靠性更高，可以作为系统最后的评价标准。

针对篇章级粗标语音库 PSC-PZ-3787，对其测试集上三名教师评分的平均相关系数和平均均方误差进行了统计，分别为 0.851 和 1.316。具体计算步骤如下：

（1）计算评测员 1 与其他两名评测员的平均分的相关系数和均方误差作为评测员 1 的评分性能；

(2)依此类推,计算评测员 2、评测员 3 的评分性能;

(3)取三名评测员性能的平均作为人工评分性能。

1.5.2 联合错误率评价方法

从另一个角度看,发音质量评测问题可以看作是或者转换成一个典型的分类问题。本书中发音质量分为三类,即发音正确、发音缺陷和发音错误。多分类问题一般采用混淆矩阵(Confusion Matrix)和分类错误率来评价。

(1)分类混淆矩阵。

对于多分类问题,每一个类别都会有一部分样本被错分到其他类别,分别对每一个类的分类样本进行数量统计,就会形成一个分类混淆矩阵 $\boldsymbol{M}=\{m_{ij}\}_{N\times N}, 1\leqslant i,j\leqslant N$。一般情况下,分到自己类别的样本比较多,所以,如果分类正确率高的话,那么分类混淆矩阵对角线上元素的数值就比较大。

(2)分类错误率。

虽然分类混淆矩阵可以清晰地展示出分类器的分类状况,但是并不能直接用来比较两个不同分类器的分类性能,为此,一般通过计算分类错误率来度量两个不同分类器的分类性能。最常见的分类错误率的计算办法是平均错误率(Average Error Rate, AER),其计算公式为

$$AER=\frac{\sum_{i}\sum_{j}m_{ij}-\sum_{i}m_{ii}}{\sum_{i}\sum_{j}m_{ij}} \tag{1.32}$$

式中 m_{ij}——分类混淆矩阵 $\boldsymbol{M}$ 中第 i 行、第 j 列的值,即第 i 类别被识别成第 j 类的样本数量。

AER 是分类错误的样本和总样本在数量上的比率,能够在一定程度上反映不同分类器的分类性能。但是,当数据集不平衡、语义相关多分或者分类错误代价不同时,这个指标常常失效,甚至毫无意义。比如,对于典型的非平衡数据集,如果采用大类分类器(即把所有样本都识别为数据集中数量最多的那个类别),常常会实现最低的 AER,但这对分类并无实际意义。

对数据库中各类数据进行统计,结果见表 1.8 和表 1.9,可以看出,发音正确的样本占总样本的 85% 以上,这是个典型的数据分布不平衡分类问题。

表 1.8 PSC-Test-89 语音库中声韵母发音质量各等级(类别)样本数量及所占比例

评测对象	数量	比例
类别 1(发音正确)	31 079	87.30%
类别 2(发音缺陷)	1 867	5.24%
类别 3(发音错误)	2 654	7.46%

因此,采用 AER 并不能很好地反映系统的性能,考虑采用新的联合错误率(Combined Error Rate, CER)作为系统性能评价指标,该方法能对数量多的类别的分类错误进行惩罚,这对非平衡数据集上的发音质量自动评测任务更有意义。

对于两类问题,分类混淆矩阵是一个 2×2 的方阵,如果把类别 1 看成是正类,那么类别

2 就是反类，这样会出现四种情况，见表 1.10。如果一个样本是正类并且也被预测成正类，即为真正类（True Positive，TP），如果样本是负类被预测成正类，称之为假正类（False Positive，FP），也被称为第Ⅰ类错误。相应的，如果样本是负类被预测成负类，称之为真负类（True Negative，TN），正类被预测成负类则为假负类（False Negative，FN），也被称为第Ⅱ类错误。在错音检测任务中，假正类也称误检，假负类也称漏检。

表 1.9　PSC-Test-89 语音库中声调发音质量各等级（类别）样本数量及所占比例

评测对象	数量	比例
类别 1（发音正确）	15 436	86.72%
类别 2（发音缺陷）	1 089	6.12%
类别 3（发音错误）	1 275	7.16%

表 1.10　二分类问题的混淆矩阵

评测对象	分类结果	
	正类	反类
正类	$\boldsymbol{M}_{11}$：真正类 TP	$\boldsymbol{M}_{12}$：假负类 FN
反类	$\boldsymbol{M}_{21}$：假正类 FP	$\boldsymbol{M}_{22}$：真负类 TN

假正率（False Positive Rate，FPR）一般用来度量分类任务中给定类别的错误接受的比率，计算方法如下：

$$FPR=\frac{\text{被预测为正类的负类样本数量}}{\text{负类样本实际数量}}=\frac{FP}{FP+TN} \tag{1.33}$$

假负率（False Negative Rate，FNR）一般用来度量分类任务中给定类别的错误拒绝的比率，计算方法如下：

$$FNR=\frac{\text{被预测为负类的正类样本数量}}{\text{正类样本实际数量}}=\frac{FN}{TP+FN} \tag{1.34}$$

联合错误率定义为假负率和假正率的等权值平均，计算方法如下：

$$CER=\frac{FPR+FNR}{2} \tag{1.35}$$

一般情况下，希望第Ⅰ，Ⅱ类错误都尽可能少，即假负率和假正率都尽可能低，且联合错误率最低。

对于多类问题，先按类拆分，分别看成每个类的二分类问题，然后再对它们加权平均。对于特定类别 i，其假正率为 FPR_i，假负率为 FNR_i，则所有分类的联合错误率如下：

$$FPR_i=\frac{\sum_j m_{ji}-m_{ii}}{\sum_j\sum_k m_{jk}-\sum_j m_{ij}} \tag{1.36}$$

$$FNR_i=\frac{\sum_j m_{ij}-m_{ii}}{\sum_j m_{ij}} \tag{1.37}$$

$$CER=\frac{\sum_i \Pr(C_i)\times FPR_i+\sum_i \Pr(C_i)\times FNR_i}{2} \tag{1.38}$$

式中 $Pr(C_i)$——第 i 类的概率。

这里通过 $Pr(C_i)$ 实现对大类预测错误进行惩罚,对大类预测的假正率和假负率都比对小类预测的代价更高,我们认为这种联合错误率比平均错误率更公平。各个评测专家评分相对所有专家综合评分的联合错误率见表 1.11。

表 1.11 各个评测专家评分相对所有专家综合评分的联合错误率

评测对象	专家 1	专家 2	专家 3	平均
声韵母	0.225	0.245	0.219	0.230
声调	0.195	0.243	0.164	0.201
音节	0.285	0.296	0.221	0.267

1.5.3 分差评价方法

分差(Score Difference,SD),顾名思义,就是分数的差值。机器打分和实际打分之间的差值,能很直观地反映出机器评分的准确程度,且和普通话水平测试任务直接相关,分差越大,说明评测的准确性越低,否则越高。

假设 $X=\{x_1,x_2,\cdots,x_n\}$ 和 $Y=\{y_1,y_2,\cdots,y_n\}$ 分别是对同一发音样本序列的两种不同的评测结果序列,n 为样本数目,那么它们的分差计算公式如下:

$$SD(X,Y)=\alpha\left|\sum_{i=1}^{n}y_i-\sum_{i=1}^{n}x_i\right| \tag{1.39}$$

式中 x_i,y_i——序列 X 和 Y 的第 i 个样本值,$i=1,2,\cdots,n$;

α——调节因子。

α 可根据 n 的大小进行调整,把 $SD(X,Y)$ 的值归整到指定范围,以便和特定评价任务直接相关,更好地反映系统的实际性能。比如,在国家普通话水平测试任务中,根据评分细则,以音节为基本评分单位,每个发音错误扣 0.1 分,每个发音缺陷扣 0.05 分,通过调整 α 的值,可以把 $SD(X,Y)$ 的值直接转换成实际的评分分差。因此在本书中,分差计算也选在音节层级上进行,并取 α 的值为 1/4,则分差被规整为 0 到 100,以便于比较和观察。

由于发音质量评测一般是对某一说话人的发音质量的整体情况进行评测,因此,在评估系统的性能时,首先计算每个说话人 k 的所有发音样本对应的分差 $SD_k(X,Y)$,然后再统计所有说话人分差的均值,如下式所示:

$$SD=\frac{1}{K}\sum_{k=1}^{K}SD_k(X,Y) \tag{1.40}$$

式中 K——说话人的总人数。

可以看出,分差评价是一种系统级的总体评价,在音节级别上统计分差,能直观地反映出评测系统得分和国家普通话水平测试中实际分值之间的关系,可以作为检验评测系统实际性能的重要指标。下面分析各个专家评分与所有专家综合评分之间的分差,见表1.12。

表1.12　各个评测专家评分与所有专家综合评分之间的分差

评测专家	专家1	专家2	专家3	平均
音节分差	3.62	4.34	3.17	3.71

可以看出,每位评测专家与三位专家的综合打分的分差并不高,这说明三位专家的综合打分具有很高的可靠性,可以作为系统最后的评价标准。

发音质量自动评测方法可应用的领域非常广泛,比如计算机辅助语言学习、计算机辅助口语测试、发音错误检测与诊断等。不同的实际应用系统,其系统目标和需求不完全相同,评价指标也不尽相同。因此,我们可以根据发音质量自动评测方法在不同系统中的实际应用情况,来选择更适合的系统评价指标。

本书后面章节从多个角度来分析和评价系统的综合性能,在涉及细粒度发音单元评测时,比如声韵母评测、声调评测等,一般采用相关系数和联合错误率作为评价指标,而在评价系统的实际整体性能时,则采用分差作为评价指标。值得一提的是,对于本书后面章节提出的一些评测方法,可以根据不同实际应用系统的不同需求,选择不同的系统评价指标,并在开发集中针对这个特定的评价指标进行阈值选取或者参数优化,来提高这些实际应用系统的系统性能。

1.6　发音质量自动评测技术的发展历程及现状

发音是一般性术语,泛指人体可以发出的所有可能的声音,本书特指从不可懂语音到母语标准语音整个范围内的所有语音。任何语言的发音都至少涵盖两个层面,即音段层面(Segmental Aspect)和超音段层面(Suprasegmental Aspect)。音段层面主要指音素(或其他基本发音单元),包括单个音素的发音及多个音素的协同发音等,属于发音的基本层面,反映说话人发音的标准化程度。对于汉语普通话来讲,主要指声母、韵母,本书还泛指声调、儿化等汉语特有的语言现象。虽然在语音学相关研究中,一般把声调、儿化等看作是超音段音位,但从发音质量评测的角度看,它们都是基于固定音段的,一般不需要放在整个句子或者短语中就可以独立地进行听辨和评价。超音段层面主要指韵律,属于发音的高级层面,反映说话人发音的自然流利程度,包括节奏、重读、语调、流利度等。因此,从研究内容的角度看,发音质量自动评测主要包括两大类,一类是音段层面的发音质量评测,另一类是超音段层面的发音质量评测。目前,音段层面评测方法的研究已经比较深入,但超音段层面的评测方法的研究还相对较少,比较零散。另外,从研究对象的角度看,发音质量自动评测可分为面向母语人群的第一语言(L1)发音质量评测和面向非母语人群的第二语言(L2)发音质量评测。由于发音质量评测最主要的应用领域是计算机辅助语言学习,特别是非母语人群的L2学习,当前绝大部分研究工作都集中在L2发音质量评测。从研究范畴的角度看,发音质量自动评测可分为与文本相关的评测和与文本无关的评测两类。与文本相关的评测又分为两种:一种是有参照标准语音的,通过把待评测语音与相同文本的标准参照语音进行各种参数的比对,对待评测语音进行自动评测;一种是无参照标准语音的,需要使用已知文本的标准发音数据训练发音评测模型,通过对待评测语音及其对应的发音内容文本进行强制对准识别,计算相应的发音质量置信度,对待评测语音进行自动评测。而与文本无关的评测方法一般采取两种处理方式:一种方式是只根据语音本身的声学特征和韵律特征,用统计的方法训练出相应的与性别、年龄等无关的评测模型,直接对待评测语音的发音质量进行自动评测;另外一种方式是先采用语音识别模型对待评测语音进行语音识别,识别后可以得到对应的发音内容文本,然后采用与文本相关的发音质量评测方法进行处理,但这种方式对语音识别的准确率要求很高。与文本相关的发音质量评测方法是目前研究的重点和热点,而与文本无关的发音质量评测还处于起步阶段,与实际技术需求还有一定差距。下面本书分别以音段层面的发音质量评测和超音段层面的发音质量评测为主线,对发音质量自动评测方法的国内外研究现状进行综述。

1.6.1 音段层面的发音质量自动评测

音段层面的发音质量自动评测,主要是在音素(或其他基本发音单元)级上对发音的好坏程度进行测量,然后给出相应的分数或者等级,是计算机辅助语言学习系统或者计算机辅助口语考试系统的核心功能。而被研究者广泛关注的错误发音检测,其本质上是对音素级发音质量进行两个等级(正确、错误)的评测,只是在评测指标上有所不同,因此,也一起进行考察。需要说明的是,音素发音质量的自动评测与人工专家评测相比,其评测的准确性还有不小差距,很多研究中常常在说话人级、篇章级或者语句级对所有音素的发音质量评测结果进行加权平均,进而得到说话人级、篇章级或者语句级的发音质量分数或者等级,通常会达到甚至超过人工专家评测的准确性。

音段层面的发音质量自动评测的研究有两个思路,一个是基于语音识别技术的评测方法,一个是基于声学语音学的评测方法。基于语音识别技术的评测方法,是把发音质量评测问题转化为计算语音识别中音素(或其他基本发音单元)能够被正确识别的置信度问题(信号 X 被解码成模式 P 的置信度)。基于这样的思想,其目标是寻找有效的置信度特征或者特征的组合,这些特征对于发音标准的语音可以得到较高的得分,而对于非标准的发音则得到偏低的得分。而基于声学语音学的评测方法,建立在语音学统计分析的基础上,提取音段本身的声学特征、感知特征、结构特征等,寻找具有区分性的评测特征或特征组合,从多个角度进行细节考察,进而实现对发音质量的评测。

1. 基于语音识别技术的评测方法

基于语音识别技术的评测方法在实际研究中主要集中在以下两个方面:构造和优化置信度计算方法,以及提升声学模型的适应性和评测性能。

(1)基本的置信度计算方法。

基本的置信度计算方法是对待评测语音及其对应参考文本进行强制对准切分解码,并根据解码过程中得到的中间结果,计算基于隐马尔科夫模型(HMM)的似然度或者似然比等来进行发音质量的评测。置信度计算一般在音素层次上进行,也可以通过加权平均的方式推广到说话人或者句子层次上进行。

1996 年,美国斯坦福研究院(SRI)的 L. Neumeyer 等人最早提出了在发音质量评测中采用置信度的方法——基于 HMM 的对数似然度,但实验效果并不理想,与人工评分的相关性比归一化段长得分还差[36]。1997 年,SRI 的 H. Franco 等人提出一种新的置信度算法——基于 HMM 的对数后验概率,在发音人和句子层次上的实验结果表明,新算法明显好于其他置信度计算方法[37]。Y. Kim 等人将上述研究扩展到音素层次,基于 HMM 的对数后验概率与人工评分的相关性最好，但这种相关性与发音人层次和句子层次的相关性还有很大差距，说明在音素层次上单纯使用置信度得分还不够可靠[38]。

在 SRI 研究的同时，英国剑桥大学（CU）的 S. M. Witt 在音素层次上进行发音错误诊断研究，提出 GOP 作为置信度分数，并采用预定义阈值判断发音是否正确[39,40]。文献[41]对 GOP 算法在各种不同的应用条件下的实际性能做了详细分析，实验结果表明 GOP 算法在适应性和稳定性方面都非常好，对说话人和阈值选择要求不高。目前，大多数发音质量评测系统中都采用 GOP 算法及其改进算法。

文献[39]在 GOP 分数计算时，分子部分采用强制对准网络，分母部分采用音素循环网络，两种解码方式带来音节切分的不一致会导致计算精度下降，Song Y 等人在语音识别的 N-best 搜索结果的词图中进行分母部分的计算，并在长短句子实验中都获得了更好的效果，缺点是计算量增大很多[46]。魏思等人针对汉语普通话实际，在后验概率计算时合理利用声韵权重、声韵时长等信息，使得评测结果更加精确[47]。刘庆升等人利用语言学知识改进 GOP 打分算法，将音素循环网络中的全部音素集合替换为待评测音素最常见的被错发音素的音素子集，降低了运算量，提高了人机评分之间的相关度，且加强了对典型发音错误的检测能力[48]。更进一步，他们还通过在训练集上计算标准模型和带方言口音模型间的 KLD（Kullback-Leibler Divergence）差来自动生成可能的错误发音模式，获得了更好的评测效果[49]。葛风培等人利用语音识别结果来扩展原有发音文本，构建扩展音素的限制识别网络来代替强制对准网络，并提出了基于声学似然值的时间规整方案，系统平均打分错误率相对降低了 35% 左右[50]。张茹等人提出一种新的基于音素模型感知度的发音质量评价方法，通过计算音素模型对变异发音的感知度，减少对变异语音的判别误差，提高了评测的准确性[51]。

（2）L1 相关的置信度计算方法。

上述基本的置信度构建方法大多是与 L1 无关的，而在 L2 发音质量评测时，研究者会利用非母语数据库，自动构建学习者典型发音变换规则（L1/L2 错误模式），建立发音变异字典或者发音变异网络，对每个音素考虑其所有可能被错发成的音素或音素序列，然后采用强制解码或者多级系统进行处理，通常这些 L1 相关的方法会使评测的准确率得到更好的提升。

王岚等人从跨语言学的角度，分析了广东话和美式英语之间的差异，总结出音素发音错误规律，并由此生成一个包含所有可能的错误发音的发音变异词典，为去除词典中的不合理发音，作者利用混淆网络在训练集上对发音词典进行自动修剪，进而实现对学习者发音错误的快速准确检测[52]。Meng H M 等人建立了粤语人说英语非母语数据库，通过对非母语语音和标准母语口音进行对比分析和错误分析，得到粤语人说英语的典型错误模式，利用这些错误模式去扩展识别网络，生成发音变异网络，可实现发音错误的定位，并进一步针对错误的发音提供适当的建议[53,54]。

上述自动生成发音转换规则（发音变异词典或者发音变异网络）的方法，常常会导致错误覆盖范围的扩大和复杂度的增加。因此，T. Kawahara 提出了一种基于决策树的方法直接生成语音识别的语法网络，在外国留学生学习日语的实验中，取得了更好的效果[55]。T. Stanley等人直接应用机器翻译技术自动构建 L1 发音错误模式，显著提高了发音错误的准确率和召回率，同时，正确率也和基于发音变异网络的方法类似[56]。

上述L1相关的置信度计算方法,能最大限度地考虑到不同国家或者地区说话人的典型发音错误,在发音质量评测中更具有针对性,有助于提高评测方法的实际性能。但是这类方法无法涵盖所有可能的错误,对应的发音词典或者发音规则的建立都需要根据应用背景进行调整,对先验知识依赖大,缺点也很明显,比较适合仅需要对典型发音错误进行检测的实际应用任务。

(3)声学模型的提升方法。

除了上述对置信度计算方法方面的研究以外,如何提升评测用的标准语音识别模型的适应性和评测性也得到了广泛的关注。

S. M. Witt以英语为例,详细分析了母语与非母语发音的异同,指出两者在频谱、时域和发音方式上的差异,引入说话者自适应技术,调整模型均值,降低了声学模型和被测试者之间的不匹配,提高了非母语语音识别率[44]。Y. Ohkawa等人在计算辅助语言学习任务中,利用双语说话人的双语语音库对L1模型和L2模型进行自适应训练,以及训练独立的双语发音模型,分别获得5%到10%的系统性能提升[57]。

张峰等人在传统评估框架中引入了说话人自适应训练(SAT)建立说话人无关模型,采取MLLR技术选择发音正确的测试数据进行模型的适应性训练,并设计与发音错误检测目标一致的声学建模函数,进行模型的区分性训练,大幅度地提高了错音检测的准确性[58]。Song Y等人采用三种策略来得到更好的标准声学模型,通过说话人自适应训练来规整说话人之间的变化,采用最小化音素错误训练方法来提高易混淆音素间的区分性,采用MLLR来补偿L1/L2间的口音差异,人机打分相关性在句子级从0.651提高到0.679,在说话人级从0.788提高到0.822[59]。为保证在做MLLR自适应后的声学模型的Golden的性质,同时还能提升MLLR的容错性能,日本学者Luo D提出一种规则化MLLR的变换方法。该方法假设学习者的变换矩阵是多个教师的变换矩阵的加权和得到,这从理论上保证了声学模型再做自适应变换后仍具有Golden性质,即使划分了多个回归类,也不会发生过自适应情况,具有很好的容错性[60]。

Zhang J等人利用不同发音质量的语音样本数据,采用区分性训练方法,训练出不同发音质量的音素模型,并在使用常规声学模型进行强制对准切分解码获得的音素边界信息的基础上进行二次解码,直接获得音素的发音质量等级,在音素级和语句级都获得了比GOP分数更好的评测效果[61]。

2. 基于声学语音学的评测方法

基于语音识别的方法是现有发音质量评测系统所采用的主流方法,其优点是计算简单,可以直接利用语音识别的中间结果,且所有音素计算方法相同,缺点是提供的诊断信息不够精细,缺乏更有指导意义的反馈信息。基于声学语音学的评测方法通常会针对指定的待评测对象提取区分性特征(发音特征的选择),然后采用动态时间弯折算法对准后进行相似度的计算(基于比较的方法);或者选择分类器进行发音等级的区分,也可以计算分类的置信度并映射为发音质量等级或分数(基于分类的方法)。

(1)发音特征的选择。

基于声学语音学的评测方法一般会针对具体研究任务,并结合声学语音学已有的研究经验,选择多种具有良好区分性的发音特征,因此,选择的发音特征常常多种多样,包括时域特征、短时谱特征、时频特征、听觉模型特征、语音结构特征、共振峰特征、发音动作特征等。

但是到底哪些特征能够真正表征说话人的发音质量，当前尚未有定论。

Li H 等人结合音素边界信息和长时域的 TRAP 特征，利用多层感知机作为分类器对英文音素进行发音错误检测，性能提升明显[62]。

在汉语元音发音质量评测中，Lu X 等人按帧提取若干个共振峰候选并放在一个时频平面上形成一个位图，并提取它的 Gabor 特征来描述共振峰轨迹，然后选用 GMM 进行分类，计算后验概率并映射为发音质量分数，明显好于传统的基于后验概率的方法[63]。

为减少共振峰易受环境噪声和说话人声道长度影响，Zhang R 等人通过定义一种能够表征声道形状特性的共振峰结构特征，计算待测发音和标准发音之间的结构畸变程度（巴氏距离），进行汉语元音的发音质量评测[64]。

C. Koniaris 利用听觉心理学研究成果，借助两种不同的听觉模型特征，通过计算非母语发声和母语听觉音素发音结构的几何相似性，实现对 L2 发音质量的评测与诊断，与语言学文献和人类评价结果具有很好的一致性[65]。

M. Suzuki 等人提出采用语音结构替代频谱包络来表征语音，有效去除非语言特征和不同说话人的影响，并通过集成多层回归分析的方法进行发音质量评测，有效降低了语音结构的高维度，实现更高的人机评分相关性[66]。

Y. Iribe 等人开发了一个能够提取发音动作特征的发音训练系统，可以把日本学习者的英语发音实时可视化到 IPA 图上，并进一步完成对其发音质量的评测与诊断[67]。Q. Engwall 等人则通过语音到发音特征的转化方法，检测出学习者存在的舌位发音错误，并通过虚拟教师提供可视化的反馈，帮助学习者提高发音水平[68]。

（2）基于比较的方法。

最早的发音质量评测方法就是基于比较的方法，这类方法一般采用动态时间弯折算法把待评测语音和标准语音进行对准，然后提取相应的评测特征，并计算这些特征间的距离，最后根据距离映射为发音质量分数。

A. Lee 提出了一种基于比较的方法去检测在非母语语音的单词级上的发音错误。通过在非母语语音和母语语音进行动态时间弯折，提取出能够有效描述匹配路径上的错配程度信息和距离矩阵的单词级和音素级特征。实验结果表明，该方法和仅采用动态时间弯折（Dynamic Time Warping，DTW）的方法相比，性能提高了 50% 以上[69]。随后，作者采用深度网络的后验概率代替原来输入特征，性能至少相对提升了 10.4%，当仅有 30% 的标注数据被使用时，系统的性能仍保持稳定[70]。

（3）基于分类的方法。

从本质上说，发音质量评测可以看作是一个分类回归问题，利用一组评分特征，采用某种准则或者目标函数，最后分类成不同的发音等级，或者准确估计出发音分数。因此，基于分类的方法已经成为发音质量评测中的最重要的方法，各种类型的分类器都得到了广泛应用。

K. Truong 等人在外国人学习荷兰语发音的应用场合，针对二语学习者经常发错的三个音：〔A〕，〔Y〕和〔x〕进行错误发音检测。通过对正误发音在多种声学特征上的对比，寻找到一些区分性特征，如时长、ROR 最大值和能量幅值等，分别使用线性判别分析和决策树训练分类模型，取得了很好的效果[71,72]。

V. Patil 等人针对印地语中的送气塞音，综合利用语言学知识和语音产生的知识，选取适合的声学语音学特征，包括摩擦时长、第一二谐波间的距离、频谱倾斜、信噪比、B1 带能量等,无论是对母语还是对非母语语音,都能准确区分出正确发音和错误发音[73]。

董滨根据汉语音素的特点,提出了基于支持向量机(Support Vector Machine,SVM)算法的汉语普通话韵母评价方法和基于区别特征的声母评价方法[74]。

王孟杰等人根据语音参数距离,建立了一个参数化的普通话韵母区别特征体系,使用层次聚类方法生成韵母决策树,并通过在区别特征树上的搜索过程实现韵母的检测分类[75]。

冯晓亮等人根据辅音不同的发音部位和发音方式,通过这两类声学线索找到11个与区别特征对应的参数,形成了可以对全部辅音进行判别的参数集,并通过决策树的形式,建立了一个参数化的普通话辅音区别特征体系[76]。

如果说上述基于分类的方法仅用来对提取的多种区分性发音特征进行模式分类的话,那么还有一大类研究实质上是利用分类器实现不同性质的多种发音特征的有机融合,也包含对多级系统进行最后的系统级融合。

2000年,H. Franco等人在研究中发现,单独使用各种置信度得分的人工相关度都不太理想,因此提出了"融合"的概念,他们探讨了线性回归和非线性回归的方法,如神经网络(Neural Network,NN)、决策树(Decision Tree Algrithm,DTA)等。实验结果表明,融合方法可以提高系统的性能,而非线性融合方法好于线性融合方法[77]。

C. Hacker等人也采用融合方法,他们提取后验概率等26种特征,通过主成分分析进行特征选择,并分别采用高斯分类器得到离散形式的发音质量等级和线性分类器得到连续形式的发音分数[78]。

K. Lee等人采用强制对准切分、识别过程中的语言模型得分、识别过程中的声学模型得分、词间停顿时间和词中音素个数共五种评测特征,利用线性分类器对朗读语音中的发音不正确的词进行定位[79]。

TBall项目的Wang S等人采用强制切分过程中切分似然度和识别的置信度作为特征,对英文字母认知任务中的发音错误进行定位[80]。此外,LISTEN项目中的Y. C. Tam等人采用组合置信度的方法进行发音错误词汇的定位[81]。

梁维谦等人以基于隐含马尔科夫模型的语音识别和口音自适应技术为基础,增加了音素发音的流利性信息,定义了音素级的发音质量分数,从而可以综合得到整句的评分结果,得到了很好的效果[82]。

早期的基于声学语音学的评测方法通常是针对特定的评测任务(有的是对特定语言中一小部分特定的语言语音现象进行评测,也有是对特定人群的特定语言语音现象进行评测,比如非母语人群、发音障碍人群等),在小规模语音语料库上进行对比、分析和实验,一般需要较强的实验语音学背景,较多的人工参与。其实验方法和过程一般不具有通用性,很难在大规模语音语料库上进行,很难满足工程上的广泛应用。但是,近些年随着研究的不断深入和技术进步,基于声学语音学的评测方法已经和基于语音识别的评测方法进行了深度的相互整合,借助语音识别技术在大规模语料库上进行多层级音段的准确切分,借助语音识别技术获取高质量发音评测置信度特征,借助声学语音学专家知识构建区分性发音评测特征,借助分类模型和回归模型实现多类型互补发音评测特征的有效融合,进而全面提高发音质量评测的准确性。基于声学语音学的评测方法和基于语音识别的评测方法互相融合、互为补充,已经成为当前发音质量评测方法研究的主流,并在绝大多数商用系统中都得到了较充分利用。

3. 汉语普通话中特色语言现象的评测方法

汉语普通话中有一些特有的语言现象,比如声调、儿化等,虽然在语言语音学相关研究中一般被看作是超音段音位,但从发音质量评测的角度看,它们通常不需要放在整个句子或者短语中就可以独立地进行听辨和评价,可以认为它们也属于音段层面。鉴于这些语言现象的特殊性,且在汉语普通话评测中占有重要地位,本书单独对它们的评测方法进行研究。由于有关儿化的自动评测方法还鲜有报道,下面仅对声调评测进行介绍。同时,由于声调调型是由基频的变化轨迹直接决定的,有效声调评测的前提是高质量的基频特征提取,因此,也对现有的基频特征提取算法进行了考察。

(1)基频的提取方法。

基频的提取方法很多,主要有时域估计法,包括基于过零率的方法[83]、基于幅度峰值检测的方法[84]、基于自相关函数的方法[85]、基于幅度差函数的方法[86-88]等;变换域估计法,包括基于倒谱的方法[89]、基于谐波的方法[90,91]、基于小波变换的方法[92]等;以及时频域混合估计法[93,94]等。但是,目前还没有任何一种完美的提取方法能保证在任何情况下都不出问题,鲁棒的基频特征提取一直是一个难题。基频特征是一个一维特征,其区分性并不强,因此,常常利用基频的一些统计特征和动态特征,比如基频均值、基频相对变化、一阶二阶差分、基频轨迹轮廓、基频分布等。此外,由于清音处和静音处没有基频(基频轨迹往往是间断的),且基频提取算法具有不稳定性(半频和倍频干扰),常常采用一些平滑算法对基频进行补全和拟合[95,96]。

(2)声调的评测方法。

目前,大多数研究只对孤立字词进行声调评测,对连续语篇进行声调评测的研究比较少。对孤立字词进行评测,通常是判断孤立字词声调是否正确,或者更深入地划分为正确、缺陷和错误三个等级。对连续语篇的声调评测方法,通常是把每个字的声调等级进行加权作为整篇的评测得分。有关声调的评测方法可分为以下三大类。

基于显式声调模型的方法:Pan F 等人针对口音较重的中国香港人进行孤立字词的声调评估,通过优化基频提取,优化调型边界,训练 bi-tone 模型,并采取基于 GMM 后验概率的评测方案,实现声调打分正确率从 62% 提升到 83.3%[97]。在此基础上,Zhang J 等人同时使用基频信息和基频轮廓信息,采用线性回归模型模拟基频走势,有效避免了声调变调,采用上下文相关 GMM,取得了更好的评测效果[98]。汤霖按照位置把声调分为句首音节、句中音节和句末音节三类,按照前接声母把声调分为清声母、浊声母和零声母三类,按照语速把声调分为快、中、慢三类,分开建模,获得描述普通话四声的精确模型,最终使得人机评测符合率在单音节字词上达到 94.37%,在朗读语篇上达到 80.53% 的好效果[99]。

基于嵌入式声调模型的方法:因为在无声处和清音处没有基频,Zhang Li 等人首次将多空间概率分布隐马尔科夫模型(Multi-Space Probability Distribution-HMM, MSD-HMM)应用于声调错误检测中,建立带调声韵母模型,并在所有带调韵母上计算对应声调的后验概率,最后通过预设的门限判别声调正确性,取得了更好的效果[100]。Pan Y Q 等人结合汉语音韵特点,以韵律词为基本建模单元,采用 MSD-HMM 建模,在真实的普通话水平测试语音上进行连续语音声调评估实验,在山东和河南口音集上评估结果与专家的偏相关性达到了0.695 和 0.585[101]。刘常亮提出一种基于全局最优的连续语音声调识别策略,采用音节和声调上下文相关的建模策略，利用 MSD-HMM 进行声调评测，性能优于传统的显式声调建模方法[102]。

基于比较分析的方法：Wei S 提出了一种累计分布函数的归一化方法，将不同人的基频分布都映射到同一个人的基频分布图上，并根据相对高低差异，对声调进行诊断，该方法最终使得系统与专家偏相关性从 0.76 增长到 0.79[103]。Cheng J 采用上下文相关的音节级声调建模方法对非母语汉语说话人进行自动发音评测，提取基频、能量、时长、频谱似然度等特征，并在音节级别上进行规整，通过计算待评测语音和标准语音的相似度，实现音节级和说话人级的人机相关系数分别为 0.77 和 0.85[104]。张琰彬等人采用复杂的上下文信息建立声调模型，包括左右声调、左右音子、当前音子以及当前音节在韵律词和韵律短语中的位置信息等，然后计算识别序列中每个模型与标准序列中每个模型间的 KL 距离，并设置阈值判别声调正误，实现等错误率 6.7%[105]。Liao H C 等人提出一种新颖的基于决策回归树的声调发音质量方法，首先计算待评测语音在决策树中对应的路径和节点，然后同可能的正确发音的路径和节点做比较，不仅能给出比较合理的评测结果，更重要的是，可以给出学习者详细的发音错误诊断信息[106]。

1.6.2 超音段层面的发音质量自动评测

超音段层面的发音质量自动评测主要指对韵律的评测。韵律主要反映着说话人发音的抑扬顿挫（时长节奏）、强调（重音）、语调和语气等。一方面，韵律信息有助于说话人更清楚、准确地表达所要表达的信息，提升语言的自然度水平和可理解程度；另一方面，韵律信息有助于听话者更清楚、准确地理解所听到的信息，甚至包含对说话人意图、情感、态度、语气等多个方面的把握和理解。

目前国内外研究中，韵律发音质量自动评测大多是从整体听感质量的角度进行评测的，也包括很多针对发音流利度的评测，而针对具体韵律子项的评测中，大多集中在对重音发音质量的评测，对节奏和语调的发音质量评测相对较少。韵律发音质量自动评测可分为内容相关和内容无关两种。

(1) 内容相关的韵律发音质量自动评测。

内容相关的韵律发音质量自动评测主要有两种形式：一种是按照给定的标准脚本进行朗读，然后评测；另一种是通过重复或者模拟一段母语人士的标准发音，然后评测。前者提供了可以通过强制切分等方法获得音段边界的可能，后者则通过提供标准的模板进行韵律信息的匹配。

通常情况下，说话人的韵律变化丰富多彩，很难去创造一个完备的韵律变化体系去覆盖所有说话人的说话方式。所以，最直接的方法就是简化评估任务，使用标准的朗读参考语音供说话人模仿、跟读，然后将两者进行匹配。在匹配时，一般会利用语音识别器先进行语音识别，根据识别的结果得到音段边界，然后在不同音段下进行比对，并在更高一级音段上进行分数融合。Chen J C 等人利用语音识别器获得各音段级结果，在音量、基频、后验概率方面计算与参考语音的加权距离，得到语句的强度分和节奏分，再加上传统方法获得的音素分和声调分，采用线性回归的方法进行拟合，得到韵律的整体分数[107,108]；Cheng J 等人在实际英语口语评测任务中，在单词级别上提取基频和能量，对清音段插值拟合后，采用 k 均值聚类的方法建立标准轮廓模型，直接计算待评测发音与标准模型间的距离，获得韵律分数[109];Y. Yamashita 等人利用基频、能量、时长为特征,利用多重线性回归去评测受测学生和参考语音的相似度[110];J. P. H. Van Santen 等人总结了这一类方法在不同韵律评测层面中较为成熟和有效的特征和经验,建立了一个提供对语言障碍人士评估和初步诊断的系统,在其实验中得到了较高的相关度[111]。目前,市面上主要的语言学习系统都采用这样的评价方法,比如日本的 CaLLJ、中国台湾的 MyET 说宝堂、Auralog 的 TellmeMore、CMU 的 LISTEN 等均基于此框架,并提供语音合成、发音对比功能等。一些系统甚至还提供了韵律转换功能,借用母语人士的韵律特征,合成具有学习者个性声学特征的语音,方便学习者直接模仿学习。但这种方式的缺点也比较明显:①评价标准单一,不允许有多种韵律风格的发挥,无视语言表达的多样性,评价结果无说服力;②内容耦合程度高,多数系统要求说话人尽量配合,尽可能准确和完整,对发音中存在的插入、删除和替换错误无法有效处理;③发音的简单模仿,跟读很大程度上在于模仿,即使读的有模有样,也不一定是真实语言能力的客观反映。

针对单一模板存在的评价标准单一和不准确问题,有些研究者提出了多韵律模式匹配算法,即提供多个参考模板。该思路是利用多个标准模板音设定朗读时各个音段的声学范围,将正常的韵律表现用上下界限框住。Jia H 等人采用每个音节的高音线、低音线和均值曲线表示语调,从声调、基频走势和节律组织三个方面计算待评测语句和它的多个标准参考韵律模式间的相似度,获得待评测语句的韵律等级[112]。M. Duong 等人利用其研究组的语音合成系统,根据不同母语人士在不同音段韵律的时长、能量、基频,利用决策树总结出规则,比较测试语音和标准语音在这些规则指标上的 GMM 得分,加权得到该学生的韵律得分[113]。

上述方法虽然都利用了多参考源的特点,对于韵律给出一个综合各参考源的分数。但是缺点是只给定了韵律各成分发挥的范围,只要不超过这个范围,都认为是合理的,不够精细。为此,J. P. Arias 等人提出了要综合考虑语调和重读,从两者的综合匹配上进行韵律打分,在其系统上使用基频和 MFCC 作为语调特征,并在识别后的单词一级上进行 DTW 计算,语调评分达到了 0.88 的相关度,而重音的错误率为 21.5%[114]。在匹配算法上,DTW 是一种动态规划的局部优化算法,对于信号中的局部畸变(基频提取不准),会造成距离计算的突变,影响评测结果。为此,Huang S 等人提出了在 Micro 和 Macro 两个层次上进行评测的多韵律匹配算法,并可以进行模板的自动获取,在我国中学生外语口语考试中取得很好的效果[115]。上述这些研究,虽然都取得了很好的应用效果,但是它们需要提供每条语音的多个参考模板,这在很多应用情况下是很难得到满足的。

(2)内容无关的韵律发音质量自动评测。

在无法获取标准的朗读脚本或者朗读参考语音的情况下,对语音直接在信号级上进行评估,被称为内容无关的韵律发音质量自动评测,得到越来越多研究人员的关注。目前主要分为两种。

基于韵律特征的方法:C. Teixeira 等人利用基频、能量、段长组成的韵律特征进行韵律质量评测,通过选取基于强制切分的特征集、基频衍生出来的语调集、词汇重音分布特征集、停顿特征集、段长特征集等多种知识集合,利用分类器融合、线性回归等手段,获取韵律得分[116]。R. Hincks 等人在评测瑞典学生说英语的生动性时,采用基频方差这一基本特征来区分高分段人群的发音生动性,取得了很好的实际效果[117]。A. K. Maier 等人使用文本相关和文本无关划分的韵律特征集(187 维),并进行了特征选择,利用 SVM 分类器对学习者语音进行韵律自然度的分档,并获得 0.92 的相关度[118]。此外,F. Hönig 等人做了有关韵律特征、各分项得分(语调、节奏、强调等)和韵律总得分的相关性、显著性之间系统的研究工作[119]。

基于韵律模型的方法:J. Tepperman 等人对基于韵律模型的方法做了探索性研究,针对高分段人群,拆解句子训练 AB(Accent-Boundary)模型,用于检测重音 Accent 和边界 Boundary;根据语调的高低变化趋势训练 HL(High-Low)模型,用于检测语调的高低变化。作者把 Accent,Boudary,H,L 称为语调事件(Intonation Events),计算每个语调事件的后验概率,并把整句的后验概率的平均作为句子语调得分。结果表明,采用 HL 模型优于 AB 模型,采用 HL 模型结合 BiGram 模型解码,可以获得与人工打分 0.331 的相关性[120]。在作者随后的研究中,使用了基于 HMM 的方法建模并预测 ToBI 模型,取得了 0.398 的更好结果[121]。

可以看出,文本无关的韵律评测的研究还比较初级,针对韵律感知规律的挖掘和分析还有待进一步的研究,人机评分的相关性还有待进一步的提高。

1.6.3 代表性的发音质量自动评测系统

从 20 世纪 90 年代开始,国内外很多科研院所和科技公司在发音质量自动评测领域进行了卓有成效的研究工作,取得了大量创新性成果,并相继推出部分应用系统(参见表 1.13),广泛用于计算辅助语言学习、计算机辅助发音训练、计算机辅助口语评测等应用领域。其中,很多应用系统取得了巨大的成功,并升级为被广泛使用的成熟商用系统。下面,对表 1.13 中代表性项目和系统的基本情况做简要介绍。

表 1.13 国内外发音质量自动评测相关项目和系统列表

系统名称	研究机构	相关网址
EduSpeak SDK WebGrader™	美国斯坦福研究院(SRI)	http://www.EduSpeak.com/
SCILL	英国剑桥大学(CU)、美国麻省理工学院(MIT)	http://mi.eng.cam.ac.uk/~hy216/Scill.htm
TBALL	美国加州大学洛杉矶分校(UCLA)、伯克利分校(UCB)等	http://diana.icsl.ucla.edu/Tball/
EyeSpeak	EyeSpeak 公司	http://www.eyespeakenglish.com/
Tell me More	Auralog 公司	http://www.tellmemore.com/
Reading Tutor	科罗拉多大学(Colorado)	http://www.colit.org/
SpeechRater	美国教育考试服务处(ETS)	http://www.ets.org/research/topics/as_nlp/speech
LISTEN	美国卡耐基梅隆大学(CMU)	http://www.cs.cmu.edu/~listen/
ISLE	英国利兹大学(Leeds)、德国汉堡大学(Hamburg)等	http://www.educational-concepts.de/pprojects/isle.html/
DISCO VICK	荷兰奈美根大学(Nijmegen)	http://lands.let.ru.nl/~strik/research/DISCO/
HUGO CALLJ	日本京都大学(Kyoto)	

续表 1.13

系统名称	研究机构	相关网址
Versant	Pearson 公司	http://www.versanttest.com/
Rossetta Stone	Rossetta Stone 公司	http://www.rosettastone.com/
Enunciate	香港中文大学	http://www1.se.cuhk.edu.hk/~hccl/languagelearning/index_introduction.htm
PLASER	香港科技大学	
MyET	台湾艾尔公司	http://www.myet.com/
普通话自动测试系统	科大讯飞公司	http://www.isay365.com/
英语听力口语自动测试系统	中国科学院自动化所	

美国斯坦福研究院(SRI)是最早系统研究发音质量自动评测技术的机构,其代表性成果是 Eduspeak 系统[42]。EduSpeak 系统同时利用 native 和 non-native 的语音,并采用说话人自适应技术,使得系统识别率有较大提高。同时,提出了对数似然度评分算法和后验概率评分算法,并通过融合对数后验概率得分、段长得分和语速得分做联合评判,系统评测的准确性大大提升。Eduspeak 还提出通过人机评分之间的相关度来衡量机器打分的优劣。

美国麻省理工学院(MIT)和英国剑桥大学(CU)联合研制了 SCILL(Spoken Conversation Interface for Language Learning)系统。SCILL 是一个基于口语对话和语音识别的语言学习系统,包含四个部分:智能口语对话管理模块、限定领域双语翻译和转换模块、对话发音评估和反馈模块、辅助教学工具模块[122]。系统利用文本分析和语音合成技术,在限定领域与学生进行人机对话,同时对学生的整体发音质量进行评估,指出其中存在的发音错误,并对错误的类型进行反馈。该项目提出了 GOP 算法,是目前发音质量评测相关任务中的主流算法。

英国利兹大学(Leeds)、德国汉堡大学(Hamburg)、意大利米兰大学(Milan)等共同研制了 ISLE(Interactive Spoken Language Education)系统。该系统是一个针对意大利和德国人设计的英语发音训练系统,通过整合语音技术和对话工具来为学生的发音质量提供有效和精确的反馈[123]。

荷兰奈美根大学(Nijmegen)的 DISCO(Development and Integration of Speech Technology into COurseware for Language Learning)项目,致力于开发一套基于语音识别技术的计算机辅助语言学习系统,用来帮助荷兰人学习第二外语,它能够自动智能检测话语中存在的发音错误和语法错误,能够对检测出的错误生成适合的、详细的反馈[124,125]。

日本京都大学(Kyoto University)开发了用于英语学习的 CALL(Computer Assisted Language Learning)系统 HUGO 和用于日语学习的 CALL 系统 CALLJ[126]。为了更好地处理 non-native 语音,系统采取了基于语言学知识和基于语音库的决策树技术进行错误检测,同时,包含发音错误的针对非母语语言的多种声学模型被研究。

Auralog 公司是世界上第一个提供基于语音识别技术辅助外语学习解决方案的技术公司,公司在 1992 年推出的外语培训软件 Talk to Me 的基础上不断进行技术创新,推出了世界一流的 Tell me More 系统。该系统将网络应用技术、多媒体技术、语音识别技术以及人机交互技术有机结合起来,针对学生的不同需求,构建了一个创新、有趣的在线互动外语学习环境。Tell me More 系统目前可提供汉语、英语、日语等 9 种语言的学习解决方案。

Pearson 公司的 Versant 系统，主要针对英语、西班牙语和法语等语言的学习者进行发音的自动评测。每次评测约 15 min，包括朗读、复述、简答等题型。Versant 系统建立在大规模标注的多级发音水平的语音数据库上，能够准确定位每一个词，虽然技术路线与前面系统类似，但系统性能更好[127,128]。

香港中文大学的 Enunciate 系统，是一套具有自动发音错误检测和诊断功能的计算机辅助发音训练系统。系统能够把识别的结果转换成带有高亮显示的错误发音词汇，同时提供理解的错误反馈形式。同时，系统采取增强现实的技术，提供发音动画供学习者参考和模仿练习[43]。

中国科技大学讯飞语音实验室，开发了针对汉语母语人群的普通话在线学习训练和模拟测试系统，并用于部分省市的普通话水平测试中[129]。

中国科学院自动化研究所也研发了中学生英语听力口语自动化测试系统，目前已经在江苏、浙江等多个省市推广使用[130]。

上述各类系统，特别是一些商用系统大多都支持一个完整的学习过程，包括发音示范、口语对话、错误反馈和强化练习等。对学习者的发音进行录音，提供语音的多种可视化呈现，提供教师的标准发音用于比对分析，并给出发音质量分数，指出发音错误和类型，甚至给出诊断意见，生成针对性学习内容进行强化训练。但是整体来说，评测的准确性、反馈的多样性、交互的有效性等都有待提高，特别是对较高水平说话人的精细评测仍极具挑战。

1.7 存在的挑战

从 1.6 节可以看出，对发音质量自动评测方法的研究还是非常广泛的，具有很重要的研究意义和应用价值，也取得了很多卓有成效的重要研究成果。但是，发音质量自动评测方法距离技术上的完全成熟还有不小的差距，性能上也还存在很大的提升空间，仍有许多不足需要加以改进和完善，主要包括以下几个方面：

(1)基本发音单元评测的准确性还有待进一步提高。现有相关研究对基本发音单元(如音素、声母、韵母等)评测的准确性还不是很令人满意，与人工评测的性能还有很大差距[38,50]。为此，很多研究中采用整体评测方式，通过对基本发音单元的评测结果进行统计分析、加权平均等，能够在说话人层面或者句子层面给出较为准确的评测结果，可以达到甚至超过人工评测的性能[49,43]。但是，在很多实际应用环境下，需要在基本发音单元上给出准确、可靠的评测结果，比如，国家汉语普通话水平测试中，明确要求评分员在音节级对发音质量进行有效评定，分成正确、缺陷和错误；再比如，在计算机辅助语言学习中，有必要准确地指出发音错误的具体位置和类型，以便进行诊断纠正和针对性训练。因此，整体评测这种由统计上的平均策略或者模糊积分所带来的人机评分一致性，和人工评分过程有着本质上的差异，且无法更进一步给出发音细节的评价、诊断和纠正。要在基本发音单元上给出更加准确可靠的评测结果，还需要克服现有方法存在的缺陷，在声学建模和置信度计算等方面进行一系列的改进，以构建出更精细、准确的声学模型和评测模型。

(2)较高水平说话人的精细发音评测方法还有待进一步研究。当前，大部分相关研究工作都是针对非母语说话人的二语评测，这些说话人的发音水平普遍较低，而针对较高水平说话人的发音评测方法的研究还相对较少。这里的较高水平说话人一般包括略带口音母语说话人和中高级别非母语说话人,他们的发音和标准发音非常接近,只是从听感上和标准发音比带有一些口音。已有研究成果表明,对较高水平说话人的评测难度更大,主要因为待评测说话人的语音和标准语音非常接近,以至于现有评测方法的不确定性高于语音之间的实际差异。比如 P. F. D. V. Müller 使用音素级对数似然度对高水平非母语说话人(发音程度类似于母语说话人)进行二语发音评测时,发现 GOP 分数与人工评分不相关[131]。因此,针对较高水平说话人的发音评测,特别是母语说话人的发音评测,有必要在提高模型精准度和区分性等方面进行针对性研究和方法改进。

(3)结合具体语种语言特点的发音质量评测方法还有待深入研究。目前,经典的发音质量自动评测方法最早是针对英语学习者提出的,并被成功移植到其他不同语言的发音质量评测任务中,且取得了不错的评测效果[3,48,82]。但是,不同语系语言的差异性相当大,应该重视针对不同语言特点的发音质量评测方法的深入研究。比如,对汉语而言,音节的三元结构(声、韵、调)和音韵特色(轻化、儿化等)应该在评测中得到足够的重视和有效的处理。语言的多样性和特殊性,使得其在表征、建模和计算等方面都面临很多新问题和新挑战,必须针对其特点进行专门专项研究,甚至需要创造性方法改进。

(4)针对大规模人群的发音质量自动评测技术还有待深入研究。对大规模人群进行发音质量自动评测,出现的语言、语音现象将更丰富,系统前端处理将更复杂,很多小规模数据不会出现的问题会凸显出来,对系统的鲁棒性要求极高[3,130,132]。同时,可以获取到海量的未知发音质量等级的语音数据,如何有效地利用这些数据最具挑战性。主要体现在以下几个方面:①如何对海量数据中发音单元的发音等级进行自动地合理标注;②如何利用海量数据来提高声学模型和评测模型的精度;③如何从海量数据中挖掘出规律性知识,如何关联错误模式,以促进算法性能改进。

(5)L1 无关的发音质量自动评测技术还有待进一步研究。这是一种更加普适的评测方法,极具挑战性,它不需要考虑说话人的 L1(或者很容易配置不同的 L1),仅利用 L2 的知识就能实现很好的评测效果。其研究难点主要在于仅知道说话人为 L1,但没有 L1/L2 标注数据库的前提下,如何自动获得说话人可能存在的发音规律和错误模式,并用于优化评测,达到类似于可获取 L1/L2 匹配模式的 L1 相关的发音质量评测系统的同样性能[133]。

(6)文本无关的发音质量自动评测还有待进一步研究。对话式的语言学习和测试都需要先进的文本无关的发音质量评测,在发音内容未知的情况下实现准确评测,这需要语音识别技术的进一步提升,需要更好的非母语声学模型和模型自适应技术,需要更多的不同来源的辅助信息来决策识别结果,进而提高语音识别的识别率,降低评测误差[118,134]。

(7)评测方法的有机集成还有待进一步研究。发音是一个多维度、多层面的问题,很难用单一的方法来处理,一个成功的系统需要很多不同技术的有机集成。现有相关研究主要集中在音段评测和韵律评测两个方面,每个方面都分别提出了很多有效的方法,但如何把这两大类方法进行有效的集成,特别是在中高级说话人的评测任务上进行有效集成是必要的,急需寻求新的技术手段来解决[133]。

(8)交互式发音质量自动评测方法还有待深入研究。进行交互式发音质量评测,正确定位发音错误和发音缺陷的位置和类型,提供可执行易操作的发音质量改进意见和建议,提供可视化可模仿的发音动作反馈,并智能生成针对性学习内容,实现增强现实学习和强化学习,真正提高学习者的实际发音能力和水平,是发音质量自动评测技术发展的内在驱动力和终极目标[135,136]。虽然在这个方面已经进行了大量的、涉及各个环节的多种多样的卓有成效的研究工作,但最大的挑战还在于如何能把它们有效地集成在一起,形成一个真正的、交互式的全面解决方案。

受限于主要研究应用领域、实验用数据库、实验条件等因素的制约,本书仅对其中的部分问题进行较细致的深入研究和讨论,剩余问题略有涉及。

1.8 本书各章节主要内容

本书从两个不同角度分别探讨母语人群的汉语普通话发音质量自动评测技术:一是从整体评测角度入手,深入探讨在仅有专家篇章级别标注情况下的发音质量自动评测技术(详见本书第2~5章论述);二是从细节评测角度入手,深入探讨在获取专家音素级别精细标注情况下的发音质量自动评测技术(详见本书第6,7章论述)。

在整体评测层面,首先针对不同音素后验概率测度不能一致地描述音素发音质量的缺陷,提出一种可训练的音素相关的后验概率变换方法。通过对不同音素的后验概率进行相应的变换,使得变换后的音素发音质量测度能更加一致地描述发音质量。接下来,针对目前评测系统中的声学建模的缺点,提出一种针对评测的声学模型训练算法。该方法利用覆盖各种不同发音质量的数据,通过最小化机器分与人工分均方误差准则进行声学模型训练。因此,可得到与评测目标紧密相连的声学模型(称为评测声学模型)。紧接着,针对评测声学模型难以进行有效的无监督自适应的问题,提出一种利用评测性映射变换(Evaluation-oriented Mapping Transform,EMT)的无监督自适应方法。EMT仍利用覆盖各种不同发音质量的数据,通过最小化机器分与人工分均方误差得到,因此具有与评测目标紧密相连的性质(即"评测性")。在测试时,通过将EMT直接应用至自适应后的声学模型,能将这种评测性"映射"到该声学模型上,得到说话人相关的评测声学模型;接下来,考虑评测系统的具体应用存在的问题,提出了将具体评测系统融入EMT训练的统一理论框架。利用统一框架能得到更符合具体的评测系统要求的EMT,使得系统性能得到进一步提升。最后的实验结果表明,将音素相关后验概率变换融入EMT训练统一框架中得到了显著超过人工一致度的性能,表明该方法能很好地解决后验概率测度的两个问题。

在细节评测层面,针对汉语普通话发音特点和发音规律,利用标准发音语音库和国家普通话水平测试现场录音(非标准发音)语音库,以提高人机评分相关性和降低机器评分错误率的目标,模拟人工专家评测的过程,从声韵母、声调、儿化音变三个层面,通过选取具有代表性的鲁棒评测特征,构建更加精细的声学模型和更加准确的评测模型,用来提升汉语普通话发音质量自动评测方法的整体性能。针对经典的GOP算法存在的问题,提出一种基于音素混淆概率矩阵的声韵母发音质量自动评测方法,提高了音素段切分的准确性,同时有效降低了声学模型间的相似度,提高计算的精度。针对包含错误发音的数据容易获取,但标注困难、不易利用的问题,提出一种基于扩展发音空间的声韵母发音质量自动评测方法,提高了声学模型的适应性和覆盖范围,同时设计对错误发音数据进行聚类的非监督学习策略,可实现发音质量评测模型的自动更新。针对多层次基频特征的综合利用问题,提出一种基于系统融合的多维置信度的声调发音质量自动评测方法,建立嵌入式和显式混合声调模型,能同时利用长时语段和短时语段的基频特征，且避免了单维置信度分数加阈值判断方式的缺点，有效提高了声调发音质量评测方法的准确性。针对汉语儿化音复杂多变、很难采用传统的评测方法进行有效评测的问题，提出一种基于分类思想的儿化音发音质量自动评测方法。结合儿化音的发音规律和声学特性，优选儿化音的多种代表性特征，包括共振峰、发音置信度、时长等，同时提出了一种改进的AdaBoost集成学习方法，该方法重新设计了基分类器的权值计算方法和迭代更新策略，特别适合数据分布不平衡的多类分类问题，实现了对儿化音发音质量的有效分类，分类效果明显优于AdaBoost分类器和其他经典单一分类器。通过综合声韵母、声调和儿化三个方面的评测结果，系统实际评测性能得到很大提升，音节分差下降到4.26，和人工评测的3.71非常接近，说明机器自动评测可以代替人工评测在大规模语言考试中应用。

第2~8章主要内容简述如下。

第2章　音素相关的后验概率变换

本章提出了音素相关的后验概率变换算法，以解决不同音素的后验概率测度不能一致度量音素发音质量的问题。

首先，通过严格的推导证明了即使在拥有无穷的数据量的理想情况，由于受到概率空间的影响，不同音素的后验概率测度仍然不能一致地描述音素发音质量，并指出实际情况还受到数据量、评分标准等诸多因素的影响，难以解析计算出这种不一致程度。接下来，针对性地提出了可训练的音素相关的后验概率变换的方法。变换通过最小化训集的机器分与人工分均方误差得到，因此变换后的后验概率测度能弥补上述缺陷，更加符合评测的要求。研究了线性变换和非线性Sigmoid变换，均取得了显著效果。最后，将该方法与典型错误概率空间、基于KLD差概率空间等优化算法融合，使得系统性能得到进一步提升。

第3章　针对发音质量评测的声学模型训练

本章旨在解决不进行说话人自适应的评测系统中，后验概率测度计算所依赖的声学模型的建模缺陷。

声学模型是后验概率计算的重要依据，但由于发音质量评测的研究源于语音识别，因此至今人们仍沿用语音识别的声学建模方式。然而，语音识别与发音质量评测有着显著区别：语音识别需要包容非标准发音，因此需采用标准发音和非标准发音混合建模；而评测需要严格鉴别标准发音与非标准发音，因此人们只能利用标准发音（或接近标准的发音）进行声学建模，所得的声学模型一般称为Golden声学模型。但Golden声学模型与测试语音的非标准发音严重不匹配，难以准确描述非标准发音（如方言等）的发音质量。

因此，本章提出全新的针对发音质量评测的声学模型的训练算法。算法通过最小化机器分与人工分均方误差（MMSE）准则，利用覆盖各种发音的数据训练声学模型，所得到的声学模型称为评测声学模型。评测声学模型的训练能有效地解决传统的Golden声学模型对非标准发音视而不见的问题。在普通话水平测试现场录音数据库上的实验表明，无论在全音素概率空间、优化概率空间或者音素相关后验概率变换等配置下，评测声学模型均比传统的Golden声学模型有着显著的优势。

第4章　基于评测性映射变换的无监督声学模型自适应

本章旨在改进评测声学建模，但不是直接训练评测声学模型，而是训练评测性映射变换（EMT），并通过EMT将针对评测的建模和MLE/MAP在无监督自适应方法中的优势无缝融合。

说话人自适应是一种利用少量说话人的语料调整声学模型的技术,它能弥补训练与测试的说话人、录音环境的不一致性,使得调整后的声学模型能更好地描述当前发音人的发音情况。无监督自适应是评测系统中常用的说话人自适应方法。该方法利用计算机自动标注音段发音质量,并在此基础上挑选发音质量较好的数据进行自适应。但在无监督自适应的实践中,标注错误不可避免,具有良好容错能力的 MLE/MAP 准则占据着统治地位。然而,MLE/MAP 准则与最小化均方误差(MMSE)准则不一致,导致难以对评测声学模型进行有效的无监督自适应。

因此,本章提出了利用评测性映射变换(EMT)的无监督自适应方法。类似的,EMT 仍然利用覆盖各种发音质量的数据,通过 MMSE 准则训练得到。因此,EMT 具有与评测任务紧密相连的性质(即“评测性”)。在测试时,首先利用 MLE/MAP 准则进行无监督自适应,消除说话人、信道的不一致的影响,得到说话人相关的声学模型;接下来直接将 EMT 应用至该声学模型上,将评测性“映射”到声学模型上,得到说话人相关的评测声学模型。实验表明了在不做自适应的系统中,该方法能在一定程度上取代直接训练评测声学模型的方式;在做自适应的系统中,该方法的应用能使得系统性能得到进一步提升。

第 5 章　系统相关的评测性映射变换的训练及统一框架

本章旨在解决孤立地考虑后验概率特征的 EMT 训练存在的问题,并提出解决这类问题的统一理论框架,拓展了 EMT 训练的应用范围。

一方面,我们知道完整的发音质量评测是对发音的标准度、流畅度、完整度等多方面的综合考察,而后两个方面的评测由语音识别直接决定,与后验概率测度无关。同时,我们难以得到准确、可靠,仅包含发音标准程度评测的人工分。另一方面,不同的评测任务对评分有着不同的要求,而 MMSE 准则难以满足多数任务的要求。因此,提出将具体的评测系统融入 EMT 的训练的方法。该方法考虑了具体系统的评分目标、评分特征、评分算法,能削弱流畅度、完整度等因素对人工分的影响,并能得到更符合系统要求的 EMT。在推导过程中,我们发现不同系统的“个性”——评分目标、评分特征、评分算法等,均仅影响“音素斜率”的计算。因此,当得到训练集中所有音素的斜率后,可以通过统一的方法进行 EMT 的训练以优化它们的“共性”(它们均用后验概率测度描述发音标准程度)。因此,我们将其称为 EMT 训练的统一框架。该框架为不同的评测系统的后验概率测度的优化提供理论指导,大大拓展了 EMT 的应用范围。在实验中,本书利用 EMT 训练统一框架推导并实现了 PSC 自动评测系统中的 EMT 训练算法,并取得了显著的收益。最后,本书将音素相关后验概率变换成功地融入 PSC 自动评测系统的 EMT 训练中,并取得了显著的超过专业评测员的一致程度,表明融入音素相关的后验概率变换的 EMT 训练统一框架能圆满地解决后验概率测度存在的这两个方面问题。

第 6 章　声韵母发音质量自动评测技术

本章旨在提高汉语声韵母发音质量自动评测的准确性和适应性。

首先,针对当前主流的发音质量良好度(GOP)算法存在的问题,提出一种基于音素混淆概率矩阵的声韵母发音质量自动评测方法。其次,针对国家汉语普通话水平测试中可以获取大量的包含错误发音样本数据的实际情况,提出一种基于扩展发音空间的声韵母发音质量自动评测方法。同时,针对错误发音数据获取容易,但标注困难、工作量巨大的问题,设计了一种对错误发音样本聚类的非监督学习方法及发音模型的自动更新技术框架。基于音素混淆概率矩阵的声韵母发音质量自动评测方法,其目的在于增加易混淆音素模型间的区分度,提高评测算法的区分性。而基于扩展发音空间的声韵母发音质量自动评测方法,其目的在于扩大发音的评测范围,提高评测算法的适应性。但是,这两种方法都是靠计算单维置信度分数加阈值判断的方法,这对于很多实际的发音质量评测任务还不够稳定。因此,本书在这两种方法的基础上,提出了一种基于多维置信度的融合方法,利用对多个音素模型的两种后验概率(基于混淆音素集合和基于错误音素集合)得分分布做模型和后处理,进一步提高了系统的鲁棒性和整体性能。

第 7 章　声调发音质量自动评测技术

本章旨在提高汉语声调发音质量自动评测的准确性。

首先,论述了汉语普通话调式与基频曲线轮廓特征的密切关系,然后提出了多种基频特征信息的提取方法。针对汉语普通话的调式特点,在音节层级上引入长时段的基频特征信息建立显式声调模型,在语音帧层级上引入短时段基频特征信息建立嵌入式声调模型,进行声调发音质量自动评测。鉴于两种建模方式具有很好的互补性,研究两种模型的多种混合方法,通过建立多维置信度向量的方式,避免了单维置信度分数加阈值方式的缺点,有效地提高了声调发音质量自动检测的性能。

第 8 章　儿化音发音质量自动评测技术

本章旨在提高汉语儿化音发音质量自动评测的准确性。

首先,对汉语普通话儿化音的声学特征及其变化规律进行了分析和归纳。然后,针对国家汉语普通话水平测试中对儿化音的考评要求,在现有发音质量自动评测技术的框架下,分别探讨了多种不同的处理方法及存在问题,提出采用分类的方式对儿化音的发音质量进行分类和评价。通过优选儿化音的多种代表性特征,并采用改进的 AdaBoost 集成分类器,实现对儿化音发音质量的有效分类。同时,通过对声学特征组的进一步分析,揭示不同特征组对儿化音的影响效果。

第 2 章　音素相关的后验概率变换

2.1 引　言

后验概率无疑是目前公认的最能反映发音质量的测度。然而研究表明,受到概率空间的影响,不同音素的后验概率测度不能一致地衡量音素发音质量,严重影响了后验概率测度的性能。在统计学习的研究中,人工神经网络(ANN)是一种能从理论上完美地消除概率空间影响的方法,并在 CALL 系统的发音错误检测中得到了广泛应用①。受数据量的限制,检错系统中广泛采用支持向量机(Support Vector Machine,SVM)方法取代后验概策略,进行音素发音正误的判决,带来了显著的收益[31,137,138]②。但在评测的实践中,神经网络难以有效地解决概率空间带来的影响:若直接利用 SVM 或者 ANN 取代后验概率策略描述音素的发音质量,则需要精确到音素的人工评分(为一连续值)的标注,显然这种标注不但工作量巨大,而且无法可靠地完成;若直接利用发音错误检测的方法(即每个音素仅有"0""1"二值的标注)进行评测,则后验概率算法退化为基于 SVM 的段分类算法,不仅难以得到稳定的结果,而且还会大大增加人工标注的工作量③。因此,评测的研究中鲜有直接利用 SVM 或者 ANN 取代后验概率测度描述音素发音质量的报道。因此,在评测的研究中,大量的工作集中在如何更好地优化概率空间以减少概率空间混淆的方法。该类方法的主要思想是通过总结易混淆的发音错误以减少概率空间的音素个数,从而降低概率对评测的影响。然而,这类经验性做法并未有效地弥补不同音素的后验概率测度的不一致问题。

因此,本章提出音素相关的可训练的后验概率变换(Phone-dependent Posterior Probability Transform,PPPT)。变换通过最小化机器分和人工分均方误差准则得到,在测试时通过对不同的音素后验概率测度进行相应的变换解决上述问题。本章研究了线性变换和非线性 Sigmoid 变换,均取得了明显的效果。同时,本章所提出的音素相关后验概率变换与优化概率空间融合时,能使得系统性能得到进一步提升。

2.2　后验概率算法的缺陷

选取使用最广泛的 GOP 形式的后验概率作为研究对象。记识别结果的第 n 个音素及其对应的观测向量(p_n, O_n),该音素的后验概率测度的计算如下所示:

$$\mathrm{PP}(p_n, O_n) = \frac{1}{T_n}\log\frac{\Pr(O_n \mid p_n)}{\sum_{q \in M}\Pr(O_n \mid q)} \tag{2.1}$$

---

① 发音错误检测任务中,每段语料中的每个音素都有发音正误的标注。

② SVM 是一种最简单的神经网络之一,可以在一定程度上弥补概率空间的影响。

③ 发音质量评测任务中,每段语料仅有一个人工分的标注。

然而，采用后验概率作为音素发音质量测度时，不同音素的后验概率测度不能一致地反映音素的发音质量，严重影响了后验概率测度的性能，下面将详细加以介绍。

2.2.1　不同音素后验概率测度不一致

我们考虑一种理想的情况。假设学生朗读无穷多次音素 p，且每次发音的时长均一致（均为 T），第 n 次发音可表示为 $O_n=(\boldsymbol{o}_{n,1},\boldsymbol{o}_{n,2},\cdots,\boldsymbol{o}_{n,T})$。为使问题简化，假设所有音素均采用单状态（指有效状态）的 HMM 建模，于是 HMM-GMM 模型退化为 GMM 模型，状态间的转移概率可以忽略，因此式(2.1)可写成帧后验概率平均的形式：

$$\mathrm{PP}(p_n,O_n)=\frac{1}{T}\sum_{t=1}^{T}\log\frac{\Pr(\boldsymbol{o}_{n,t}\mid p_n)}{\sum_{q\in M}\Pr(\boldsymbol{o}_{n,t}\mid q)} \tag{2.2}$$

式中　$\Pr(\boldsymbol{o}_{n,t}\mid p_n)$—— 观测向量在第 n 次朗读音素 p 的 t 时刻的似然度，可采用式(1.3)及式(1.4)计算。

于是，该说话人无穷多次朗读音素 p 的发音标准程度的测度 —— 篇章级的后验概率测度（记为 $\boldsymbol{\sigma}_{\mathrm{pp}}(p_{\mathrm{speaker}})$）的计算如下所示，其中 $\boldsymbol{o}$ 为某次发音的某帧的观测向量。

$$\begin{aligned}\boldsymbol{\sigma}_{\mathrm{pp}}(p_{\mathrm{speaker}})&=\lim_{N\to\infty}\frac{1}{N}\sum_{n=1}^{N}\mathrm{PP}(p_n,O_n)=\\&\lim_{N\to\infty}\frac{1}{N}\sum_{n=1}^{N}\left(\frac{1}{T}\sum_{t=1}^{T}\log\frac{\Pr(\boldsymbol{o}_{n,t}\mid p_n)}{\sum_{q\in M}\Pr(\boldsymbol{o}_{n,t}\mid q)}\right)=\\&E\left(\log\frac{\Pr(o\mid p)}{\sum_{q\in M}\Pr(\boldsymbol{o}\mid q)}\right)\end{aligned} \tag{2.3}$$

可见，当时长一致且采用单状态的 HMM 建模时，篇章级发音质量的测度即为音素 p 的帧后验概率的期望。我们从另一个角度考虑式(2.3)，即对于某个说话人的音素 p 的发音的观测向量 $\boldsymbol{o}$ 是多维连续分布随机变量，并具有概率密度函数 $\Pr(\boldsymbol{o}\mid p_{\mathrm{speaker}})$。于是重写式(2.3)，有

$$\begin{aligned}&\boldsymbol{\sigma}_{\mathrm{pp}}(p_{\mathrm{speaker}})=E\left(\log\frac{\Pr(\boldsymbol{o}\mid p)}{\sum_{q\in M}\Pr(\boldsymbol{o}\mid q)}\right)=\\&\int\Pr(\boldsymbol{o}\mid p_{\mathrm{speaker}})\left(\log\frac{\Pr(\boldsymbol{o}\mid p)}{\sum_{q\in M}\Pr(\boldsymbol{o}\mid q)}\right)\mathrm{d}\boldsymbol{o}=\\&\int\Pr(\boldsymbol{o}\mid p_{\mathrm{speaker}})\left(\log\frac{\Pr(\boldsymbol{o}\mid p)}{\sum_{q\in M}\Pr(\boldsymbol{o}\mid q)}\cdot\frac{\Pr(\boldsymbol{o}\mid p_{\mathrm{speaker}})}{\Pr(\boldsymbol{o}\mid p_{\mathrm{speaker}})}\right)\mathrm{d}\boldsymbol{o}=\\&\int\Pr(\boldsymbol{o}\mid p_{\mathrm{speaker}})\left(\log\frac{\Pr(\boldsymbol{o}\mid p)}{\Pr(\boldsymbol{o}\mid p_{\mathrm{speaker}})}+\log\frac{\Pr(\boldsymbol{o}\mid p_{\mathrm{speaker}})}{\sum_{q\in M}\Pr(\boldsymbol{o}\mid q)}\right)\mathrm{d}\boldsymbol{o}=\\&-\int\Pr(\boldsymbol{o}\mid p_{\mathrm{speaker}})\log\frac{\Pr(\boldsymbol{o}\mid p_{\mathrm{speaker}})}{\Pr(\boldsymbol{o}\mid p)}\mathrm{d}\boldsymbol{o}+\int\Pr(\boldsymbol{o}\mid p_{\mathrm{speaker}})\log\left(\frac{\Pr(\boldsymbol{o}\mid p_{\mathrm{speaker}})}{\frac{1}{N_M}\sum_{q\in M}\Pr(\boldsymbol{o}\mid q)}\cdot N_M\right)\mathrm{d}\boldsymbol{o}=\\&-\mathrm{KLD}(p_{\mathrm{speaker}}\parallel p)+\mathrm{KLD}(p_{\mathrm{speaker}}\parallel M)-\log(N_M)\end{aligned} \tag{2.4}$$

其中，N_M 为概率空间 M 中的音素个数；$\mathrm{KLD}(p_{\mathrm{speaker}}\parallel M)$ 为当前发音人的概率分布与背景模

型(由概率空间 M 决定)的概率分布的 KLD。其中,背景模型的概率分布满足 $\Pr(\boldsymbol{o}\mid M)=\frac{1}{N_M}\sum_{q\in M}\Pr(\boldsymbol{o}\mid q)$,它由概率空间决定。上式的推导中,最后一步注意$\int\Pr(\boldsymbol{o}\mid p_{\text{speaker}})\,\mathrm{d}\boldsymbol{o}=1$。

分析式(2.4)不难发现,第一项为当前发音人的发音概率分布与标准发音的概率分布的 KLD 距离,衡量了当前发音与标准发音的相似程度;然而后两项是与概率空间相关的噪声项,反映了当前发音与概率空间中音素的混淆程度。

为进一步阐明上述问题,假设发音人就是训练集中的标准发音人,则有 $\Pr(\boldsymbol{o}\mid p_{\text{speaker}})=\Pr(\boldsymbol{o}\mid p)$,于是 $\text{KLD}(p_{\text{speaker}}\parallel p)=0$,代入式(2.4),有

$$\sigma_{\text{pp}}(p_{\text{speaker}})=\sigma_{\text{pp}}(p)=\text{KLD}(p\parallel M)-\log N_M \tag{2.5}$$

不难发现,对于音素 p 的标准发音,篇章级发音标准程度测度由音素 p 的标准发音观测向量的概率分布(即发音 p 的 HMM 模型的概率分布)与背景模型的概率分布的距离决定。显然,对于另一音素 q,有 $\text{KLD}(q\parallel M)\neq\text{KLD}(p\parallel M)$。因此,即使对于标准发音 p 和 q,在收集了无穷的数据量,且排除发音时长的影响的情况下,仍然存在发音质量的测度不一致的问题,即 $\sigma_{\text{pp}}(p)\neq\sigma_{\text{pp}}(q)$。可见,即使在理想的情况下,不同音素的后验概率测度仍不能一致地描述音素发音质量。

2.2.2 忽略了评分标准

评分标准是评分任务的重要依据。例如对于 PSC 评分任务而言,音素级的评测只有"正确"和"错误"两种判断。因此若文本为音素〔s〕,考生错发成〔sh〕与错发音〔a〕均为"发音错误",根据 PSC 的评分标准,评分系统需要同等对待上述两种错误。但显然〔s〕与〔sh〕的发音相近,因此即使考生错发成〔sh〕,其发音必然在一定程度上"像"〔s〕。当我们有足够多的数据估计出当前考生错读成〔sh〕和〔a〕的观测向量的概率分布 $\Pr(\boldsymbol{o}\mid \text{sh}_{\text{speaker}})$,$\Pr(\boldsymbol{o}\mid \text{a}_{\text{speaker}})$时,不难预见这两种错误发音与标准发音〔s〕的 KLD 距离满足

$$\text{KLD}(\text{sh}_{\text{speaker}}\parallel \text{s})<\text{KLD}(\text{a}_{\text{speaker}}\parallel \text{s}) \tag{2.6}$$

代入式(2.4),并忽略噪声项,可以发现计算机会因为〔sh〕的发音矢量的概率分布更接近发音〔s〕的发音矢量的概率分布而给予更高的分数。虽然错发成〔sh〕并不会严重影响语音的可懂度,而错发成〔a〕的程度更为严重,但对于 PSC 的评分标准而言,计算机应同等对待这两种错误。可见,从具体的评分任务的要求出发,也存在着不同音素的后验概率测度不一致的情况。

2.3 改进的后验概率算法

近几年来,针对不同音素的后验概率测度不能一致地反映音素发音质量的问题,相关研究人员进行了不懈的研究和探索。

在发音错误检测任务上,文献[31]等采用音素相关的后验概率门限,文献[139]提出了加权 GOP(wGOP)的发音错误检测方法。文献[31]提出了音素相关的门限及基于 SVM 的发音错误检测的方法。这些方法均显著改善了发音错误检测性能。然而,音素的发音错误检测其实质是后验概率的二值化操作,需要精细的判断。但就目前的发音错误检测技术的发展水平而言,难以稳定地应用于评测任务中。

因此,在评测的研究中,人们一般采用优化概率空间的方法,削弱概率空间的影响,提升评测性能。具有代表性的工作有:文献[1,47]提出了"根据声韵母时长比例调整后验概率",根据时长加重了声母的权重,改善了声韵母间的后验概率不一致的问题;文献[48,49,140]提出了"基于语言学知识"的网络以及基于 KLD 差的聚类等方法对概率空间进行了优化;文献[141]提出了音素混淆扩展网络的后验概率计算的方法①。这些方法的思想类似,它们均通过一定的方法减少概率空间的音素个数,从而达到减少概率空间影响的目的。

对后验概率算法具有代表性的改进是文献[31,49]提出的优化概率空间策略,主要包括典型错误概率空间及 KLD 差概率空间,下面将分别介绍。

2.3.1　基于典型发音错误概率空间的后验概率

文献[48]指出,在 PSC 中,学生的绝大多数发音错误或者缺陷是受其方言背景影响而生成的,具有很强的规律性。即使对于一些声学上接近的音素,如[an],[ian]等,学生也几乎不会出错。因此,统计学生发音的错误情况,建立相应的概率空间,可以大大减少混淆。在文献[31]的工作中,通过统计发现四大类(共计 15 种错误)可以涵盖参与 PSC 学生的绝大部分发音错误,并且通过对概率空间的优化,有效降低了概率空间带来的混淆,一个典型错误的优化概率空间如图 2.1 所示。

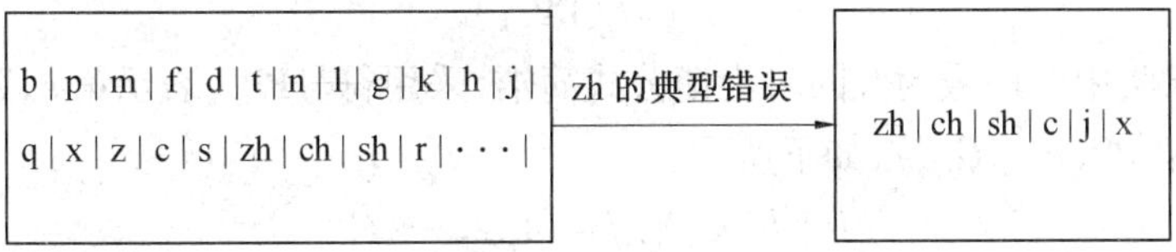

图 2.1　根据典型错误优化概率空间示意图(以[zh]为例)

另外,典型错误的概率空间也在发音错误检测任务中有着广泛的应用[31]。

2.3.2　基于 KLD 差的概率空间的后验概率

典型错误难以全面地覆盖考生的发音错误,然而采用标注的方式工作量很大,因为不仅要分辨出发音错误,还需要标注错误种类。文献[49]提出了采用 KLD 差的思想优化概率空间。该方法采用标准模型间距离与带方言口音所训练的模型的距离差来作为概率空间的候选。文中指出,距离差可以看成是由于方言影响而导致其他音素向目标音素移动的距离,距离越大表明发音受到方言影响越大,越应该作为概率空间的候选。

例如对于音素[b],考虑候选错误发音[p]。首先计算标准声学模型中[b]和[p]的 HMM 之间的 KLD(b ‖ p),再计算非标准声学模型(由方言发音所训练)中的[b]和[p]的距离 KLD(b_{Accent} ‖ p_{Accent}),最终的 KLD 差为

$$d(b \parallel p) = \mathrm{KLD}(b \parallel p) - \mathrm{KLD}(b_{Accent} \parallel p_{Accent}) \tag{2.7}$$

在计算得到[b]和[p]的 KLD 差后,再计算[b]和[d],[t],[n]等其他音素的 KLD 差,并取距离最大的几个音素(及音素[b]自己)组成[b]的概率空间。关于两个 HMM 之间

① 该方法本质上也是概率空间的优化,与"典型错误概率空间"的思想类似。

KLD 的计算,一般采用蒙特卡罗法,具体算法可参看文献[142]。

2.4 音素相关的可训练的后验概率变换算法

虽然概率空间的优化能大幅改善系统性能,但该类方法仅能缓解不同音素后验概率测度不一致的问题。另外,这些方法未利用评测任务中最 Golden 的量化标准——人工分,因此难以得到最优解。

本章提出音素相关的可训练的后验概率变换算法解决上述问题。音素相关的可训练的变换通过最小化机器分与人工分的均方误差训练得到,在测试时,通过对不同音素的后验概率进行相应的变换,可使得变换后的不同的音素发音质量测度大致可比,更加符合评测的要求。

2.4.1 定义

令音素集一共包含 I 个音素,训练集共计 R 段语料,每段语料包含 N_r 个音素。对于第 r 段语料的第 n 个音素 $p_{r,n}$,对应的观测向量序列为 $O_{r,n}=(\boldsymbol{o}_{r,n,1},\boldsymbol{o}_{r,n,2},\cdots,\boldsymbol{o}_{r,n,T_{r,n}})$,共计 $T_{r,n}$ 帧。采用音素相关的后验概率变换作为音素 $p_{r,n}$ 的音素级的机器分(记为 $\hat{s}_{r,n}$),则

$$\hat{s}_{r,n}=f_j(\mathrm{PP}_{r,n}) \tag{2.8}$$

其中,$p_{r,n}$ 在音素集中的序号为 j,同时为使公式简洁,采用符号 $\mathrm{PP}_{r,n}$ 表示第 r 段语料的第 n 个音素的后验概率 $\mathrm{PP}(p_{r,n},O_{r,n})$,如下所示:

$$j=id(p_{r,n}),\ j\in\{1,2,\cdots,I\} \tag{2.9}$$

$$\mathrm{PP}_{r,n}=\mathrm{PP}(p_{r,n},O_{r,n}) \tag{2.10}$$

于是,篇章级机器分(记为 $\hat{s}_r$)为篇章内所有音素机器分 $\hat{s}_{r,n}$ 的平均,即

$$\hat{s}_r=\frac{1}{N_r}\sum_{n=1}^{N_r}\hat{s}_{r,n}=\frac{1}{N_r}\sum_{n=1}^{N_r}f_j(\mathrm{PP}_{r,n}) \tag{2.11}$$

可见,当变换为音素无关的线性变换时,即 $\hat{s}_{r,n}=f_j(\mathrm{PP}_{r,n})=a\cdot\mathrm{PP}_{r,n}+b$($a,b$ 为线性变换参数),该方法与传统的后验概率完全一致。

对于第 r 段语料,我们认为人工分(记为 s_r,为多个专业评测员评分的平均)为篇章级发音质量的最佳度量。因此,变换函数的训练目标是使得机器分与人工分尽量一致。本章采用最小均方误差(MMSE)准则,如下所示:

$$obj=\frac{1}{R}\sum_{r=1}^{R}(s_r-\hat{s}_r)^2 \tag{2.12}$$

2.4.2 线性变换

令音素集一共包含 I 个音素,对于音素集的第 i 个音素,其对应的线性后验概率变换如下所示:

$$f_i(x)=a_i\cdot x+b_i \tag{2.13}$$

其中,$\{a_i,b_i\},i=1,2,\cdots,I$ 为音素相关的线性变换参数;x 为音素后验概率测度。将式(2.13)代入目标函数如式(2.14)所示,注意 j 为 $p_{r,n}$ 在音素集中的序号,即 $j=id(p_{r,n})$。

$$
\begin{aligned}
\hat{s}_r &= \frac{1}{N_r}\sum_{n=1}^{N_r}(a_j \cdot \mathrm{PP}_{r,n} + b_j) = \\
&\frac{1}{N_r}\sum_{n=1}^{N_r}\sum_{i=1}^{I}(\delta(i,j)\cdot \mathrm{PP}_{r,n}\cdot \alpha_i + \delta(i,j)\cdot b_i) = \\
&\sum_{j=1}^{I}\alpha_i \cdot \left(\frac{1}{N_r}\sum_{n=1}^{N_r}\delta(i,j)\cdot \mathrm{PP}_{r,n}\right) + \sum_{j=1}^{I} b_i \cdot \left(\frac{1}{N_r}\sum_{n=1}^{N_r}\delta(i,j)\right)
\end{aligned}
\tag{2.14}
$$

其中

$$
\delta(i,j) = \begin{cases} 1, & i = j = id(p_{r,n}) \\ 0, & i \neq j = id(p_{r,n}) \end{cases} \tag{2.15}
$$

于是,变换参数的求解可转化为经典的线性回归问题,令

$$
\begin{aligned}
c_{ri} &= \frac{1}{N_r}\sum_{n=1}^{N_r}\delta(i,j)\cdot \mathrm{PP}_{r,n} \\
d_{ri} &= \frac{1}{N_r}\sum_{n=1}^{N_r}\delta(i,j)
\end{aligned}
\tag{2.16}
$$

$$
\boldsymbol{C} = \begin{bmatrix}
c_{11} & \cdots & c_{1I} & d_{11} & \cdots & d_{1I} \\
c_{21} & \cdots & c_{2I} & d_{21} & \cdots & d_{2I} \\
c_{31} & \cdots & c_{3I} & d_{31} & \cdots & d_{3I} \\
\vdots & \ddots & \vdots & \vdots & \ddots & \vdots \\
c_{R1} & \cdots & c_{RI} & d_{R1} & \cdots & d_{RI}
\end{bmatrix} \tag{2.17}
$$

于是线性变换参数的解可通过式(2.18)求得

$$
[a_1 \ \cdots \ a_I \ b_1 \ \cdots \ b_I]^{\mathrm{T}} = (\boldsymbol{C}^{\mathrm{T}}\boldsymbol{C})-1\cdot \boldsymbol{C}^{\mathrm{T}}[s_1, s_2, \cdots, s_R]^{\mathrm{T}} \tag{2.18}
$$

通过上述分析可发现,线性变换有着全局最优的解析解,可通过线性回归直接求解,计算简便。不难发现,虽然我们在式(2.8)引入了音素级机器分 $\hat{s}_{r,n}$ 的概念,但从式(2.18)可知,变换训练时并不需要音素级的人工评分,因此该方法并不会增加任何标注工作量。

2.4.3　非线性 Sigmoid 变换

根据 PSC 评分准则,评测员对音素的判断只有“正确”和“错误”(缺陷①一般与错误等同对待)两种判断。对于发音错误或者缺陷的音素,评测员会在试卷上标出,并在学生朗读结束后,通过统计标注的错误及缺陷的汉字的个数,按评分规则进行扣分。在本书所研究的篇章朗读题上,每个错误或者缺陷扣 0.1 分。

可见,为更好地模拟人工评分,计算机对音素的评分也应只有 0,1 两种选择,即发音错误或者缺陷时,音素机器分 $\hat{s}_{r,n}=0$,而发音正确时,音素机器分 $\hat{s}_{r,n}=1$。显然,上文定义的线性变换难以适应 PSC 任务要求。但同时我们注意到,若音素机器分只有 0,1 两种选择时,发音质量评测问题退化为发音错误检测问题,后验概率退化为段分类问题。而目前的发音

---

① 按 PSC 评分准则定义,“错误”指一个音素被错发成另一个音素,如将〔s〕错读成〔sh〕;“缺陷”指发音不像音素集内任何音素。

错误检测及段分类的方法稳定性差,因此我们仍然需要一种连续的非线性函数来描述上述情况。因此,Sigmoid 函数是符合要求的最直接的选择,下面将加以详细介绍。

1. 定义

我们知道,当后验概率越低时,该音素错误的可能性就越大;反之,则正确的可能性就越大。而 Sigmoid 函数是一种"S"形状的非线性函数,如图 2. 2 所示。其中,*CD* 段可描述发音正确的情况,*AB* 段可描述发音错误的情况,*BC* 段与类似线性变换。可见,相比线性变换,它更加接近 PSC 评分准则。

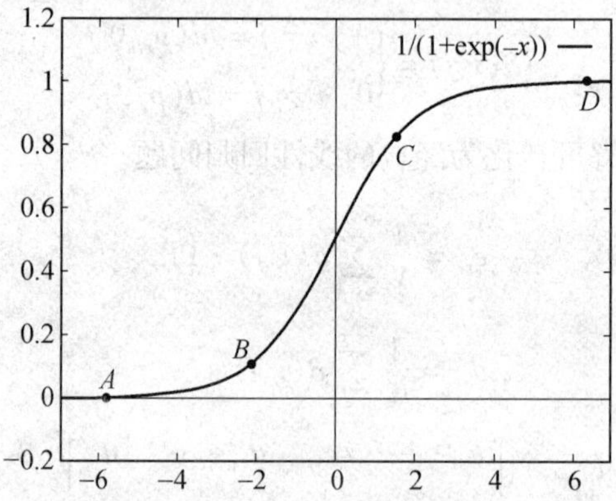

图 2. 2 Sigmoid 函数示意图

说明:Sigmoid 函数在 *AB*,*CD* 处有较大的压扩,可理解为发音后验概率很低(发音错误)和后验概率较高(发音正确)时的音素分;函数在 *BC* 段近似线性。

对于音素集中的第 i 个音素,定义其 Sigmoid 变换如下所示:

$$f_i(x)=a_i\cdot\frac{1}{1+\exp(\alpha_i x+\beta_i)}+b_i \tag{2.19}$$

其中,x 为音素后验概率。

对于 Sigmoid 变换,参数 α,β 控制着变换的形状,a 控制着变换的取值范围,b 控制着偏移。不难发现,当我们令 $\hat{x}=\frac{1}{1+\exp(\alpha_i x+\beta_i)}$时,非线性 Sigmoid 变换可转化为线性变换。因此,音素相关的非线性 Sigmoid 变换可视为是对后验概率进行音素相关的规整后的音素相关的线性变换。

2. 梯度下降法进行参数优化

然而,我们不能像音素相关的线性变换那样简捷求解。就目前作者知识而言,只能采用梯度下降法逐步逼近局部最优解。令音素集中第 i 个音素的变换参数为$\lambda_i=(a_i,b_i,\alpha_i,\beta_i)$,则对式(2. 12)求偏导,有

$$\frac{\partial obj}{\partial\lambda_i}=\frac{2}{R}\sum_{r=1}^{R}(\hat{s}_r-s_r)\frac{\partial\hat{s}_r}{\partial\lambda_i} \tag{2.20}$$

将上式的偏导项展开,注意下式中 $j=id(p_{r,n})$。

$$\frac{\partial\hat{s}_r}{\partial a_i}=\sum_{n=1}^{N_r}\frac{\delta(i,j)}{1+\exp(\alpha_j\,\mathrm{PP}_{r,n}+\beta_j)} \tag{2.21}$$

$$\frac{\partial\hat{s}_r}{\partial b_i}=\sum_{n=1}^{N_r}\delta(i,j) \tag{2.22}$$

$$\frac{\partial \hat{s}_r}{\partial \alpha_i} = \sum_{n=1}^{N_r} \frac{a_j \delta(i,j) \exp(\alpha_j \mathrm{PP}_{r,n} + \beta_j) \mathrm{PP}_{r,n}}{(1 + \exp(\alpha_j \mathrm{PP}_{r,n} + \beta_j))^2} \tag{2.23}$$

$$\frac{\partial \hat{s}_r}{\partial \beta_i} = \sum_{n=1}^{N_r} \frac{a_j \delta(i,j) \exp(\alpha_j \mathrm{PP}_{r,n} + \beta_j)}{(1 + \exp(\alpha_j \mathrm{PP}_{r,n} + \beta_j))^2} \tag{2.24}$$

于是对于音素集中的序号为 i 的音素对应的非线性 Sigmoid 变换的参数更新公式如下：

$$\lambda_i^{\mathrm{new}} = \lambda_i^{\mathrm{old}} - \eta \cdot \frac{\partial obj}{\partial \lambda_i} = \lambda_i^{old} - \eta \cdot \frac{2}{R} \sum_{r=1}^{R} (\hat{s}_r - s_r) \frac{\partial \hat{s}_r}{\partial \lambda_i} \tag{2.25}$$

同样的，对于非线性变换，虽然在推导过程中引入了音素机器分 $\hat{s}_{r,n}$ 的概念，但在优化过程中，并不需要人工的音素发音正误的标注，因此该方法仍不会增加人工标注的工作量。

3. 梯度下降法的初始值设定

梯度下降法仅收敛于局部最优值，因此变换参数的初值选取非常重要。注意到线性变换与非线性变换都是将后验概率变换为音素级的机器分，因此，我们可以通过线性变换得到训练集中所有音素的机器分 $\hat{s}_{r,n}^{\mathrm{linear}}$，并以此为依据初始化非线性 Sigmoid 变换的参数。如式(2.26)所示，其中 $e_{r,n}$ 为采用非线性 Sigmoid 变换估计 $\hat{s}_{r,n}^{\mathrm{linear}}$ 的误差，$j = id(p_{r,n}) \in \{1,2,\cdots,I\}$

$$\hat{s}_{r,n}^{\mathrm{linear}} = \frac{a_j}{1+\exp(\alpha_j \mathrm{PP}_{r,n}+\beta_j)} + b_j + e_{r,n} \tag{2.26}$$

严格来讲，应采用梯度下降法进行参数优化，使得拟合误差尽量小。但考虑初始化并不需要非常精确，于是忽略误差项 $e_{r,n}$，并对式(2.26)进行变换，可得

$$\alpha_j \mathrm{PP}_{r,n} + \beta_j = \ln\left(\frac{a_j}{\hat{s}_{r,n}^{\mathrm{linear}} - b_j} - 1\right) \tag{2.27}$$

我们知道，在音素集中第 i 个音素的 Sigmoid 变换参数 $\lambda_i = (a_i, b_i, \alpha_i, \beta_i)$ 中，a_i, b_i 分别控制着音素级机器分的取值范围和偏移。考虑人工评分在 0 分到满分之间，因此初始值 $a_i^0 = s_{\max}, b_i^0 = 0$，其中 $s_{\max}$ 为该题型的满分。代入式(2.27)，有

$$\alpha_j \mathrm{PP}_{r,n} + \beta_j = \ln\left(\frac{s_{\max}}{\hat{s}_{r,n}^{\mathrm{linear}}} - 1\right) \tag{2.28}$$

其中，$j = id(r,n)$。于是 α_i, β_i 的初始值可根据式(2.28)通过线性回归解析求得。

2.5　实验及实验结果分析

本章实验仅在普通话水平测试篇章朗读题上进行，使用 PSC-PZ-G1-56 和 PSC-PZ-3787 语音库。除数据库有较大的扩充、研究对象稍有变化外，实验其他配置与文献[49]相同，实验配置如下①。

1. 声学特征

声学特征采用 39 维的 MFCC_0_D_A 特征，帧长 10 ms，帧移 25 ms，并采用了声道长度归一化(VTLN)和倒谱均值规整(CMN)等方法提取更加鲁棒的声学特征。

2. 声学模型结构

① 本书第 2～5 章均采用该实验配置，重点研究在篇章级别的粗标语音库下整体发音质量评测技术。

采用上下文无关的声韵母模型建模，每个音素采用一个 HMM 描述，共计 64 个音素的声学模型（其中有 6 个为零声母）。另外由于语音识别需要，还训练了静音模型（sil）和填充模型（filler）及短停模型（sp），因此语音识别部分采用的是含 67 个 HMM 的声学模型。其中，描述声母发音的 HMM 包含 3 个状态，描述韵母发音的 HMM 包含 5 个状态，平均每个状态采用 16 个高斯的 GMM 描述。

3. 语音识别

由于 PSC 是 L1 的测试，参与 PSC 的学生普遍发音较好，朗读完整，因此本书实验均采用基于文本的切分方式进行语音识别。

2.5.1 基线系统的实验结果

本章选择广泛使用的 GOP 形式的后验概率作为基线系统。在 PSC 自动发音质量评测系统的研究中，文献[31,49]针对后验概率的概率空间进行了针对性的改进，取得了良好的效果。文献中改进的后验概率计算方法如下：

$$\mathrm{PP}(p_n, O_n) = \frac{1}{T_n}\log\frac{\Pr(O_n \mid p_n)}{\sum_{q \in M(p_n)} \Pr(O_n \mid q)} \tag{2.29}$$

相对传统 GOP 算法，改进的后验概率采用音素相关的概率空间 $M(p_n)$，相比常用的全音素概率空间①，优化的概率空间不仅减少了计算量，还降低了概率空间对后验概率测度的影响。文献提出了以下两种改进概率空间的算法。

（1）典型错误概率空间：研究表明，十余种发音错误能描述参加 PSC 考试的学生的绝大多数发音错误。因此，概率空间只包含与目标发音容易混淆的音素。

（2）基于 KLD 差的统计错误模式生成的概率空间（以下简称 KLD 差概率空间）：通过计算方言 HMM 与标准 HMM 的 KLD 差，选择与标准 HMM 最接近的音素生成概率空间。

采用全音素概率空间和上述两种优化概率空间所计算的后验概率与人工分的相关系数见表 2.1。

表 2.1 不同概率空间的后验概率与人工分的相关系数

概率空间	篇章朗读
全音素概率空间	0.582
典型错误概率空间	0.680
KLD 差概率空间	0.654

虽然在 PSC 任务上，优化的概率空间相对全概率空间有着显著的优势，但它的概率空间中只包含典型错误或者容易混淆的音素，无法处理非典型错误（如不识字乱读等情况）。因此，第二语言学习者（L2）的评测任务中（如韩国人说汉语、中国人学英语的发音质量自动评测任务）仍有着广泛的应用。因此，为全面衡量本书算法的有效性，表 2.1 中的三类概率空间均是本章的基线系统。可见，基线系统性能较低，需要进行较大的改进才能达到实用水平。

---

① 由于本文采用的描述声韵母的 HMM 状态数目不一致，因此本文中声母的全音素概率空间只含声母，韵母的全音素概率空间只含韵母。

2.5.2　全音素概率空间的实验结果

全音素概率空间是一种混淆度最大的概率空间,因此在该配置下的实验能更加清晰地观察到本章策略的性能。音素相关的线性变换和非线性 Sigmoid 变换在全音素概率空间的实验结果见表 2.2。

表 2.2　音素相关的后验概率变换在全音素概率空间上的实验结果

实验配置	相关系数		均方根误差	
	测试集	训练集	测试集	训练集
基线	0.582	0.638	1.931	1.926
线性变换	0.762	0.793	1.527	1.528
Sigmoid 变换	0.768	0.803	1.502	1.494

实验表明,音素相关的后验概率变换能大大弥补后验概率策略的缺陷,使得评分系统性能有着显著的提升。相比线性变换,非线性 Sigmoid 变换更符合 PSC 的评分标准,因此性能有小幅提升。然而,非线性 Sigmoid 变换的计算速度非常缓慢。在本章实验采用 2.50 GHz 的 CPU 上,大约需要一周才能收敛,而线性变换的运算量几乎可忽略不计。然而非线性 Sigmoid 变换的巨大运算消耗并未换来显著的性能收益:仅在训练集上性能提升显著,而在测试集上性能提升幅度较小。可见,线性变换虽然结构简单,但有着良好的集外推广性。

2.5.3　优化的概率空间的实验结果

为减少概率空间带来的影响,人们提出了优化概率空间的方法。该方法通过减少概率空间的音素数目,减少混淆,使得不同音素的后验概率测度能更一致地度量音素发音质量。可见,该类方法与本书思想有着类似之处,因此实验旨在验证音素相关的后验概率变换在优化概率空间下是否仍然有效,实验结果见表 2.3。

表 2.3　音素相关的后验概率变换在优化概率空间上的实验结果

实验配置		相关系数		均方根误差	
		测试集	训练集	测试集	训练集
典型错误概率空间	基线	0.680	0.721	1.706	1.688
	线性变换	0.773	0.800	1.456	1.544
	Sigmoid 变换	0.769	0.786	1.569	1.563
KLD 差概率空间	基线	0.654	0.738	1.821	1.736
	线性变换	0.760	0.804	1.523	1.476
	Sigmoid 变换	0.752	0.799	1.601	1.505

可见,即使采用优化的概率空间,音素相关的后验概率变换方法仍然能取得显著的效果。由于优化概率空间部分解决了不同音素间的后验概率的不可比性,因此提升幅度有所减弱。同时,该方法与优化概率空间结合时,能进一步提升系统性能。另外,在优化概率空间上,Sigmoid 变换性能略弱于线性变换。可见,线性变换虽然简单,但具有良好的鲁棒性。

2.6 本章小结

本章从理论上推导了后验概率算法在发音质量评测任务上的缺陷,并针对性地提出了可训练的音素相关的后验概率变换的方法。本章研究了线性变换和非线性变换,并指出线性变换可通过线性回归方法直接求得全局最优解,同时给出了非线性 Sigmoid 变换的梯度下降解法。实验表明,两类变换在全概率空间、优化的概率空间下均能带来显著的收益。其中,线性变换计算量很小,鲁棒性好,性能与 Sigmoid 变换相当,具有很大的实用价值。

虽然采用优化的概率空间能进一步提升系统性能,但同时也表明本章所提出的方法并未完全消除概率空间对评分的影响。我们知道,声学模型是计算后验概率及其变换的重要依据。而在第 1 章中,我们也指出,目前评测系统中常用的 MLE 准则的建模方式忽略了评测目标,存在严重的问题。因此,在后续章节的工作中,将重点介绍如何建立与发音质量评测紧密相连的声学模型。

第3章 针对发音质量评测的声学模型训练

3.1 引 言

声学模型是后验概率计算的基石，对评测系统的性能有着决定性的作用。由于评测的研究源于自动语音识别（Automatic Speech Recognition，ASR），因此至今人们仍沿用语音识别的声学建模方式。然而，发音质量评测与ASR的任务目标存在着显著的区别：ASR需要包容非标准发音①。因此，需采用标准发音与非标准发音混合建模的方式，使得训练与测试更加匹配，提升识别性能[143]。然而，评测任务需要严格区别标准发音和非标准发音。若沿用ASR的同时利用标准发音与非标准发音混合建模方式，必然会导致所得的声学模型包容非标准发音。因此，人们只能利用标准发音训练声学模型，所得到的声学模型也通常称为Golden声学模型（或者标准声学模型）。然而，Golden声学模型与测试时的非标准发音（如地方口音）不匹配，难以精确描述非标准发音的发音质量。因此，只有将与评测紧密相连的目标融入声学建模，才能从根本上解决上述问题。

在ASR的研究中，受到广泛关注的区分性训练（Discriminative Training，DT）正是这样一种方法，它将ASR任务的目标融入声学模型的训练中，因此可得到更适合ASR的声学模型，从而显著地提升识别性能。与最大似然准估计（MLE）建模方法不同，DT不直接估计HMM的参数，而是根据优化目标调整HMM的参数，使得不同HMM更易区分。形象地说，MLE准则是告诉声学模型"这是苹果"，而DT是告诉声学模型"这是苹果，不是梨"。因此，DT的训练过程中不仅需要保证目标模型的似然度增加，同时需要降低竞争模型的似然度，以达到提高HMM之间的区分度的目的。近年来，也有不少研究将DT声学模型用于发音质量评测，但由于针对ASR的优化仍然与评测目标不一致，收益有限[144,145]。

受到DT思想的启发，本章将提出一种全新的针对发音质量评测的声学模型训练算法。该算法利用覆盖各种发音的数据训练声学模型，通过最小化训练集机器分与人工分均方误差准则训练声学模型，因此能有效地解决传统的Golden声学模型难以精确描述测试时的非标准发音的情况。同时，该方法与发音质量评测常用的后验概率理论框架紧密相连，可与最新的优化策略融合。实验研究了该算法在全概率空间、优化概率空间、音素相关后验概率变换等配置下的性能，均一致地表明，采用本章方法得到的声学模型比传统的采用ASR方法得到的声学模型有着显著的优势。

---

① 例如无论对于播音员说的发音标准的"中国"还是外国初学者说的包含严重口音的"中国"，都要求ASR系统输出为"中国"。

3.2 采用 ASR 建模方法的缺陷及目前的改进策略

评测任务需严格鉴别标准发音与非标准发音,因此,为避免对非标准发音的包容,通常人们只能使用标准发音进行声学建模,所训练得到的声学模型通常称为"Golden 模型"。如何建立 Golden 声学模型,人们进行了深入的研究。

起初,人们自然想到使用公认的最为标准的发音——第一语言学习者(L1)的标准发音进行声学建模[37]。但随后发现,这种方式会给第二语言学习者(L2)相似的分数,无论其发音是否良好。显然,这是由于 L2 与 L1 的发音有着显著的差别所导致,采用标准的 L1 发音训练出的声学模型难以描述 L2 的发音质量。于是,人们提出采用良好的 L2 发音来进行声学建模[146]。虽然这种建模方式在 L2 的学习任务性能上有着很大的改善,但随后人们发现机器会给 L1 较低的分数。显然,该建模方法认为良好的 L2 发音才是"Golden 发音",而本应更加"Golden"的 L1 发音与之相去甚远,导致系统反而认为其发音不标准。不难预见,若 L1 的标准发音和 L2 的良好发音均参与声学模型训练,系统必然会认为这两种发音同样标准(而显然 L1 应更标准),这种情况同样令人尴尬①。

因此,如何将非标准发音融入声学建模,人们进行了不懈的努力。在发音错误检测的研究中,文献[147]提出了"发音空间建模"思想,将音素分为"标准发音""中等发音"和"差等发音",并建立相应的 HMM②,使得系统对发音错误的检测性能有了提升。文献[148]的工作中提出采用发音变化(Pronunciation Variation)和反例模型(Anti-models)改善检错系统的性能。在张峰等人的工作中,将音素分为发音正确和发音错误两类,并提出利用区分性训练及音素发音的正误标记改进声学模型[149]。

然而,若将这些方法直接应用于评测的研究,均需要音素级人工评分,不仅标注量强度大,且标注质量无法保证;同时,"中等发音"或者"差等发音"等 HMM 引入一般会加剧后验概率的概率空间的影响,影响系统的整体评分性能。但上述研究均表明:根据适当的规则,引入非标准发音参与声学建模能使得训练与测试更加匹配,提升系统性。

3.3 ASR 中的区分性训练介绍及其在 CALL 系统中的应用

区分性训练是近年来语音识别研究的热点之一,也是推动语音识别发展和产业化的重要技术和研究热点。本章算法的思想也是受区分性训练思想的启发得到,因此下面我们将花一定篇幅介绍 ASR 中的区分性训练及它在 CALL 系统中的应用。

3.3.1 ASR 中的区分性训练简介

MLE 是一种产生式的模型训练方法,该方法直接对概率密度进行建模。例如,我们估

---

① 同时,这种折中做法会导致系统对 L2 的评测性能有一定的降低。

② 例如对于音素〔a〕,会建立 a_good,a_normal,a_bad 三个 HMM,分别代表着〔a〕的标准发音、中等发音和差等发音。因此,对于声学模型训练,也需要对每个音素均有"标准""中等"或"差等"的标注。由于人工标注工作量过大,文献采用无监督的方式进行自动标注。

计音素〔a〕概率密度函数，只需要搜集训练集中所有的属于〔a〕的样本直接估计即可，无需考虑隶属于其他音素的样本（参看1.3.3小节中标题4）。若模型假设正确，并且数据量无穷多，MLE估计能无限逼近样本的真实概率分布，此时MLE是最佳的估计方式[150]。MLE建模具有如下优势：首先，模型训练简单、高效；其次，由于采用了Baum-Welch，EM等算法，不要求有精细到时间的标注，且每次迭代能一定保证对似然度的优化；同时，MLE具有良好的容错能力，少量随机的标注错误对系统的性能影响很小①，因此在ASR和CALL系统中得到了广泛的应用。

DT是一种区分性的建模方法，它不直接估计某一类别的概率密度，而是通过调整概率密度函数的参数分布，达到优化目标函数（Objective Function）的目的。因此，DT训练可视为是对声学模型的优化。举例来讲，MLE告诉声学模型“这是音素〔a〕”；而DT告诉声学模型“这是音素〔a〕，而不是音素〔b〕”。因此，DT在声学模型训练时，通过调整〔a〕和〔b〕的声学模型参数，使得在标记为〔a〕的样本上，音素〔a〕的似然度增大的同时，还降低音素〔b〕的似然度，使得这两个类别更易于区分。在ASR中，通过DT思想优化某个与识别率相关的目标函数，能得到更符合ASR目标的声学模型，提升系统识别率。

然而，与MLE相比，DT存在着运算量大、需要有精确的HMM的状态起止时间标注、容错能力差等缺陷，而这正好可利用MLE声学模型弥补。通常做法是利用一个事先训练好的MLE声学模型，对训练集进行语音识别得到各类别（HMM的状态）的时间标注（通常是词图形式）。前面我们提到，MLE模型的训练与切分紧密相连（参看1.3.3小节标题4），因此，有人工标注的训练集上，所得到的时间标注（通常是词图形式）的精度较高。同时，由于区分性建模方法均不直接估计声学模型的参数，因此DT的训练需要以MLE声学模型作为初始模型。可见，DT继承了MLE的优势，并弥补了其在语音识别应用上的缺陷。DT声学模型的训练流程如图3.1所示。

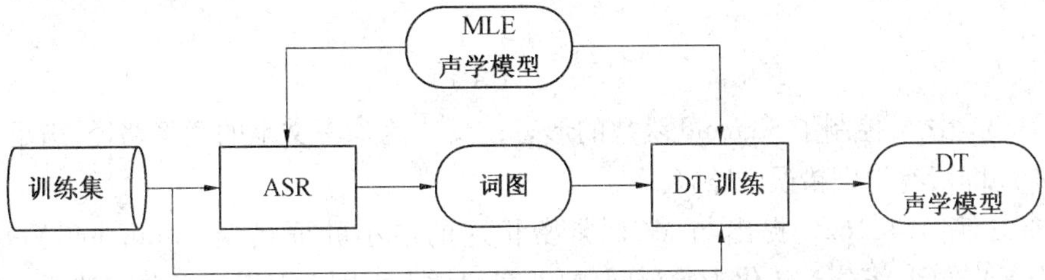

图3.1　区分性训练流程图

在ASR领域，经典的区分性训练准则有：最大互信息量估计准则（Maximum Mutual Information Estimation，MMIE）、最小分类错误准则（Minimum Classification Error，MCE）、最小词/音素错误准则（Minimum Word/ Phone Error，MWE/MPE）等，下面将分别加以详细介绍。

1. 区分性训练准则简介

（1）最大互信息量估计（MMIE）准则。

MMIE准则是最早被应用于语音识别领域的区分性训练准则。在Bahl等人的工作中提出MMIE准则，并在2 000个孤立词的识别任务中取得了明显的效果[151]。接下来，不少研

① 随机的错误往往分布较为分散，且由于数量较少，在MLE中不会形成很高的似然度，因此对系统性能影响很小。

究工作将 MMIE 应用到小词汇量的连续语音识别任务上[152,153]，并取得了 50% 的句子级的相对错误下降[154]，但在 LVCSR 任务上，MMIE 准则的性能相对 MLE 提升并不明显[155]。直到 20 世纪 90 年代中旬，由于词图等关键技术的引入[156,157]，MMIE 终于在 LVCSR 任务上明显超过了传统的 MLE 的性能。

MMIE 的优化目标 $\mathscr{F}_{\mathrm{MMIE}}$ 即最大化式(3.1)：

$$\mathscr{F}_{\mathrm{MMIE}} = \frac{1}{R}\sum_{r=1}^{R}\log\frac{\Pr_\theta(\boldsymbol{O}_r \mid W_r)\Pr(W_r)}{\sum_{W'\in\mathscr{M}}\Pr_\theta(\boldsymbol{O}_r \mid W')\Pr(W')} \tag{3.1}$$

其中，$\boldsymbol{O}_r$ 为第 r 段语料的观测向量；W_r 为参考文本；θ 为声学模型；$\Pr(W')$ 为词图中某个路径（Path）的语言模型得分；$\mathscr{M}$ 为词图中所有路径；R 为训练集中句子总数。

从目标函数可以看出，与 MLE 相比，MMIE 也需要增加训练样本相对于参考文本的似然度 $\Pr_\theta(\boldsymbol{O}_r \mid W_r)$；但它同时还需要降低竞争模型似然度，并且考虑了 ASR 中语言模型概率的影响，更加适合语音识别的要求。

（2）最小分类错误（MCE）准则。

MCE 准则致力于优化与语音识别器分类错误相关的度量，如句子错误率等。它最早由 Juang 等在文献[158]中提出。由于错误函数是一个不可微的离散函数，因此常用 Sigmoid 函数加以近似。在引入词图等关键技术后，MCE 准则在 LVCSR 任务上仍能带来 5% ~ 10% 的相对性能提升[159,160]，与 MMIE 准则相当。

MCE 的优化目标 $\mathscr{F}_{\mathrm{MCE}}$ 即最大化式(3.2)：

$$\mathscr{F}_{\mathrm{MCE}} = \frac{1}{R}\sum_{r=1}^{R} f\left(\log\frac{\Pr_\theta(\boldsymbol{O}_r \mid W_r)\Pr(W_r)}{\sum_{W'\in\mathscr{M}_r^{\mathrm{MCE}}}\Pr_\theta(\boldsymbol{O}_r \mid W')\Pr(W')}\right) \tag{3.2}$$

其中，平滑函数为

$$f(z) = -\frac{1}{1+e^{2\gamma z}} \tag{3.3}$$

式(3.3)中，γ 控制了 Sigmoid 函数的形态；$\mathscr{M}_r^{\mathrm{MCE}}$ 为参考文本的竞争路径，满足 $\mathscr{M}_r^{\mathrm{MCE}} = \mathscr{M}\backslash\{\mathscr{M}_r\}$，即所有识别错误的路径。

另外文献[161,162]提出与 MCE 紧密相连的最小验证错误（Minimum Verification Error，MVE）准则，将分类转化为验证问题，并在说话人识别上取得了显著的性能。另外，在 CALL 系统中，也有人利用 MVE 改善声学模型的性能[149]。

（3）最小音素错误（MPE）/ 最小词错误（MWE）准则

MPE/MWE 最早由 D. Povey 提出[163]，并在 LVCSR 任务上取得了明显超过传统区分性准则的性能，并很快在 ASR 的研究和产业化中得到了广泛的应用。近年来，也有不少研究者针对该准则进行了改进，如文献[164,165]，但性能提升并不明显。此外，MPE/MWE 还被用于区分性特征提取[167]及模型自适应[166]。

$$\mathscr{F}_{\mathrm{MPE/MWE}} = \frac{1}{R}\sum_{r=1}^{R}\sum_{W\in\mathscr{M}}\frac{\Pr_\theta(\boldsymbol{O}_r \mid W_r)\Pr(W_r)A(W,W_r)}{\sum_{W'\in\mathscr{M}}\Pr_\theta(\boldsymbol{O}_r \mid W')\Pr(W')} \tag{3.4}$$

其中，$A(W,W_r)$ 为词串 W 相对于参考词串 W_r 的正确度，若在音素级，则准则为 MPE，若在词一级，则准则为 MWE。

词串正确度 $A(W,W_r)$ 的计算一般在词图中进行,对于弧 q,有:

$$A(q)=\max_{z}\begin{cases}-1+2e(q,z), & \text{若 } q \text{ 和标相同}\\ -1+e(q,z), & \text{若 } q \text{ 和标不同}\end{cases} \tag{3.5}$$

其中,z 为参考文本中与 q 有时间上交叠的任意弧;$e(q,z)$ 为交叠部分占 z 的总时长比例。

2. 区分性训练统一框架

可见,各不同的区分性训练准则存在很大的共同点。因此,文献[19]提出了区分性训练统一框架,将上述准则有机地联系在一起,并且通过适当的设置,可突出不同准则的"个性",同时其共性部分可由统一的理论框架实现。另外,新的准则也可融入区分性训练统一框架中,大大拓展了区分性训练的应用范围。区分性训练统一准则框架可表示为最大化:

$$\mathscr{F}_{\text{Unified}}=\frac{1}{R}\sum_{r=1}^{R}f\left(\log\left(\sum_{W\in\mathscr{M}}\frac{\Pr_\theta^\alpha(\boldsymbol{O}_r\mid W_r)\Pr^\alpha(W_r)\mathscr{G}(W,W_r)}{\sum_{W'\in\mathscr{M}}\Pr_\theta^\alpha(\boldsymbol{O}_r\mid W')\Pr^\alpha(W')}\right)^{\frac{1}{\alpha}}\right) \tag{3.6}$$

不同的准则,在统一框架中选取不同的平滑函数 $f(z)$、指数因子 α、竞争空间 $\mathscr{M}_r$ 以及增益函数 $\mathscr{G}(W,W_r)$,具体选取情况见表3.1。

表3.1　区分性训练统一准则框架中一组准则的参数选取情况

准则	$f(z)$	$\mathscr{M}_r$	$\mathscr{G}(W,W_r)$
最大似然估计 MLE	z	ϕ	$\delta(W,W_r)$
最大互信息量估计 MMIE		$\mathscr{M}$	
最小分类错误 MCE	$-\frac{1}{1+e^{2\gamma z}}$	$\mathscr{M}\backslash\{W_r\}$	
最小音素错误 MPE	$\exp(z)$	$\mathscr{M}$	$A(W,W_r)$
最小词错误 MWE			

3. 区分性训练优化算法

(1)广义概率下降(Generalized Probability Descent,GPD)方法。

在区分性训练早期的研究中,声学模型参数的优化通常采用梯度下降的算法,其中最常见的是广义概率下降(GPD)的方法[158,168,169]。然而,梯度下降法的步长设置较为烦琐,优化速度慢,仅在小规模语音识别的任务上发挥着重要作用。若扩展至大词汇量连续语音识别(LVCSR)任务上,其可用性受到了很大的挑战。因为LVCSR任务的HMM参数庞大,竞争关系复杂,GPD方法的步长选择难以把握且优化速度慢,因此也鲜有GPD在LVCSR任务上取得良好效果的报道。在EB(Extended Baum-Welch)算法提出后,逐渐取代了GPD成为区分性训练最常用的优化算法。

(2)EB算法。

EB算法最早由文献[170]提出,随后文献[171]将其由有理函数推广到符合概率模型约束下的一般函数。EB算法通过引入适当的目标函数的弱辅助函数①,并解析优化这个辅助函数,从而达到对原函数间接优化的目的。在EB算法中,辅助函数包含着与更新前后的

① 弱辅助函数:在原点(即更新前的声学模型)与原函数一阶导相等的函数。

模型 KLD 距离①惩罚项②，使得每次更新被限制在原 HMM 附近③，因此可保证对辅助函数的优化也能对目标函数优化。EB 方法通过设置 D 控制着 KLD 距离惩罚，当 D 越大，表明惩罚越大，更新后的模型与更新前的模型就越接近，更新也就越稳定，但速度就会越慢；反之，更新速度就会越快，但会更不稳定。因此 EB 可视为是一种智能的梯度下降法，由参数 D 控制着步长。相比 GPD 方法，EB 不仅收敛速度快，而且性能也较好[172]。文献[19]成功地将 EB 用于对区分性训练统一框架的优化中，大大拓展了其在区分性训练的应用范围，并取代 GPD 成为目前最常用的区分性训练的优化算法。关于 EB 算法在区分性训练的应用可参看文献[19,173]的文章，本书不再赘述。

3.3.2 发音错误检测中的声学模型区分性训练

发音错误检测的是学生朗读指定文本，计算机反馈出发音错误的技术，它与发音质量评测类似，也是 CALL 系统的重要组成部分，在发音练习中发挥着重要作用。

发音错误检测可以看成是一个语音识别过程，即对于指定文本〔s〕和考生朗读语音的观测向量 $\boldsymbol{O}$，若计算机识别为〔s〕，则判定为发音矢量 $\boldsymbol{O}$ 为正确发音，否则为错误发音。显然，若 $\boldsymbol{O}$ 为正确的发音，则需要计算机识别为〔s〕的概率 $\Pr(〔s〕|\boldsymbol{O})$ 尽量的大；反之，若 $\boldsymbol{O}$ 为错误的发音，则需要计算机识别为〔s〕的概率 $\Pr(〔s〕|\boldsymbol{O})$ 尽量的小。

文献[149]提出了如下的目标函数：

$$\mathscr{F}=\frac{1}{N_{\text{right}}+N_{\text{wrong}}}\left(\sum_{n=1}^{N_{\text{right}}}\Pr(p_n\mid \boldsymbol{O}_n)-\sum_{n=1}^{N_{\text{wrong}}}\Pr(p_n\mid \boldsymbol{O}_n)\right)=\frac{1}{N}\sum_{n=1}^{N}\Pr(p_n\mid \boldsymbol{O}_n)A(p_n) \tag{3.7}$$

其中，N_{right} 为训练集中发音正确的音素个数；N_{wrong} 为发音错误的音素个数；$N=N_{\text{right}}+N_{\text{wrong}}$ 为音素总数；$\Pr(p_n|\boldsymbol{O}_n)$ 为音素 p_n 在词图中的后验概率，$A(p_n)$ 满足：

$$A(p_n)=\begin{cases}1, & \text{当 } p_n \text{ 为正确发音}\\ -1, & \text{当 } p_n \text{ 为错误发音}\end{cases} \tag{3.8}$$

可见式(3.7)与 MPE 准则一致，可对 MPE 代码稍加修改，即可同时利用正确发音和错误发音进行声学模型训练。

---

① 也有文献采用期望对数似然度 $D\cdot\int\Pr(\boldsymbol{o}\mid\theta_s^{(0)})\cdot\log\Pr(\boldsymbol{o}\mid\theta_s)\mathrm{d}\boldsymbol{o}$ 作为惩罚项，该方法和 KLD 惩罚是一致的。具体证明如下。

$$-D\cdot\text{KLD}(\theta_s^{(0)}\parallel\theta_s)=-D\cdot\int\Pr(\boldsymbol{o}\mid\theta_s^{(s)})\cdot\log\frac{\Pr(\boldsymbol{o}\mid\theta_s^{(0)})}{\Pr(\boldsymbol{o}\mid\theta_s)}\mathrm{d}\boldsymbol{o}=$$

$$-D\cdot\int\Pr(\boldsymbol{o}\mid\theta_s^{(0)})\cdot\log\Pr(\boldsymbol{o}\mid\theta_s^{(0)})\mathrm{d}\boldsymbol{o}+D\cdot\int\Pr(\boldsymbol{o}\mid\theta_s^{(0)})\cdot\log\Pr(\boldsymbol{o}\mid\theta_s)\mathrm{d}\boldsymbol{o}=$$

$$D\cdot\int\Pr(\boldsymbol{o}\mid\theta_s^{(0)})\cdot\log\Pr(\boldsymbol{o}\mid\theta_s)+\text{const}$$

推导中，注意由于更新前的状态参数 $\theta_s^{(0)}$ 已知，所以 $\int\Pr(\boldsymbol{o}\mid\theta_s^{(0)})\cdot\log\Pr(\boldsymbol{o}\mid\theta_s^{(0)})\mathrm{d}\boldsymbol{o}$ 是常数。可见，它与 KLD 和常数的差别。由于常数的偏导为零，因此这两种方法完全等效。

② 在 ASR 的区分性训练文献中，通常称该惩罚项为“平滑函数”。

③ 由于弱辅助函数与目标函数一阶导相等，因此在原点（即更新前的声学模型）处很小范围内，辅助函数增减也能保证目标函数增减。

在香港中文大学和微软亚洲研究院的工作中,通过严格的推导指出,当错误拒绝(FR:发音正确,但机器判为错误)、错误接收(FA:发音错误,但机器判为正确)、诊断错误(DE:计机算机检测出发音错误,但反馈错误。例如对于标准文本〔s〕,学生发音为〔sh〕,计算机反馈为"您将〔s〕错读成了"〔t〕")的权重相等时,可采用 MWE/MPE 进行声学模型的训练。文章提出通过训练集数据驱动的方式得到"错误规则"进行识别网络和 DT 所需的词图搭建,使得声学模型的训练能更加符合发音错误检测的目标(即最小化 FA,FR 和 DE 的音素或者单词总数)[174],如图 3.2 所示。

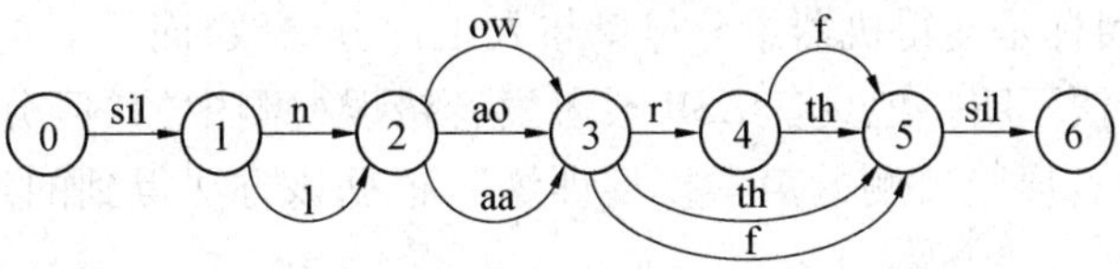

图 3.2　利用错误规则进行识别网络和词图搭建示意图

注:词图和识别网络均采用同样的规则搭建,使得模型训练和错误检测目标更加匹配。

由于 FA,FR 和 DE 的音素(或者单词)之和即为识别错误的音素(或者单词)个数,因此上述方法可视为是基于识别网络的 ASR 的 MPE/MWE。

另外,文献[149]也指出,若采用对数似然比作为发音错误的检测度量得分时,可利用 MVE,MCE 等准则进行声学模型训练。

上述方法能同时利用正确发音和错误发音对按照与发音错误检测密切相关的目标进行声学模型训练,从一定程度上弥补了只用正确发音训练的声学模型①难以描述测试数据的发音缺陷及错误的情况,提升了系统检错性能。然而,发音错误检测是一个主观的任务,通常人们不希望看到较多的 FA,可以容忍少量的 FR 及较大量的 DE(可直接告诉考生该发音是错误的,并不指出具体错误类型),因此 FA 的权重应高于 FR 和 DE,但这样会使得 ASR 的 DT 框架难以直接使用。

同时,就目前语音识别技术的发展而言,难以满足发音错误检测的要求。因此,人们更多从发音质量评测的角度出发进行发音错误检测,如采用 GOP 形式的后验概率。然而,GOP 与 ASR 中的区分性训练使用的基于词图的后验概率存在很大区别(参见 3.5.1 小节标题 3),无法直接融入 ASR 的区分性训练中。因此,如何进行训练针对发音错误检测的声学模型仍然是一个颇具挑战性的课题。

3.3.3　区分性声学模型在发音质量评测中的应用

不少研究工作尝试将 ASR 的 DT 方法应用于发音质量的自动评测任务中,如文献[175]研究了区分性训练在 PSC 中的应用,文献[59,144,145]研究了区分性声学模型在英文发音质量评测中的应用。实验结果表明,DT 后的声学模型的 HMM 之间更具区分性,能带来一定收益。但文献并未指明收益是来自语音识别②还是来自评分特征提取③。另外,从

① 与评测中的 Golden 模型有所不同:Golden 声学模型是采用标准发音训练;发音错误检测的声学模型训练对发音质量要求相对宽松,正确但不非常标准的发音一般仍可参与声学模型的训练。

② 一般而言,DT 后的声学模型更有利于基于识别网络或者语言模型的语音识别。

③ 指利用 DT 声学模型计算后验概率测度。

性能的改善程度而言，由于 DT 的优化目标提升语音识别率，而非提升系统的评测性能，因此 DT 声学模型收益有限[34]。

3.4 针对发音质量评测的声学模型训练

根据本书调研，尚未发现有直接针对发音质量评测任务的目标的声学建模的研究。因此借鉴 ASR 中的 DT 思想，本章将提出一种全新的与发音质量评测目标紧密相连的声学模型训练方法。评测目标是使得机器给分尽量与人工评分一致，而机器与人工评分是一个连续值，因此该建模方法不明显地具备 ASR 或者发音错误检测中的"区分性"含义，因此本书称该方法为"针对发音质量评测的声学模型训练"，根据该方法得到的声学模型称为"评测声学模型"。

3.4.1 数据库表示

令训练集共包含 R 名学生语料，其中第 $r(r=1,2,\cdots,R)$ 名学生的发音的观测向量为 $\boldsymbol{O}_r$，参考文本为 W_r，人工分为 s_r，实际发音为 W_r^{tran}（实际发音可能与参考文本不完全一致），则本书算法所需要的数据库$\mathrm{DB}_{\text{Eval}}$如下所示：

$$DB_{\text{Eval}}=\{(\boldsymbol{O}_r,W_r,s_r),1\leqslant r\leqslant R\} \tag{3.9}$$

而对于语音识别而言，无论是 MLE 还是 DT 方式建模，其数据库DB_{ASR}均可表示为

$$DB_{\text{ASR}}=\{(\boldsymbol{O}_r,W_r^{\text{tran}}),1\leqslant r\leqslant R\} \tag{3.10}$$

通常 ASR 声学模型训练数据集几乎不存在发音错误，此时其数据库可近似为

$$DB_{\text{ASR}}\approx\{(\boldsymbol{O}_r,W_r),1\leqslant r\leqslant R\} \tag{3.11}$$

可以看出，在 3.2.2 小节的针对发音错误检测的区分性训练中，文献[149]的工作采用的是数据库(3.11)①；文献[174]采用的是数据库(3.10)，因此两种方法采用的数据库本质上和 ASR 的区分性训练所使用的数据库是一致的。

然而，将$\mathrm{DB}_{\text{Eval}}$与$\mathrm{DB}_{\text{ASR}}$进行对比可以发现，本书提出的建模方式与传统的发音质量评测的建模方式有着明显的差别：首先，人工分及朗读文本均是声学模型优化的重要依据；其次，标准发音、非标准发音甚至错误发音均参与可声学模型的训练；同时算法不需要精细到音素级的人工评分，不会增加任何额外的标注工作。

3.4.2 优化目标——最小化训练集机器分与人工分均方误差

仍令音素集合包含 I 个音素，每个音素用由一个 HMM 描述，其中第 i 个音素对应的 HMM 记为 θ_i，因此，声学模型（即 HMM 集，用 θ 表示）可表示为 $\theta=\{\theta_1,\theta_2,\cdots,\theta_I\}$。下面为使公式简洁，仍令第 r 段语料的第 n 个音素（即 $p_{r,n}$）由音素集中的第 j 个 HMM（即 θ_j）描述，即

$$j=j(r,n)=id(p_{r,n}),j\in\{1,2,\cdots,I\} \tag{3.12}$$

由于本章需要更新声学模型 θ，因此我们将识别结果和 GOP 写成 θ 的函数，即用 θ_j 取

① 只需将正确发音和错误发音视为两种不同的类别。

代上面公式中的 $p_{r,n}$。重写后的第 r 段语料的第 n 个音素的识别结果可记为

$$(\theta_j,\boldsymbol{O}_{r,n}),r=1,2,\cdots,R \quad n=1,2,\cdots,N_r \quad j=id(p_{r,n}) \tag{3.13}$$

该音素的音素后验概率$\mathrm{PP}_{r,n}$(GOP 形式)为

$$\mathrm{PP}_{r,n}=\frac{1}{T_{r,n}}\ln\frac{\Pr(\boldsymbol{O}_{r,n}\mid\theta_j)}{\sum_{m\in M_j}\Pr(\boldsymbol{O}_{r,n}\mid\theta_m)} \tag{3.14}$$

其中,M_j 为音素集中序号为 j 的音素的概率空间;$T_{r,n}$ 为观测向量 $\boldsymbol{O}_{r,n}$ 的帧数。于是,篇章级发音质量测度为篇章内所有音素的后验概率的平均,即

$$\sigma_{\mathrm{PP},r}=\frac{1}{N_r}\sum_{n=1}^{N_r}\mathrm{PP}_{r,n}=\frac{1}{N_r}\sum_{n=1}^{N_r}\frac{1}{T_{r,n}}\ln\frac{\Pr(\boldsymbol{O}_{r,n}\mid\theta_j)}{\sum_{m\in M_j}\Pr(\boldsymbol{O}_{r,n}\mid\theta_m)} \tag{3.15}$$

本章中,我们假设第 r 名学生的机器分 $\hat{s}_r$ 仅由篇章后验概率测度 $\sigma_{\mathrm{PP},r}$ 决定,且是它的线性函数,如下所示:

$$\hat{s}_r=a\cdot\sigma_{\mathrm{PP},r}+b=a\cdot\left(\frac{1}{N_r}\sum_{n=1}^{N_r}\frac{1}{T_{r,n}}\ln\frac{\Pr(\boldsymbol{O}_{r,n}\mid\theta_j)}{\sum_{m\in M_j}\Pr(\boldsymbol{O}_{r,n}\mid\theta_m)}\right)+b \tag{3.16}$$

其中,参数 a,b 为线性回归模型的参数,由训练集通过线性回归得到。

声学模型参数的优化目标为最小化训练集的机器分与人工分的均方误差,即

$$F(\theta)=\frac{1}{R}\sum_{r=1}^{R}(\hat{s}_r-s_r)^2 \tag{3.17}$$

代入式(3.16),可得目标函数如式(3.18)所示,注意其中 $j=id(r,n)$。

$$F(\theta)=\frac{1}{R}\sum_{r=1}^{R}\left(a\cdot\left(\frac{1}{N_r}\sum_{n=1}^{N_r}\frac{1}{T_{r,n}}\ln\frac{\Pr(\boldsymbol{O}_{r,n}\mid\theta_j)}{\sum_{m\in M_j}\Pr(\boldsymbol{O}_{r,n}\mid\theta_m)}\right)+b-s_r\right)^2 \tag{3.18}$$

3.4.3　声学模型的参数优化

本书的研究仅涉及 HMM 中的 GMM 参数的更新。声学模型的优化利用 EB 的思想,即首先引入既与原函数在原点一阶导相等,又包含更新前后的模型的 KLD 距离作为惩罚项的函数作为辅助函数,并对辅助函数达到间接优化目标函数的目的。根据这个思想,下面将具体推导声学模型的训练算法。

将目标函数对 HMM 集 θ 中的第 i 个 HMM 的第 s 状态的第 k 个高斯(记为 θ_{isk})求偏导,有

$$\begin{aligned}\frac{\partial F(\theta)}{\partial\theta_{isk}}&=\frac{2a}{R}\sum_{r=1}^{R}(\hat{s}_r-s_r)\cdot\sum_{n=1}^{N_r}\left(\frac{\partial\mathrm{PP}_{r,n}}{\partial\theta_{isk}}\right)=\\&\frac{2a}{R}\sum_{r=1}^{R}(\hat{s}_r-s_r)\cdot\sum_{n=1}^{N_r}\frac{1}{T_{r,n}}\left(\frac{\partial\log\Pr(\theta_j\mid\boldsymbol{O}_{r,n})}{\partial\theta_{isk}}-\frac{\partial\log\sum_{m\in M_j}\Pr(\theta_m\mid\boldsymbol{O}_{r,n})}{\partial\theta_{isk}}\right)\end{aligned} \tag{3.19}$$

然而,上式直接求解非常烦锁。因此,我们采用 EM 算法,引入辅助函数代替上式中的偏导计算。

对于式(3.19)中的后验概率分子($\frac{1}{T_{r,n}}\frac{\partial\log\Pr(\theta_j\mid\boldsymbol{O}_{r,n})}{\partial\theta_{isk}}$)　和　分　母　($\frac{1}{T_{r,n}}$

$\frac{\partial \log \sum_{m \in M_j} \Pr(\theta_m \mid \boldsymbol{O}_{r,n})}{\partial \theta_{isk}}$) 部分，利用经典的 EM 算法，分别引入辅助函数 $Q_{r,n}^{\text{num}}(\theta^{(0)},\theta)$ 和 $Q_{r,n}^{\text{den}}(\theta^{(0)},\theta)$，如下所示：

$$Q_{r,n}^{\text{num}}(\theta^{(0)},\theta)=\frac{1}{T_{r,n}}\sum_{t=1}^{T_{r,n}}\sum_{i=1}^{I}\sum_{s=1}^{S_i}\sum_{k=1}^{K_{i,s}}\gamma_{isk}^{(0)}(\boldsymbol{o}_{rnt};j)\log \Pr(\boldsymbol{o}_{rnt}\mid\theta_{isk}) \tag{3.20}$$

$$Q_{r,n}^{\text{den}}(\theta^{(0)},\theta)=\frac{1}{T_{r,n}}\sum_{t=1}^{T_{r,n}}\sum_{i=1}^{I}\sum_{s=1}^{S_i}\sum_{k=1}^{K_{i,s}}\gamma_{isk}^{(0)}(\boldsymbol{o}_{rnt};M_j)\log \Pr(\boldsymbol{o}_{rnt}\mid\theta_{isk}) \tag{3.21}$$

其中，$\theta^{(0)}$ 为更新前的声学模型；$\boldsymbol{o}_{rnt}$ 为第 r 段语料的第 n 个音素的第 t 帧的观测向量；S_i 为 θ 中第 i 个 HMM 的状态数目；$K_{i,s}$ 为 θ 中第 i 个 HMM 第 s 状态的高斯个数；$\gamma_{isk}^{(0)}(o_{rnt};j)$ 和 $\gamma_{isk}^{(0)}(o_{rnt};M_j)$ 分别为第 i 个 HMM 的第 s 状态的第 k 个高斯在当前观测向量 $\boldsymbol{o}_{rnt}$ 时，在参考文本（第 r 段文本的第 n 音素的序号为 j）和概率空间 M_j 下的后验概率，均根据更新前的声学模型计算（3.4.4 小节详细介绍）。

由于辅助函数与原函数在原点处相切，参看式（1.14），即

$$\frac{\partial(Q_{r,n}^{\text{num}}(\theta^{(0)},\theta)-Q_{r,n}^{\text{den}}(\theta^{(0)},\theta))}{\partial\theta_{isk}}=\left.\frac{\partial \text{PP}(\theta_j,\boldsymbol{O}_{r,n})}{\partial\theta_{isk}}\right|_{\theta=\theta^{(0)}} \tag{3.22}$$

因此，可以用辅助函数代替原函数进行偏导计算，即

$$\left.\frac{\partial F(\theta)}{\partial\theta_{isk}}\right|_{\theta=\theta^{(0)}}=\frac{2a}{R}\sum_{r=1}^{R}(\hat{s}_r^{(0)}-s_r)\cdot\sum_{n=1}^{N_r}\left.\frac{\partial(Q_{r,n}^{\text{num}}(\theta^{(0)},\theta)-Q_{r,n}^{\text{den}}(\theta^{(0)},\theta))}{\partial\theta_{isk}}\right|_{\theta=\theta^{(0)}} \tag{3.23}$$

根据上式，我们引入辅助函数：

$$S(\theta^{(0)},\theta)=\frac{2a}{R}\sum_{r=1}^{R}(\hat{s}_r^{(0)}-s_r)\cdot\sum_{n=1}^{N_r}(Q_{r,n}^{\text{num}}(\theta(0),\theta)-Q_{r,n}^{\text{den}}(\theta^{(0)},\theta)) \tag{3.24}$$

其中，$\hat{s}_r^{(0)}$ 为根据更新前的声学模型计算得到的第 r 位学生的机器分。显然，它和目标函数 $F(\theta)$ 在原点$\theta^{(0)}$ 处相切。

将辅助函数 $S(\theta^{(0)},\theta)$ 按不同的高斯 θ_{isk} 合并同类项，并代入式(3.21) 与式(3.22)，有

$$S(\theta^{(0)},\theta)=\sum_{i=1}^{I}\sum_{s=1}^{S_i}\sum_{k=1}^{K_{i,s}}S_{isk}(\theta_{isk},\theta_{isk}^{(0)}) \tag{3.25}$$

其中

$$S_{isk}(\theta_{isk},\theta_{isk}^{(0)})=\frac{2a}{R}\sum_{r=1}^{R}(\hat{s}_r^{(0)}-s_r)\cdot\sum_{n=1}^{N_r}\left(\frac{1}{T_{r,n}}\sum_{t=1}^{T_{r,n}}\left(\begin{matrix}\gamma_{isk}^{(0)}(\boldsymbol{o}_{rnt};j)\log\Pr(\boldsymbol{o}_{rnt}\mid\theta_{isk})-\\ \gamma_{isk}^{(0)}(\boldsymbol{o}_{rnt};M_j)\log\Pr(\boldsymbol{o}_{rnt}\mid\theta_{isk})\end{matrix}\right)\right) \tag{3.26}$$

为简洁表示上式，引入高斯统计量

$$\Gamma_{isk}(x)=\frac{2a}{R}\sum_{r=1}^{R}(\hat{s}_r^{(0)}-s_r)\cdot\sum_{n=1}^{N_r}\frac{1}{T_{r,n}}\sum_{t=1}^{T_{r,n}}((\gamma_{isk}^{(0)}(\boldsymbol{o}_{rnt};j)-\gamma_{isk}^{(0)}(\boldsymbol{o}_{rnt};M_j))\,x_{rnt}) \tag{3.27}$$

与文献[19] 类似，我们称 $\Gamma_{isk}(1)$，$\Gamma_{isk}(\boldsymbol{o})$，$\Gamma_{isk}(\boldsymbol{o}^2)$ 分别为零阶、一阶和二阶统计量，其中零阶统计量是标量，其他统计量均是矢量。所有的高斯统计量均根据更新前的声学模型 $\theta^{(0)}$ 求得。将式(3.27) 代入辅助函数，有

$$S_{isk}(\theta_{isk},\theta_{isk}^{(0)})=\left(\ln\frac{c_{isk}}{\sqrt{2\pi\boldsymbol{\sigma}_{isk}^{2}}}\right)\Gamma_{isk}(1)-\frac{1}{2\boldsymbol{\sigma}_{isk}^{2}}(\Gamma_{isk}(\boldsymbol{o}^{2})-2\boldsymbol{\mu}_{isk}\Gamma_{isk}(\boldsymbol{o})+\Gamma_{isk}(1)\boldsymbol{\mu}_{isk}^{2})\tag{3.28}$$

其中，$(c_{isk},\boldsymbol{\mu}_{isk},\boldsymbol{\sigma}_{isk})$ 分别为高斯 θ_{isk} 的权重、均值矢量、协方差矩阵。在下面的推导中，为使公式简洁，我们仅考虑 $(\boldsymbol{\mu}_{isk},\boldsymbol{\sigma}_{isk})$ 为单维的情况。

从式(3.28)可知，辅助函数是均值的二次函数，大大简化了偏导的计算，因此我们可以利用梯度下降法进行声学模型的优化。然而，梯度下降法优化仍然非常烦琐，同时我们注意到辅助函数 $S(\theta^{(0)},\theta)$ 仅与目标函数在原点处相切，若更新幅度过大，难以保证优化朝着目标方向前进。于是，采用文献[170]与文献[154]提出的方法，对辅助函数的每一个高斯均添加 KLD 距离作为惩罚量限制声学模型参数的更新幅度，其中 D 为更新步长，即

$$\begin{aligned}Q_{isk}(\theta_{isk},\theta_{isk}^{(0)})&=S_{isk}(\theta_{isk},\theta_{isk}^{(0)})+Dc_{isk}\cdot\mathrm{KLD}(\theta_{isk}\parallel\theta_{isk}^{(0)})=\\&S_{isk}(\theta_{isk},\theta_{isk}^{(0)})+Dc_{isk}\int\Pr(\boldsymbol{o}\mid\theta_{isk}^{(0)})\log\Pr(\boldsymbol{o}\mid\theta_{isk})\mathrm{d}\boldsymbol{o}+\mathrm{const}\end{aligned}\tag{3.29}$$

于是我们可得到新的辅助函数：

$$Q(\theta,\theta^{(0)})=\sum_{i=1}^{I}\sum_{s=1}^{S_i}\sum_{k=1}^{K_{i,s}}Q_{isk}(\theta_{isk},\theta_{isk}^{(0)})\tag{3.30}$$

其中

$$Q_{isk}(\theta_{isk},\theta_{isk}^{(0)})=\begin{pmatrix}\boldsymbol{\mu}_{isk}^{2}\left(\dfrac{Dc_{isk}-\Gamma_{isk}(1)}{2\boldsymbol{\sigma}_{isk}^{2}}\right)+2\boldsymbol{\mu}_{isk}\left(\dfrac{\Gamma_{isk}(o)-Dc_{isk}\boldsymbol{\mu}_{isk}^{(0)}}{2\boldsymbol{\sigma}_{isk}^{2}}\right)+\ln(\sqrt{2\pi\boldsymbol{\sigma}_{isk}^{2}})\\+\dfrac{Dc_{isk}((\boldsymbol{\mu}_{isk}^{(0)})^{2}+(\boldsymbol{\sigma}_{isk}^{(0)})^{2})-\Gamma_{isk}(\boldsymbol{o}^{2})}{2\boldsymbol{\sigma}_{isk}^{2}}+\Gamma_{isk}(1)\left(\ln\dfrac{c_{isk}}{\sqrt{2\pi\boldsymbol{\sigma}_{isk}^{2}}}\right)\end{pmatrix}+\mathrm{const}\tag{3.31}$$

注意到 $\theta=\theta^{(0)}$ 时，$\mathrm{KLD}(\theta_{isk}\parallel\theta_{isk}^{(0)})\equiv0,\ \forall i,s,k$，可见辅助函数 $Q(\theta,\theta^{(0)})$ 仍然与目标函数在原点处一阶导相等。因此，我们需要选择合适的 D，使得 $Dc_{isk}-\Gamma_{isk}(1)>0,\ \forall i,s,k$ 恒成立，则辅助函数 $Q(\theta,\theta^{(0)})$ 的所有均值矢量的二次项系数均为正，辅助函数的最优解即为各分量取最小值即可。于是，均值更新公式如下所示：

$$\boldsymbol{\mu}_{isk}=\frac{\Gamma_{isk}(\boldsymbol{o})-Dc_{isk}\boldsymbol{\mu}_{isk}^{(0)}}{\Gamma_{isk}(1)-Dc_{isk}}\tag{3.32}$$

方差更新①公式如下所示，有兴趣的读者可参阅文献[159]。

$$\boldsymbol{\sigma}_{isk}^{2}=\frac{\Gamma_{isk}(\boldsymbol{o}^{2})-Dc_{isk}((\boldsymbol{\sigma}_{isk}^{(0)})^{2}+\boldsymbol{\mu}_{isk}^{(0)})}{\Gamma_{isk}(1)-Dc_{isk}}-\boldsymbol{\mu}_{isk}^{2}\tag{3.33}$$

同样，当均值和方差 $(\boldsymbol{\mu}_{isk},\boldsymbol{\sigma}_{isk})$ 为多维时，可以证明上述更新公式仍然成立。从更新公式我们发现，在实际训练中，我们只需要在更新前的模型 $\theta^{(0)}$ 的基础上计算零阶、一阶、二阶统计量即可。不难发现，在统计量的计算中，高斯后验概率是其重要的组成部分。下面将详细介绍如何计算高斯后验概率。

① 本书研究中发现方差更新容易导致过训练的尴尬局面，即训练集性能会有所上升，但测试性能下降。同时，即使对于训练集，在均值更新的基础上，更新方差收益仍非常有限，因此本书实验中一律只进行均值的更新。

3.4.4 针对发音质量评测的词图及高斯后验概率的计算

与 ASR 中基于词图的后验概率计算有所区别,本书中分子的高斯后验概率($\gamma_{isk}^{(0)}(\boldsymbol{o}_{rnt};j)$)及分母的高斯后验概率($\gamma_{isk}^{(0)}(o_{rnt};M_j)$)是在针对 GOP 定制的词图中计算,如图 3.3 所示。

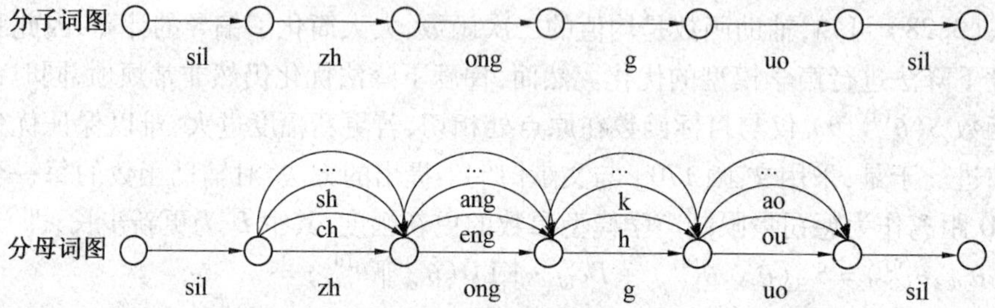

图 3.3 针对发音质量评测的词图定制,以"中国"为例

可见,分子高斯后验概率 $\gamma_{isk}^{(0)}(\boldsymbol{o}_{rnt};j)$ 只是分母高斯后验概率 $\gamma_{isk}^{(0)}(\boldsymbol{o}_{rnt};M_j)$ 中,当 $M_j=\{j\}$ 时的特例。因此,下面重点介绍分母高斯后验概率的计算。

1. 弧后验概率的计算

可见,每一条弧代表着概率空间 M_j 中的一个音素,其中 j 为第 r 名学生的第 n 音素在音素集中的序号。可见,对于 M_j 外的音素,后验概率均为 0。对于任意音素 $\theta_i, i\in M_j$,弧后验概率就是该音素的帧规整后验概率。本书用 $\gamma_i^{(0)}(\boldsymbol{o}_{rnt};M_j)$ 表示在第 r 名学生的第 n 个音素的第 t 帧观测向量下的音素(即弧)θ_i 的后验概率,则有

$$\gamma_i^{(0)}(\boldsymbol{o}_{rnt};M_j)=\begin{cases}\dfrac{\mathrm{PP}^{(0)}(\theta_i^{(0)},\boldsymbol{O}_{r,n}:M_j)}{\sum\limits_{m\in M_j}\mathrm{PP}^{(0)}(\theta_m^{(0)},\boldsymbol{O}_{r,n}:M_j)}=\dfrac{\mathrm{Pr}(\boldsymbol{O}_{r,n}\mid\theta_i^{(0)})\dfrac{1}{T_{r,n}}}{\sum\limits_{m\in M_j}\mathrm{Pr}(\boldsymbol{O}_{r,n}\mid\theta_m^{(0)})\dfrac{1}{T_{r,n}}}, & i\in M_j\\ 0, & i\notin M_j\end{cases}\tag{3.34}$$

其中,$\mathrm{PP}^{(0)}(\theta_m^{(0)},\boldsymbol{O}_{r,n}:M_j)=\dfrac{1}{T_{r,n}}\ln\dfrac{\mathrm{Pr}(\boldsymbol{O}_{r,n}\mid\theta_m^{(0)})}{\sum\limits_{l\in M_j}\mathrm{Pr}(\boldsymbol{O}_{r,n}\mid\theta_l^{(0)})}$ 为音素 θ_m 在发音矢量 $\boldsymbol{O}_{r,n}$ 和概率空间 M_j 下的帧规整对数后验概率测度;$\mathrm{PP}^{(0)}(\theta_m,\boldsymbol{O}_{r,n}:M_j)$ 可理解为在概率空间 M_j 下,发音 $\boldsymbol{O}_{r,n}$"像"音素 θ_m 的程度。显然,当 $m=j=id(p_{r,n})$ 时,该测度就是第 r 段语音的第 n 个音素的后验概率测度 $\mathrm{PP}_{r,n}^{(0)}$。

可见,与语音识别不同,在本书中弧后验概率与评测常用的后验概率紧密相连。在得到弧后验概率后,状态后验概率与高斯后验概率与语音识别的计算一致,下面将加以介绍。

2. 状态后验概率的计算

本书利用维特比算法进行状态后验概率的估计①。具体做法是:首先将分子和分母的每条弧切分至状态,再计算每帧的状态后验概率。如图 3.4 所示,其中 zh[1] 表示描述发音 /zh/ 的 HMM 中的第一个有效状态,zh[2],zh[3] 依此类推。

① 采用 Viterbi 方法得到的状态后验概率(指定弧下)仅有 0,1 两种值。

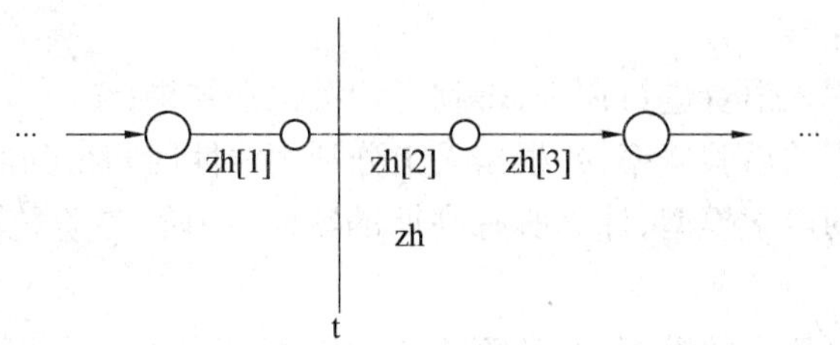

图3.4　采用 Viterbi 方法估计指定弧下状态后验概率的示意图
（以“zh”为例，图中状态指有效状态）

注：利用 Viterbi 算法得到状态级切分结果。解析切分结果可知，在 t 时刻，状态 zh [2] 的后验概率为1，其他状态（如 zh[1] 及 zh[3]）的后验概率为0。

因此，对于给定弧 $\theta_i, i \in M_j$，状态后验概率 $\gamma_{is}^{(0)}(\boldsymbol{o}_{rnt};M_j)$ 如式(3.35)所示：

$$\gamma_{is}^{(0)}(\boldsymbol{o}_{rnt};M_j) = \gamma_i^{(0)}(\boldsymbol{o}_{rnt};M_j) \cdot s_t(i,s,\boldsymbol{O}_{r,n}) \tag{3.35}$$

对特征 $\boldsymbol{O}_{r,n}$ 利用概率空间中的各 HMM（$\theta_i^{(0)}$，其中 $i \in M_j, j = id(p_{r,n})$）进行解码后，若第 t 帧的为状态 s，则 $s_t(i,s,\boldsymbol{O}_{r,n}) = 1$，否则为0。当然，更精确有效的方法是采用后项算法估计，此时 $s_t(i,s,\boldsymbol{O}_{r,n}) \in [0,1]$。

3. 高斯后验概率的计算

在得到状态后验概率后，在该状态下，高斯后验概率即为当前高斯的加权似然度占所有高斯的加权似然度之和的比例。于是，高斯后验概率的计算如下所示：

$$\gamma_{isk}^{(0)}(\boldsymbol{o}_{rnt};M_j) = \gamma_i^{(0)}(\boldsymbol{o}_{rnt};M_j) \cdot s_t(i,s,\boldsymbol{O}_{r,n}) \frac{c_{isk}^{(0)} \Pr(\boldsymbol{o}_{rnt} \mid \theta_{isk}^{(0)})}{\sum_{l=1}^{K_{i,s}} c_{isl}^{(0)} \Pr(\boldsymbol{o}_{rnt} \mid \theta_{isl}^{(0)})} \tag{3.36}$$

同理，分子的高斯后验概率可由下式求得：

$$\gamma_{isk}^{(0)}(\boldsymbol{o}_{rnt};j) = \delta(i,j) \cdot s_t(i,s,\boldsymbol{O}_{r,n}) \frac{c_{isk}^{(0)} \Pr(\boldsymbol{o}_{rnt} \mid \theta_{isk}^{(0)})}{\sum_{l=1}^{K_{i,s}} c_{isl}^{(0)} \Pr(\boldsymbol{o}_{rnt} \mid \theta_{isl}^{(0)})} \tag{3.37}$$

其中，$\delta(i,j) = \begin{cases} 1, i = j = id(p_{r,n}) \\ 0, i \neq j = id(p_{r,n}) \end{cases}$。

3.4.5　评测声学模型的训练步骤及在 CALL 系统中的应用

1. 声学模型训练步骤

由于评分模型的计算与后验概率测度相关，因此当更新了声学模型后，也需相应地更新评分模型参数 a，b。于是，声学模型训练流程如图3.5所示。

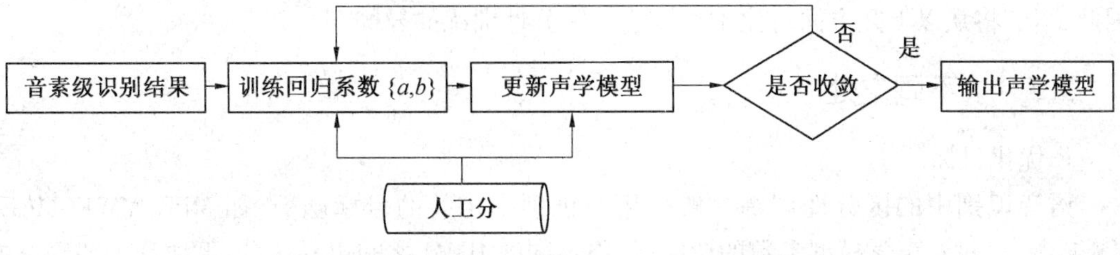

图3.5　针对发音质量的评测声学模型优化流程图

其训练步骤如下：

(1)根据本书对输入语音进行识别，得到音素级识别结果；

(2)计算所有音素的后验概率，并根据人工分利用线性回归得到回归系数 a,b；

(3)利用更新前的声学模型，计算所有高斯的零阶、一阶、二阶统计量 $\Gamma_{isk}(1)$，$\Gamma_{isk}(\boldsymbol{o})$，$\Gamma_{isk}(\boldsymbol{o}^2)$；

(4)根据统计量更新声学模型，并计算人工分及机器分一致程度，若满足收敛条件，则输出声学模型，否则返回步骤2。

可见，本章算法与EM类似，都是迭代地对声学模型优化的算法。它们都需要首先利用更新前的声学模型计算相应的统计量，接下来再利用统计量更新声学模型，并进入下一轮迭代。它们之间不同之处主要有以下几点：第一，EM的目标是优化似然度，而本书算法是优化机器分与人工分均方误差；第二，EM的辅助函数是"强"辅助函数，即对辅助函数 Q 的优化一定保证目标函数的优化，且目标函数似然度的增加比辅助函数增幅要大；而本章算法与DT类似，均是"弱"辅助函数，仅保证与目标函数原点处一阶导相等，因此对辅助函数的优化不一定保证目标函数的优化，但若更新步长较小仍可使得目标函数得到优化。

2. 针对发音质量评测的声学模型在CALL系统中的应用

显然，采用本章算法得到的声学模型是针对发音质量评测所定制的声学模型，并非优化语音识别。因此CALL系统中使用时，需利用"语音识别声学模型"得到音素边界，再利用针对评测优化的声学模型(记为"评测声学模型")计算后验概率，如图3.6所示。

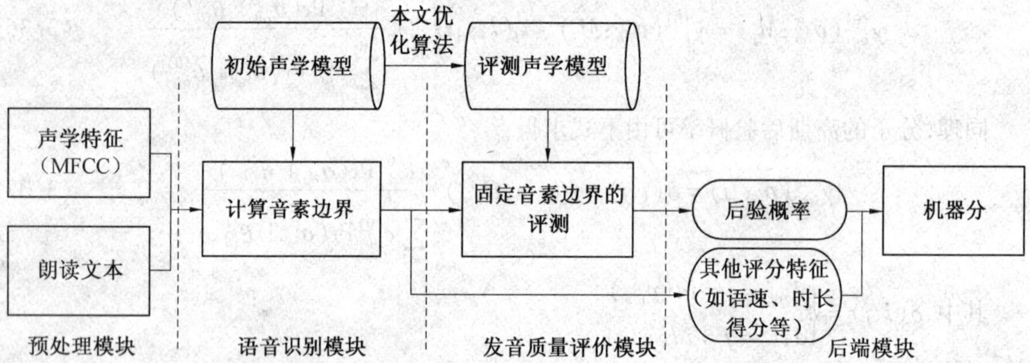

图3.6 针对发音质量评测的声学模型在CALL系统中的应用

3.5 针对发音质量评测的声学模型训练与区分性训练的比较

前面我们提到，本章提出的评测声学模型训练算法是受语音识别的区分训练启发得到。因此，本节将从以下几方面对比本章算法与区分性训练的异同。

3.5.1 不同之处

1. 优化目标

语音识别中的区分性训练一般采用与识别率相关的目标函数，如MPE/MWE，MCE，MMIE等，通过对声学模型参数的调整，使得不同的HMM之间更易区分，更加利于解码器的识别，从而达到优化识别率的目的。

本章算法是通过定义与评测相关的目标函数，如最小化机器分与人工分均方误差准则，通过对声学模型参数的调整，从而达到机器评分与人工评分更加一致的目的。因此，声学模型的优化并不能保证不同 HMM 之间的区分性的增长，而只是为后验概率测度的计算服务，即根据优化后的评测声学模型所计算的后验概率能获得与人工评分更好的一致性。

2. 数据库

区分性训练采用的数据库是$DB_{\text{ASR}} = \{(\boldsymbol{O}_r, W_r^{\text{tran}}), 1 \leqslant r \leqslant R\}$，如 3.3.1 小节所示，即只需要语音及其对应的文本即可完成训练。所选取的语料需要包含标准发音和非发音，以使得识别系统能包容非标准发音。

本章算法采用的数据库是$DB_{\text{Eval}} = \{(\boldsymbol{O}_r, W_r, s_r), 1 \leqslant r \leqslant R\}$，仍然如 3.3.1 小节所示，它需要语音及对应的朗读文本和人工分，没有人工评分的数据无法参与声学模型的训练。

3. 词图及音素级的后验概率计算

区分性训练中，音素后验概率①是在词图②（Word Graph，又称为网格 Lattice）中计算。它是一个自左向右的有向无环的图，每条弧代表一个单词。可见，该词图的音素起止时间可以不一致，弧后验概率可通过前后项算法高效的计算，如图 3.7 所示。

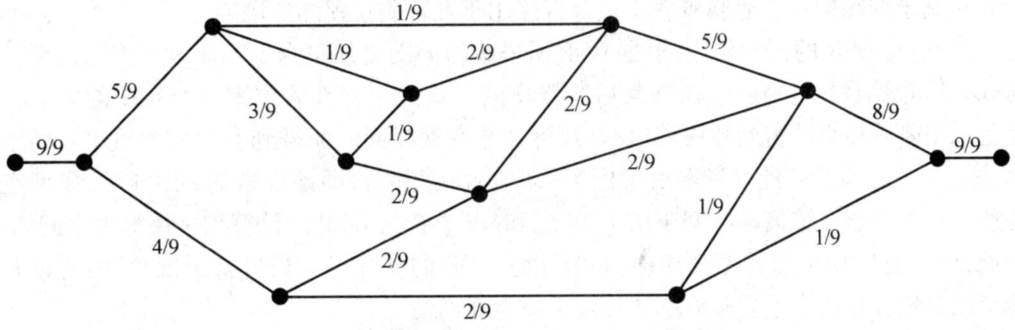

图 3.7　语音识别中一个简化后的示意词图③（文献[19]）

注：图中，每条弧代表一个词，弧中的数字为弧后验概率，由前后项算法得到，在 t 时刻的音素后验概率计算为 t 时刻时所有该音素的弧后验概率之和。

由于某些弧上在某时刻音素标记可能相同，因此对于 t 时刻（即第 t 帧）时，音素后验概率即为该音素的所有弧后验概率之和。

同时，我们需要注意到，如图 3.7 所示的词图本质上是语音识别器所输出解码路径，因此所得到的音素后验概率的物理意义是第 t 时刻，语音识别器判定该帧属于该音素的概率。显然，它与语音识别和解码的联系紧密，一般而言，若音素的持续时间较长，解码将会得到更加确信的结果，导致音素后验概率会更加接近 1 或者 0。而在发音质量评测中，评测器不应因某个音素的发音时间较长而认为该音素的发音更标准。可见，语音识别领域中的基于词图的音素后验概率并不适合发音质量评测。因此在评测的实践中，它逐渐被帧规整后验概率及其变形（如 GOP）所取代。

---

① 此处暂不考虑状态绑定（即某些 HMM 中的某个状态使用同样的 GMM 建模）的情况。

② Viterbi 解码时保留的解码路径。

③ 此处词图只用于阐述问题。考虑状态绑定的情况，ASR 中真实使用的词图是状态级的词图（即包含状态的起止帧）。

在本章的算法中，音素后验概率是在针对 GOP 定制的词图中计算，如图 3.3 所示。可见，该词图是由多个音素级的小词图（简称音素 GOP 词图）串联而成，每个音素词图均是严格根据识别结果（θ_j, $\boldsymbol{O}_{r,n}$）和 GOP 策略所搭建，与上文提到的语音识别的词图存在着以下区别：

（1）音素 GOP 词图中的弧与音素是一一对应的，因此弧后验概率就是音素后验概率；而 ASR 的词图中，可能存在同一时刻时，一个音素对应着多条弧的情况。

（2）相同音素具有相同的概率空间（即音素 GOP 词图的弧的种类和数目相同），因此，在一定程度上能减弱概率空间对音素发音质量测度计算造成的影响；而在 ASR 的词图中，即使对于相同音素，在不同时刻的竞争路径可能会有着很大差别，因此，对于同样的发音和文本，会受到上下文及解码路径的影响，导致音素后验概率的计算不一致。

（3）音素 GOP 词图内每条弧的起止帧都与观测向量 $\boldsymbol{O}_{r,n}$ 的起止时间完全一致，因此所有的弧所描述的对象是一致的（仅使用的 HMM 不一样，即从多角度度量），均是 $\boldsymbol{O}_{r,n}$。我们注意到，发音质量评测的任务也是判断 $\boldsymbol{O}_{r,n}$ 是否标准，因此这种词图搭建方法更具针对性；而 ASR 的词图由于弧的起止帧可不同，导致不同弧所描述的对象也不一致，这也是导致 ASR 中基于词图的音素后验概率不适合直接用于发音质量评测的原因之一。

可见，与 ASR 的词图相比，根据 GOP 所搭建的词图更加符合发音质量评测的需要。同时，除了词图结构的差异外，在音素后验概率的计算上也存在着差别。ASR 中的区分性训练是采用前后项算法得到弧后验概率后，再合并音素相同的弧得到音素后验概率。而本书算法是采用式（3.34）计算音素后验概率（即弧后验概率），即该音素的 GOP 除以概率空间内所有其他音素在该概率空间下的 GOP 之和（其中音素 GOP 的计算均采用概率空间 M_j）。因此，该方法与 GOP 策略紧密相连，同时注意 GOP 的计算对帧长进行了规整，因此可有效避免因时长导致的音素后验概率更接近 1 或者 0 的情况。

4. 优化后的声学模型特性

在 ASR 的区分性训练中，无论何种准则，均有一个共同点，即在优化过程中提升目标路径的似然度的同时，降低竞争路径的似然度。因此，区分性训练的结果会使得声学模型中的各 HMM 之间更具区分性，从而更利于语音识别。这也是“区分性训练”名称的由来。

然而，本章提出的针对发音质量评测的声学建模算法是建立在后验概率策略基础之上，即通过调整声学模型，使得后验概率测度与人工评分更加一致。因此，该算法不具备语音识别的“区分性”的物理含义，同时优化后的声学模型不再适合语音识别。

3.5.2 相同之处

1. 给定弧条件下状态后验概率的计算

我们知道，词图中一条弧代表了一个词，它由多个状态①组成。在指定弧（用符号 arc 表示）条件下，第 t 帧观测向量 $\boldsymbol{o}_t$ 的弧内的某状态 s 的后验概率 $\mathrm{PP}(\boldsymbol{o}_t|s,\mathrm{arc})$ 可由 Viterbi 解

① 对于评测词图，一条弧仅对应一个音素；对于 ASR 中的解码词图，一条弧代表一个词，可由多个 HMM 首尾相接组成。它们均可视为是一个状态序列。

码或者前后项算法估计得到。

当然,对于语音识别中,在同一时刻,不同的弧可能会有相同的状态,因此 $\boldsymbol{o}_t$ 在状态 s 下的后验概率 $PP(\boldsymbol{o}_t|s)$ 的计算需要将所有弧中在 t 时刻有着相同状态的弧条件下的状态后验概率 $PP(\boldsymbol{o}_t|s,\mathrm{arc})$ 累加即可①。

2. 指定状态条件下的后验概率的计算

在得到状态后验概率后,高斯后验概率 γ_{isk}(在 ASR 中通常记为 γ_{sk})即为观测向量在当前高斯的似然度除以该状态中所有高斯似然度之和。

3. 利用 EB 算法思想的声学模型的优化

前面我们提到,在 ASR 中,一般利用 EB 算法对声学模型优化。虽然发音质量评测与 ASR 的差异显著,但它们均利用 HMM-GMM 的方式进行声学建模,因此,我们仍然可以利用 DT 训练中 EB 算法的思想进行声学模型优化。

前面提到,EB 算法致力于寻找这样一种辅助函数 Q,它既与目标函数在更新前的声学模型 $\theta^{(0)}$ 处一阶导相等;同时又有更新前后的模型间的 KLD 作为惩罚项,保证模型更新不会偏离 $\theta^{(0)}$ 过远;同时辅助函数 Q 易于优化,有着显式的最优解。

具体做法如下:

(1)利用了 EM 算法,引入与原函数在 $\theta^{(0)}$ 处一阶导相等的辅助函数 $S(\theta,\theta^{(0)})$。该辅助函数是均值矢量的二次函数,各维之间相互独立,大大简化了目标函数偏导的计算(此时可以利用梯度下降法优化更声模型)。

(2)由于当 $\theta=\theta^{(0)}$ 时 $\mathrm{KLD}(\theta\|\theta^{(0)})\equiv 0$,因此辅助函数 $S(\theta,\theta^{(0)})$ 在添加 KLD 的惩罚项后并不影响,仍然与原函数在$\theta^{(0)}$处一阶导相等。因此,引入新的辅助函数 $Q(\theta,\theta^{(0)})=S(\theta,\theta^{(0)})+D\cdot\mathrm{KLD}(\theta,\theta^{(0)})$(其中 D 的取值满足让 Q 函数的二次项系数全为正或全为负,以便于优化),该辅助函数即为符合 EB 算法要求的辅助函数。

(3)计算 Q 的全局最优解(即各不同高斯二次分量取最小值),即可完成一次声学模型的优化。

3.5.3　与 ASR 中区分性训练的异同小结

从上面的分析可以看出,本书提出的针对发音质量评测的声学模型训练与 ASR 中的区分性训练本质上是两个不同的问题所提出的算法。但由于均采用 HMM-GMM 的建模框架,因此也有着诸多共同之处。本小节简单总结了上两小节的分析,本章算法与 ASR 中 DT 的异同见表 3.2。

---

① 若将本书方法推广至含状态绑定的 tri-phone,也需要进行同样的操作。

表 3.2 针对发音质量评测的声学模型训练与 ASR 中区分性训练的异同点总结

<table>
<tr><th colspan="2"></th><th>针对评测的声学模型训练</th><th>ASR 中的区分性训练</th></tr>
<tr><td rowspan="4">不同之处</td><td>优化目标</td><td>提升机器分与人工分一致度
(如最小化均方误差)</td><td>提升识别率
(如 MPE/MWE,MCE,MMIE)</td></tr>
<tr><td>输入</td><td>评测数据库 DB_{Eval},ASR 声学模型</td><td>识别数据库 DB_{ASR},MLE 声学模型</td></tr>
<tr><td>音素后验概率计算</td><td>针对评测的词图,弧得分为音素帧规整后验概率
(本书为 GOP)</td><td>ASR 解码输出的词图,弧得分为似然度</td></tr>
<tr><td>输出的声学模型</td><td>使得后验概率测度与人工评分一致度提升,不具备明显的“区分性”含义</td><td>各 HMM 之间更易区分,更有利于识别</td></tr>
<tr><td rowspan="3">相同之处</td><td>给定弧条件下的状态后验概率计算</td><td colspan="2">Viterbi 方法或前后项算法</td></tr>
<tr><td>给定状态条件下的高斯后验概率计算</td><td colspan="2">当前高斯似然度除以所有高斯的似然度之和</td></tr>
<tr><td>优化算法思想</td><td colspan="2">EB 算法思想,利用 EM,KLD 等方法引入辅助函数。辅助函数满足:1. 与目标函数一阶导在原点相等;2. 优化容易,有着显式的全局最优解;3. 优化前后的声学模型之间的差别较小</td></tr>
</table>

3.6 实验及实验结果分析

实验配置及数据库可参看 2.5.1 小节。本章仅研究声学模型的评测性能,因此实验中各配置下的音素边界均是一致的。

3.6.1 以 MLE 和 MPE 为初始声学模型的实验

最大似然估计(MLE)构建模型方式简单、计算高效,且不需要精细的时间标注,少量错误对模型性能影响微乎其微,因此在计算机辅助学习系统中得到了广泛的应用。区分性训练是近十年来推动语音识别飞速发展的重要思想,其中以 D. Povey 在 2002 年提出的最小化音素错误(Minimum Phone Error, MPE)具有代表性[163],同时本书方法也是受 MPE 的思想启发得到,因此本节实验将对比 MLE 和 MPE 两种建模方式,并在此基础上进行针对评测的声学模型训练。实验在 PSC 的篇章朗读题上进行,实验结果见表 3.3。

表 3.3 以 MLE 和 MPE 声学模型作为初始模型的针对评测的声学模型优化的性能

实验配置	相关系数	均方根误差
MLE	0.582	1.931
MLE+针对评测的训练	0.709	1.702
MPE	0.610	1.930
MPE+针对评测的训练	0.714	1.681

可见 MPE 建模方式能减少声学模型间的混淆,从而提升系统的性能。但由于 MPE 的是针对语音识别的优化,并非针对发音质量评测而定制,因此提升幅度非常微弱,实验结论与文献[145]和文献[175]符合。

然而采用本章提出的针对评测的声学模型训练算法,无论对于 MPE 还是 MLE 声学模型,均可使得系统性能得到显著提升。图 3.8 为在 MPE 声学模型上,进行针对发音质量评测的声学模型训练的收敛曲线,其中纵坐标为均方根误差。图中,"1A"代表第一次迭代时,仅更新声学模型的性能;"1L"代表第一次更新声学模型后,采用线性回归更新回归模型的性能,依此类推。

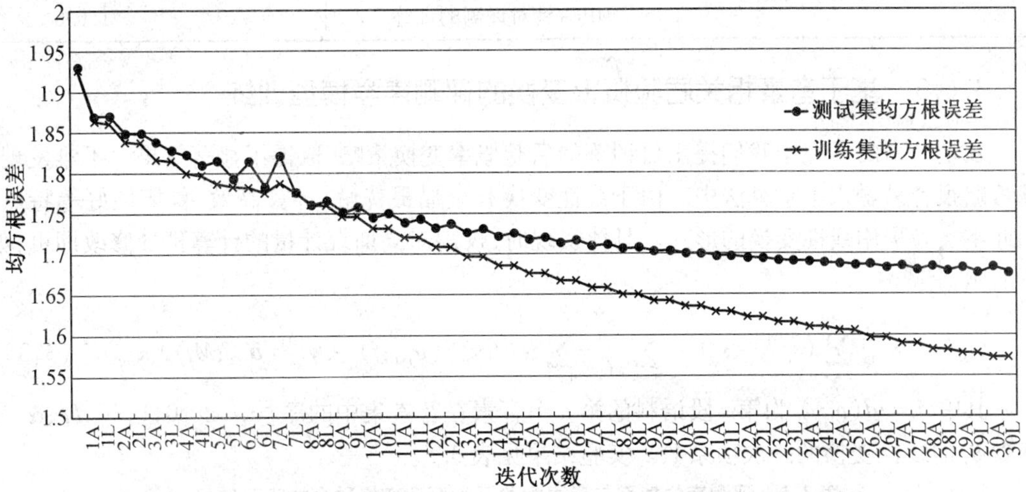

图 3.8　以 MPE 为初始模型基础上进行针对评测声学模型优化收敛曲线

注:图中"A"代表声学模型更新,"L"代表采用线性映射更新回归模型。

从图中可以看出,总体来讲,训练集的均方根误差随着迭代的进行而逐渐降低,证明了该方法的有效性。另外,由于我们优化的辅助函数 Q 是弱辅助函数,若更新步长过大(即 D 参数过小,KLD 惩罚不足),会导致 Q 的优化不能使目标函数也得到优化。在测试集上,性能的跳动会稍微明显,但总体上仍然会朝着目标的方向(即均方误差减小的方向)前进。

3.6.2　不同概率空间的实验

从 3.3 节的推导中我们不难发现,该算法可与优化概率空间策略完美地融合。本小节实验考察了全音素概率空间和为 PSC 定制的两类优化概率空间,实验结果见表 3.4。由于上小节实验中 MPE 模型性能略好,因此本小节实验以 MPE 声学模型为基线系统。

可见无论在何种概率空间下,本章所提出的方法均能使声学模型的评分性能有着显著的提升;并且优化概率空间能进一步提升评测模型的性能。另外,值得注意的是在两类优化的概率空间下,由于概率空间音素个数远小于全音素概率空间,因此声学模型的训练速度及收敛速度均会明显提升。

表 3.4　在各不同概率空间下，针对评测的声学模型训练在测试集各题型下的评分性能

概率空间	配置	相关系数	均方根误差
全音素概率空间	MPE（基线）	0.610	1.930
	MPE+针对评测的训练	0.714	1.681
KLD 差概率空间	MPE（基线）	0.667	1.795
	MPE+针对评测的训练	0.749	1.601
典型错误概率空间	MPE（基线）	0.700	1.832
	MPE+针对评测的训练	0.729	1.638

3.6.3　基于音素相关后验概率变换的评测声学模型训练

在上一章的研究中我们提出可训练的后验概率变换策略，取得了显著效果。不难发现，该策略很容易融入本章算法中。由于线性变换有全局最优解、计算高效、鲁棒性好等特点，因此本实验采用线性变换的形式。具体实现时，仅需对高斯统计量的计算稍加修改即可，如下所示：

$$\Gamma_{isk}(x) = \frac{2}{R}\sum_{r=1}^{R}(\hat{s}_r^{(0)} - s_r)\cdot\sum_{n=1}^{N_r}\frac{1}{T_{r,n}}\sum_{t=1}^{T_{r,n}}\alpha_j((\gamma_{isk}^{(0)}(\boldsymbol{o}_{rnt};j) - \gamma_{isk}^{(0)}(\boldsymbol{o}_{rnt};M_j))\,x_{rnt}) \quad (3.38)$$

其中，$j = id(p_{r,n})$ 为第 r 段语料的第 n 个音素在音素集中的序号，$j\in\{0,1,\cdots,I\}$；α_j 为音素 θ_j 的线性变换的一次项系数。实验结果见表 3.5。

表 3.5　评测声学模型与音素相关后验概率变换融合的实验结果

概率空间	配置	相关系数	均方根误差
全音素概率空间	MPE（基线）	0.762	1.522
	MPE+针对评测的训练	0.791	1.440
KLD 差概率空间	MPE（基线）	0.764	1.523
	MPE+针对评测的训练	0.781	1.473
典型错误概率空间	MPE（基线）	0.775	1.483
	MPE+针对评测的训练	0.782	1.466

实验表明，采用本章提出的针对评测的声学模型优化算法在各种配置下均有着显著收益。同时，由于音素相关的后验概率变换的优化目标也是机器分与人工分的均方误差，因此系统性能提升幅度会有所下降。

另外，在该配置下，由于全音素概率空间调节自由度较大，性能提升明显，已经超过了专为 PSC 定制的两种优化概率空间的性能。

3.7　本章小结

本章结合区分性训练思想，提出了针对发音质量评测的声学模型的训练算法。算法以最小化机器分与人工分均方根误差为优化目标，利用覆盖各种发音的数据进行声学模型的训练,有效地解决了采用 ASR 方法建立的 Golden 声学模型难以精确地描述测试时的方言发音的发音质量的问题。在全音素概率空间、优化概率空间、音素相关后验概率变换等配置的实验均一致地证明了本章方法地有效性。

但值得注意的是,该方法仅能得到说话人无关的评测声学模型。在第 1 章的工作中,我们提到 HMM-GMM 框架相对于 HMM-ANN 框架的一个显著优势在于我们可以利用少量当前说话人数据调整 GMM 参数,得到更加适合该说话人的声学模型。这种利用测试数据调整模型的方法称为说话人自适应。大量的研究结果表明,无论对于 ASR 任务还是评测任务,声学模型自适应能有效地弥补训练与测试难以避免的说话人、信道的差异性,带来可观的收益。然而,一方面训练评测声学模型所依据的最小化人机评分均方误差(MMSE)准则与常用于声学模型自适应训练的 MLE 或者 MAP 准则不一致;另一方面,我们无法得到测试数据的人工分,因此无法利用 MMSE 准则调整声学模型。因此,如何获得说话人相关的评测声学模型将是下一章讨论的重点。

第4章 基于评测性映射变换的无监督声学模型自适应

4.1 引 言

实际系统往往受到各种差异性的影响，如说话人自身生理差异、录音环境差异、麦克风的差异等。这些差异性导致训练和测试的失配，成为阻碍评测技术实用化的重要原因之一。相比 HMM-ANN，HMM-GMM 的最大优势在于我们能利用少量的当前发音人数据对 GMM 参数进行调整，弥补这些差异性带来的影响。通常称这种方法为说话人自适应技术，调整后的声学模型为说话人相关（Speaker Dependent，SD）的声学模型①。在语音识别中，大量实验表明，相比说话人无关（Speaker Independent，SI）声学模型②，SD 声学模型能在多数情况下带来约 50% 的误识率下降[29]。目前，在 HMM-GMM 框架下的自适应技术的研究已经日趋成熟，并在发音质量评测、声纹密码[176]、语种识别[177]等领域有着广泛的应用。

同样，在评测的研究中，说话人自适应仍然在弥补训练和测试的差异性上发挥着重要作用。但由于评测不能包容非标准发音，因此在说话人自适应中，仍需要保证自适应后的声学模型仍为 Golden 声模型。因此，我们只能选择发音质量较好的音段进行声学模型自适应，这种做法通常称为选择自适应[31,49,138,149]。一种最理想的做法是让多名专业评分员对学生所有的音段进行发音质量的标注，并挑选多数人认为发音较好的数据作为自适应的输入。这种利用人工精确标注的自适应方法称为“有监督自适应”。然而，在系统的实际应用中，我们没有任何音段发音质量的人工标注，因此只能采用计算机自动标注的方法。这种依靠机器自动标注的自适应方法称为“无监督自适应③”。在无监督自适应实践中，标注错误不可避免。因此，对标注错误不敏感的 MLE 或者 MAP 准则的说话人自适应方法占据着统治地位。常用的自适应方法有最大似然线性回归（MLLR）、约束最大似然线性回归（CMLLR）和最大化后验概率（MAP）等方法。

然而，第 3 章方法的评测声学模型采用最小均方误差（MMSE）准则所训练，与 MLE 或者 MAP 准则不一致，难以与目前发音质量评测中成熟的自适应技术融合。同时，我们也无法获得测试数据的人工评分或者音段评分，因此也无法使用 MMSE 准则进行有监督自适应；若采用无监督的方法，即机器自动评分代替人工分作为声学模型调整的依据，必然会使得统计量计算中的人机分差 $\hat{s}_r^{(0)} - s_r \equiv 0$，导致统计量恒为 0，无法进行声学模型的优化。可见，采用第 3 章提出的评测声学建模的方法难以与目前的自适应方法融合，阻碍了评测声学

---

① 根据说话人定制的声学模型（HMM 集），即每个说话人有着其各自的声学模型。

② 指进行说话人自适应前的声学模型。

③ 部分文献从 ASR 角度出发，认为应算作“有监督自适应”（即有发音所对应的文本标注）。本书从发音质量评测角度出发，由于我们缺乏自适应真正需要的音段发音质量的标注，因此应算做无监督自适应。

模型在实用化和在考试任务上的应用。

当然，在 ASR 领域，DT 声学模型也存在着类似的问题。如 Woodland 在 Hub5 上的实验表明，在 MMIE 准则得到的声学模型基础上采用 MLLR 自适应能带来较大的收益[178]；但 McDonough 等人在 ESST(English Spontaneous Scheduling Task)上的实验却得出了完全相反的结论——在 MMIE 准则得到的声学模型上采用 MLLR 自适应几乎没有收益。可见，由于 DT 与 MLE 或 MAP 优化目标的不一致，导致采用 MLE 或者 MAP 准则的自适应的效果难以保证。为解决上述问题，在 ASR 的有监督自适应中，人们提出利用与声学模型的训练目标完全一致的区分性自适应方法，如区分性线性变换(Discriminative Linear Transform，DLT)[179,180]，带来了显著收益；但在无监督自适应上，由于区分性训准则的训练或者自适应对标注错误敏感，DLT 的性能下降明显，即使通过置信度判决[181,182]、词图[183,179]等方法降低标注错误带来的影响，也无法取得理想的效果。因此，在无监督自适应中，基于 MLE 和 MAP 准则的自适应方法仍然占据着统治地位。

我们知道，在 ASR 领域，DT 和 MLE/MAP 准则有着各自的优势。在声学建模上，DT 准则能使得声学模型中各 HMM 更易区分，声学建模更符合 ASR 任务要求；在声学模型无监督自适应上，MLE/MAP 具有良好的容错能力，同时能有效地弥补训练与测试的差异性。因此，如何在无监督自适应任务上将 DT 和 MLE/MAP 的优势相结合，研究人员进行了不懈的努力，并取得了可喜的研究成果。目前主要有三类方法解决上述问题。第一类是区分性自适应训练(Discriminative Speaker Adaptive Training，DSAT)方法。这种方法要求区分性训练必须在说话人自适应训练(SAT)的框架下进行[184,185]。具体做法是，在训练时，首先对训练集所有观测向量去除其说话人信息，接下来通过 DT 准则的声学模型训练，最终得到典范(Canonical)的 DT 声学模型；在测试时，通过 MLE 自适应(通常采用 CMLLR 方法①)去除观测向量中的说话人信息，得到与 Canonical 声学模型相匹配的声学特征。第二类是特征域的区分性训练，如 fMPE，TANDEM 等方法的区分性特征提取，将区分性训练的优势在声学特征的提取上得到体现，而在声学模型的训练时，仍沿用和无监督自适应一致的 MLE/MAP 准则。第三类是 Yu K 提出的变换(Discriminative Mapping Transform，DMT)方法[186,187]。在测试时，首先利用 MLE/MAP 进行声学模型无监督自适应后得到 SD 声学模型的基础上应用 DMT，从而得到 SD 的 DT 声模型。在 DMT 的训练中，该方法结合了 SAT 和 DLT 的思想，首先对训练集进行说话人自适应，并在此基础上利用类似 DLT 的方法训练 DMT。因此，所得 DMT 具有说话人无关和描述了声学模型的区分性的性质。因此，将 DMT 应用至说话人相关的声学模型上，能得到说话人相关的区分性声学模型。三类方法均有着相似之处：第一、在有精确人工标注的数据集上应用区分性准则进行声学模型训练或特征提取；第二、无监督的自适应均是利用 MLE/MAP 准则进行。因此，它们均能有效地将 MLE/MAP 在无监督自适应上优势和 DT 在声学建模上的优势无缝的融合。

在评测的研究中，上述成果为如何建立说话人相关评测声学模型提供了宝贵的经验。对于第一类方法，我们认为 DSAT 思想应用于发音质量评测存在着一定缺陷。第一、该方法

---

① CMLLR 是均值和方法均采用同样变换矩阵的 MLLR 自适应。因此 CMLLR 使得我们在测试时，既可以将 CMLLR 变换矩阵应用至声学模型上，得到说话人相关的声学模型；也可以在声学特征上根据 CMLLR 变换矩阵去除说话人信息，得到与 SAT 的 Canonical 模型相匹配的声学特征。

要求声学模型训练必须在 SAT 框架下进行,而研究表明的 SAT 在评测中收益有限;第二、在不做自适应的情况下,测试数据将会与 SAT 训练的 Canonical 模型失匹配①,导致性能下降。而在发音质量评测的自适应中,为保证挑选数据的发音质量,因此对于发音水平较低的学生,我们有时无法得到足够的自适应数据或者根本挑选不到任何自适应数据,导致声学模型自适应难以有效地进行。在这种情况下,我们通常会沿用 SI 模型进行发音质量评测,从而会导致训练和测试失配,难以保证系统性能。而第二类方法,我们认为区分性声学特征提取的方法并未从理论上解决针对评测的声学模型的自适应问题,因为该方法仍然采用 MLE 准则训练声学模型。对于第三类方法,我们认为 DMT 的思想非常适合发音质量评测的研究。第一、DMT 虽然利用了 SAT 思想,但在实现时它不局限于 SAT 框架,并且 DMT 的应用②与传统的声学模型自适应是独立的过程。因此,它可与各种自适应策略完美融合,如 MLLR, CMLLR,MAP 及它们的变形甚至区分性自适应,如 DLT 等。第二、即使对于 SI 声学模型,也可利用 DMT 进行无监督自适应。第三、DMT 仍然可以与 DSAT、区分性声学特征提取方法相结合。

因此,本书结合 ASR 中的 DMT 思想,提出利用针对发音质量评测的变换——评测性映射变换(Evaluation-oriented Mapping Transform,EMT)的概念。因此,EMT 描述了评测相关的信息,具有与评测紧密相连的性质。通过将其应用于声学模型上,可将这种性质“映射”到该声学模型上,得到符合评测要求的声学模型。与评测声学模型的训练方法类似,EMT 仍是利用覆盖各种发音的数据,根据最小化训练集机器分与人工分均方误差准则得到,因此仍能有效地解决 Golden 声学模型难以精确描述非标准发音的问题。因此,在得到 EMT 后,我们只需 EMT 应用至测试集的各说话人相关的 Golden 声学模型上即可得到说话人相关的评测声学模型。同时,即使在自适应数据不足时,我们仍然能将应用 EMT 应用至 SI 声学模型上,提升 SI 声学模型的评测性能。可见,我们可利用 EMT 作为中间桥梁,将针对发音质量的声学建模和 MLE/MAP 的优势完美地结合。在 PSC 上的实验表明,在不做自适应时, EMT 可达到与针对发音质量评测的声学模型训练接近的效果,因此可在一定程度上替代第 3 章的评测声学建模的技术;在做声学模型自适应时,EMT 的应用能使得系统性能得到进一步提升。

4.2 发音质量评测系统中的声学模型自适应介绍

在发音质量评测的自适应的研究中,大量研究表明我们需要保证自适应后的声学模型仍为 Golden 声学模型[31,49,60,138,149,188]。因此,只能挑选发音质量较好的数据参与声学模型自适应。声学模型自适应的具体的自适应流程如图 4.1 所示。

为保证所挑选的自适应数据质量,最理想的做法就是采用多名专业评测员对音段发音

---

① 测试数据本身包含说话人信息,而 SAT 的 Canonical 模型的训练去除了说话人信息,因此若不做自适应时训练和测试不匹配。测试数据的自适应可以通过两种方法进行:1. 去观测矢量的除说话人信息;2. 添加该说话人的信息至 Canonical 模型上。

② 此处,“DMT 的应用”是指将 DMT 应用至声学模型上,使得声学模型具有 DT 的性质的过程。可见,若将 DMT 应用至 SD 声学模型上,可使得 SD 声学模型具备 DT 的性质(当然,需要针对性的设计训练流程使它与测试相匹配)。

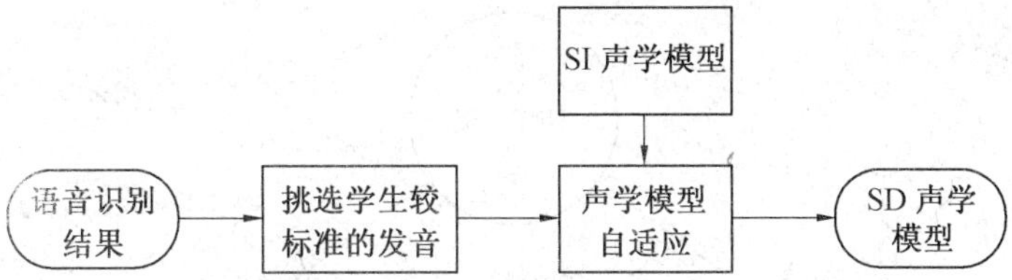

图 4.1　发音质量评测中采用的声学模型自适应流程

质量进行精确地标注，本书称这种自适应方法为“有监督自适应”。然而，这在实际测试时是不可行的。因此，通常采用自动的方法标注音段发音（如音素、字、词、句子）质量，并从中挑选发音质量较好的音段作为自适应语料参与声学模型自适应。本书称这种计算机自动标注的自适应方法为“无监督自适应”。在无监督自适应中，标注错误是无法避免的，因此人们通常采用对标注错误不敏感的 MLE 或者 MAP 准则进行说话人自适应。最大似然线性回归（MLLR）对自适应数据需求量小，效果较好，是 CALL 系统中应用最广泛的自适应方法；在 CALL 的某些应用中，有条件收集到较多的自适应数据，因此也可采用 MAP 准则对声学模型进行更加精细的调整。下面将详细介绍目前 CALL 系统中常用的说话人自适应技术。

4.2.1　发音质量评测中的 MLLR

1. 传统的 MLLR

MLLR 最早在语音识别领域由 Leggetter 提出，它根据最大似然准则，利用线性变换矩阵调整声学模型参数[29]。令自适应数据为 $O=(\boldsymbol{o}_1,\boldsymbol{o}_2,\cdots,\boldsymbol{o}_N)$ 为 N 帧的观测向量序列，对应的状态序列为 S，则自适的目标是通过求取变换矩阵使得应用变换矩阵后的声学模型 $\hat{\theta}$ 对自适应数据及其文本的似然度 $F(O,S|\hat{\theta})$ 最大。在发音质量评测任务中，受到数据量的限制，通常仅对均值进行更新。因此，采用 MLLR 自适应后的均值可表示为

$$\hat{\boldsymbol{\mu}}=W\boldsymbol{\mu}+b=\overline{\boldsymbol{W}}\,(1,\,\boldsymbol{\mu}^{\mathrm{T}})^{\mathrm{T}} \tag{4.1}$$

其中，$\boldsymbol{\mu}$，$\hat{\boldsymbol{\mu}}$ 分别为自适应前后的均值矢量；$\overline{\boldsymbol{W}}=[\boldsymbol{b},\boldsymbol{W}]$ 为 MLLR 的变换矩阵；$\boldsymbol{b}$ 为偏移。

同时，为增强 MLLR 的描述能力，Leggetter 提出了回归类的概念，即将声学模型中所有高斯按照一定准则划分至多个回归类中。同一个回归类中所有高斯共用一个变换矩阵。因此，若有 M 个回归类，则需要训练 M 个变换矩阵。可见，随着回归类的增加，MLLR 的描述能力越强，所需要的数据量越大。在 ASR 的研究表明，在数据量足够的情况下，增加回归类数目能带来识别率的上升[29,189]。

在评测的研究中，通常与发音质量评测相关的所有的 HMM 共用一个变换矩阵[49，149]①。如图 4.2 所示，由于一般〔sil〕和〔sp〕不参与后验概率计算，因此对于评测而言，该方法仅需估计一个变换矩阵，因此有效减少了估计的参数，也减少了对数据量的需求。更重要的是，这种做法不仅有利于保持自适应后的声学模型的 Golden 性质，同时还能提升 MLLR 的容错性能。可以预见，即使挑选到少量的非标准发音数据，但在该回归类里有更大量的标准发音数据，因此也不会对性能有严重的影响，有效避免了“过自适应”的发生（即自适应后的声学模型包容非标准发音）。在 L2 的语言学习任务上，文献[49,60,189]的工作也表明

① 用于语音识别的静音模型〔sil〕、短停模型〔sp〕共用一个变换矩阵

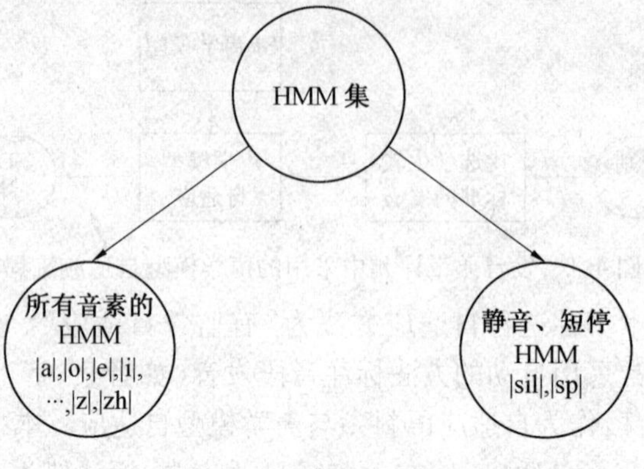

图 4.2　发音质量评测中典型的回归类树

两个回归类的效果最好。

近年来,也有部分研究人员对发音质量评测中的“过自适应的情况”的研究,较具代表性的为文献[60]所提出的规则化 MLLR(Regularized-MLLR)的方法,它假设学生的变换矩阵是多个教师的变换矩阵的加权和得到,能从理论上保证自适应后的声学模型的 Golden 性质,因此即使划分了多个回归类,也能避免过自适应情况的发生。

MLLR 的另一优势是它可以对观测数据“看不见的模型”进行更新。在某些特殊情况下,如日本幼儿学外语的任务上,由于幼儿的英语普遍发音质量很差,几乎无法挑选到自适应数据。然而,相对于英语,他们的日语的发音质量却普遍较好。在这种情况下,我们可利用 MLLR 自适应方法,将日语、英语的 HMM 中的所有高斯绑定在一起,利用日语的发音更新英语的所有 HMM,从而既保证了更新后的声学模型的 Golden 性质,又改善了它对特征说话人的描述能力,提升了系统性能[191]。

MLLR 的变换矩阵求解可参看文献[29],本书不再赘述。

2. SAT 及 CMLLR 介绍及其在发音质量评测中的应用

前面我们提到,在说话人自适应训练(SAT)的理论框架下,我们能将区分性训练和 MLE/MAP 各自的优势相结合。同时,约束 MLLR(CMLLR)是 SAT 的最简捷、有效的实现手段。因此,本小节将简要介绍 SAT 原理及如何利用 CMLLR 实现 SAT,以及它们在发音质量评测任务上的应用。

(1)SAT 思想介绍。

事实上,我们在声学模型的训练过程中,使用的数据具有非一致性。即除了包含我们感兴趣的发音信息之外,还包含了说话人本身的生理特征、信道、环境噪声等影响,而声学特征的提取并不能消除上述影响。说话人自适应训练(SAT)正是利用函数变换消除各说话者生理特征、信道、环境的影响,得到仅包含我们感兴趣的发音信息的 Canonical 声学特征,接下来再利用 Canonical 声学特征训练声学模型,通常称该声学模型为规范模型(Canonical Model)。相比传统的声学建模方式,Canonical 声学模型有着更加尖锐的分布(即方差小),不同类别的区分性更加明显。

(2)基于 CMLLR 的 SAT。

CMLLR 即约束 MLLR,它是均值和方差共用同样变换矩阵的 MLLR(Gales,1998),如下所示:

$$u=W\hat{u}+b \tag{4.2}$$

$$\sigma^2=W\hat{\sigma}^2W^{\mathrm{T}} \tag{4.3}$$

其中，W,b 为 CMLLR 变换矩阵和偏移；$(\hat{u},\hat{\sigma}^2)$ 为 Canonical 声学模型的均值和方差；(u,σ^2) 为应用变换矩阵后的 SD 声学模型的均值和方差。

接下来，我们从声学特征域进行分析。假设我们已经利用了一些方法去除了声学特征中说话人、信道等信息，得到了 Canonical 声学特征 $\hat{o}$，于是我们可通过 MLE 准则估计得到它的均值和方差 $(\hat{u},\hat{\sigma}^2)$。那么，假设我们对 Canonical 声学特征 $\hat{o}$ 进行线性变换，即 $o=W\hat{o}+b$，可以预见，利用 MLE 估计到的 o 的均值和方差为 $(W\hat{u}+b, W\hat{\sigma}^2W^{\mathrm{T}})$。对比式(4.2)与式(4.3)，可见声学特征的线性变换等效于声学模型的均值和方差采用相同变换矩阵的 MLLR，即 CMLLR 变换。因此 CMLLR 也可以在特征域进行，即已知观测向量 o 和 CMLLR 变换矩阵 W,b，则与 SAT 的 Canonical 声学模型相匹配的声学特征 $\hat{o}$ 可通过式(4.4)计算：

$$\hat{o}=W^{-1}(o-b) \tag{4.4}$$

当然，特征变换会导致似然度计算需要考虑变换矩阵 W^{-1} 的雅可比行列式的影响。

因此，基于 CMLLR 的 SAT 的具体实现思想如下：

一、训练阶段

1. 首先估计训练集中所有不同说话人的 CMLLR 变换矩阵；

2. 利用 CMLLR 变换矩阵，得到 Canonical 声学特征；

3. 利用 Canonical 声学特征，采用 MLE 或 MAP 准则训练 Canonical 声学模型；

4. 若收敛，输出 Canonical 声学模型，否则返回 1。

二、测试阶段

1. 挑选自适应数据，并估计 CMLLR 变换矩阵；

2. 应用变换矩阵至声学模型，得到 SD 声学模型；或者利用变换矩阵去除声学特征中说话人、信道的差异性，得到 Canonical 声学特征。

若将训练中的第三步换为 DT 准则，则为 DSAT。在 DSAT 时，直接利用 CMLLR 变换矩阵至声学模型会导致 DT 准则与 MLLR 准则的不匹配，因此只能利用 CMLLR 变换矩阵去除声学特征中的说话人、信道的差异性，得到与 DSAT 声学模型匹配的 Canonical 声学特征。

(3) CALL 系统中的 SAT-CMLLR 及存在的问题。

SAT-CMLLR 在 ASR 领域取得了巨大的成功，并且由于它能完美地将 DT 训练和 MLE/MAP 自适应的优势相结合，因此逐渐成为许多实用的 ASR 系统的标准配置。在发音质量检错任务上，研究表明 SAT-CMLLR 能带来比传统 MLLR 更大的收益[149]。

然而在评测领域，SAT-CMLLR 也曾引起研究人员的浓厚兴趣，但目前为止仅有少量文献表明在某些任务上 SAT-CMLLR 比传统的 MLLR 有着一定优势①，而且收益非常有限[190]。总的来讲，SAT-CMLLR 在发音质量评测的应用中存在以下缺点：

首先，SAT 要求测试时必须进行说话人自适应，否则会导致训练与测试的不匹配。而在评测的研究中，由于自适应仍需保证声学模型的 Golden 性质，因此有时会面临挑选不到足够的自适应数据甚至无法挑选任何自适应数据的情况，此时 CMLLR 变换矩阵无法准确估

① 主要在 L1 语言学习者的考试任务上。这类任务一般存在以下特点：1. 学生整体水平较高；2. 一般会认真朗读文本；3. 朗读量较大。因此一般自适应数据量较充足。

计,导致自适应无法进行,性能反而下降;其次,与 ASR 不同,在发音质量评测中,说话人生理特性及发音音色仍然是评测的重要内容(如某些说话人发音带有严重的口音),而 SAT 会去除这种有用的信息。

可见,虽然 DSAT 能将 DT 在声学建模的优势和 MLE/MAP 在无监督自适应的优势完美融合,并能带来一定的收益[59],但它要求评测系统在 SAT 框架下进行,使其应用范围受到了很大的限制,同时 DT 准则是以优化识别率为目标,在评测的实践中收益有限。因此,在评测的实践中,SAT 策略(包括 SAT+CMLLR,DSAT 等方法)有着严重的局限性。

4.2.2 发音质量评测中的 MAP 介绍

最大化后验概率(MAP)是声学模型自适应的另一个常用的准则[193]。MAP 自适应的具体思想如下。对于属于某个状态 θ_s 的自适应数据 $O=(\boldsymbol{o}_1,\boldsymbol{o}_2,\cdots,\boldsymbol{o}_N)$,MAP 算法的优化目标即为 $\hat{\theta}_s=\arg\max \Pr(\theta_s|O)\Pr(\theta_s)$,可见 MAP 估计既需要增大自适应数据的似然度,又需要状态的先验分布。当完全不考虑先验分布时,MAP 估计便成了 MLE 估计,同时参数的调整便成了整个声学模型的重新训练。可见,MAP 本质上和 MLE 有着密切的联系,因此也与 MLE 同样具有对错误标注不是非常敏感的良好性质。但 MAP 方法需要对每个高斯的参数进行重估,因此需要更多的自适应数据。但它能对声学模型进行更加精细的调整,在数据量较多时,MAP 能带来超过 MLLR 的性能。

在我们研究的 PSC 发音质量自动评测任务中,由于学生需要朗读 100 个字、50 个词、一篇约 400 个字的短文,有较多的语音数据,同时 L1 的发音质量普遍较好,一般可挑选出一定数量的自适应数据,因此可采用 MAP 策略对 MLLR 后的声学模型进行精细的调整,以提升性能。

4.3 评测性映射变换矩阵的训练

为将评测声学建模的优势和无监督自适应的 MLE/MAP 准则的优势相结合,本章提出利用评测性映射变换矩阵(EMT)的无监督自适应算法。与 MLLR,DLT,DMT 等技术类似,EMT 仍然采用线性变换的方法,因此其输出是一个或者一族线性变换矩阵。在测试时,首先我们通过选择性自适应得到 SD 声学模型,接下来再应用 EMT,即将发音质量评测目标相关的性质"映射"到该 SD 声学模型上,使其更符合发音质量评测的要求。

当然,与语音识别的 DMT 采用的$\mathrm{DB}_{\mathrm{ASR}}$不同,EMT 训练所需的数据库仍为$\mathrm{DB}_{\mathrm{Eval}}$。因为我们仍然需要同时利用标准发音与非标准发音,在人工分的指导下训练 EMT,从而它仍可有效地弥补 ASR 声学建模的缺陷,使得声学建模更符合评测的要求。

下面将详细介绍 EMT 的训练算法。

4.3.1 训练目标——最小化机器分与人工分均方误差

与第 3 章一致,EMT 的训练目标是使训练集的机器分与人工分均方误差最小。令 $\overline{\boldsymbol{W}}=$

$[\boldsymbol{b},\boldsymbol{W}]$为所求的 EMT①,其中 $\boldsymbol{b}$ 为偏移矢量,$\hat{s}_r$ 与 s_r 分别为第 r 名考生的机器分与人工分,训练集中考生数量为 R,则目标函数如下所示:

$$F(\overline{\boldsymbol{W}}) = \arg\min_{\overline{\boldsymbol{W}}} \frac{1}{R}\sum_{r=1}^{R} (\hat{s}_r - s_r)^2 \tag{4.5}$$

同样,第 r 名学生的假设机器分由它的篇章级后验概率特征 $\sigma_{\mathrm{PP},r}$ 的线性变换得到,如下所示:

$$\hat{s}_r = a \cdot \sigma_{\mathrm{PP},r} + \boldsymbol{b} \tag{4.6}$$

其中,篇章后验概率特征可由该篇章内所有音素的后验概率$\mathrm{PP}_{r,n}$ 的平均得到:

$$\sigma_{\mathrm{PP},r} = \frac{1}{N_r}\sum_{n=1}^{N_r} \mathrm{PP}_{r,n} \tag{4.7}$$

本书所研究的变换矩阵仅对均值进行变换,因此在推导过程中,对于第 r 名学生的声学模型(即说话人相关的声学模型)中的第 i 个 HMM 的第 s 状态的第 k 高斯的协方差 $\Sigma_{(r),isk}$ 与高期权重 $c_{(r),isk}$ 均为已知数。对于第 r 名学生,通过 MLE 或 MAP 准则进行说话人自适应后可得到 SD 声学模型,记为 $\theta_{(r)}^{(0)}$。记 $\theta_{(r)}^{(0)}$ 的第 i 个 HMM 的第 s 状态的第 k 高斯的均值矢量 $\boldsymbol{\mu}_{(r),isk}^{(0)}$,应用变换矩阵 $\overline{\boldsymbol{W}}$ 后,可得更新后的均值矢量 $\boldsymbol{\mu}_{(r),isk}$,如下所示:

$$\boldsymbol{\mu}_{(r),isk} = \overline{\boldsymbol{W}}\begin{bmatrix} 1 \\ \boldsymbol{\mu}_{(r),isk}^{(0)} \end{bmatrix} = \boldsymbol{W}\boldsymbol{\mu}_{(r),isk}^{(0)} + \boldsymbol{b} \tag{4.8}$$

可见,当 $\overline{\boldsymbol{W}} = [0,I]$ 时,该方法便退化为传统的基于 MLE/MAP 准则的说话人自适应。记应用变换矩阵后的声学模型为$\theta_{(r)}$,代入式(4.6) 和式(4.7),即根据$\theta_{(r)}$ 所得到的第 r 名学生的机器分。其中 $\mathrm{PP}_{r,n}$ 为根据$\theta_{(r)}$ 计算的第 r 名学生的第 n 个音素的后验概率。

$$\hat{s}_r = a \cdot \frac{1}{N_r}\sum_{n=1}^{N_r} \mathrm{PP}_{r,n} + \boldsymbol{b} \tag{4.9}$$

代入式(4.5),有变换矩阵 $\overline{\boldsymbol{W}}$ 的训练目标函数为

$$F(\overline{\boldsymbol{W}}) = \arg\min_{\overline{\boldsymbol{W}}} \frac{1}{R}\sum_{r=1}^{R} \left(a \cdot \frac{1}{N_r}\sum_{n=1}^{N_r} \mathrm{PP}_{r,n} + \boldsymbol{b} - s_r\right)^2 \tag{4.10}$$

4.3.2　EMT 的训练算法

本章仍利用 EB 的思想进行 EMT 的训练。因此,我们需要找到一个辅助函数,它满足以下条件:第一、辅助函数与目标函数在原点,即 $\overline{\boldsymbol{W}}=[0,I]$ 处,一阶导相等;第二、辅助函数易于优化;第三、辅助函数的优化后得到的新的 EMT 与原 EMT 差别不大。下面我们将详细介绍如何训练 EMT。

1. 辅助函数

首先对目标函数求偏导,可得

$$\frac{\partial F(\overline{\boldsymbol{W}})}{\partial \overline{\boldsymbol{W}}} = \frac{2a}{R}\sum_{r=1}^{R} (\hat{s}_r - s_r) \sum_{n=1}^{N_r} \frac{1}{N_r} \frac{\partial\, \mathrm{PP}_{r,n}}{\partial \overline{\boldsymbol{W}}} \tag{4.11}$$

① EMT 可以包含一族变换矩阵,但为了使公式简洁,本书一律仅用一个变换矩阵表示。

同样的,对于第 r 段语料的第 n 个音素的后验概率的分子和分母,利用 EM 算法,我们引入辅助函数如下所示:

$$Q_{r,n}^{\text{num}}(\overline{\boldsymbol{W}})=\frac{1}{T_{r,n}}\sum_{t=1}^{T_{r,n}}\sum_{i=1}^{I}\sum_{s=1}^{S_i}\sum_{k=1}^{K_{i,s}}\gamma_{(r),isk}^{(0)}(\boldsymbol{o}_{rnt};j)\log\Pr(\boldsymbol{o}_{rnt}\mid\theta_{(r),isk}) \tag{4.12}$$

$$Q_{r,n}^{\text{den}}(\overline{\boldsymbol{W}})=\frac{1}{T_{r,n}}\sum_{t=1}^{T_{r,n}}\sum_{i=1}^{I}\sum_{s=1}^{S_i}\sum_{k=1}^{K_{i,s}}\gamma_{(r),isk}^{(0)}(\boldsymbol{o}_{rnt};M_j)\log\Pr(\boldsymbol{o}_{rnt}\mid\theta_{(r),isk}) \tag{4.13}$$

其中 $j=id(p_{r,n})$ 为参考文本中的第 r 段语料的第 n 个音素在音素集中的序号;$\theta_{(r)}^{(0)}$ 与 $\theta_{(r)}$ 分别为第 r 名学生的、应用变换矩阵 $\overline{\boldsymbol{W}}$ 前后的声学模型,它的第 i 个 HMM 的第 s 状态的第 k 高斯为 $\theta_{(r),isk}$;$\gamma_{(r),isk}^{(0)}(\boldsymbol{o}_{rnt};j)$ 与 $\gamma_{(r),isk}^{(0)}(\boldsymbol{o}_{rnt};M_j)$ 为当前观测向量 $\boldsymbol{o}_{rnt}$ 下,$\theta_{(r)}^{(0)}$ 的第 i 个音素的第 s 状态的第 k 高斯在参考文本和概率空间 M_j 下的后验概率(参看 3.4.4)。

于是引入辅助函数如下所示:

$$\begin{aligned}S(\overline{\boldsymbol{W}})&=\frac{2a}{R}\sum_{r=1}^{R}(\hat{s}_r^{(0)}-s_r)\cdot\sum_{i=1}^{I}\sum_{s=1}^{S_i}\sum_{k=1}^{K_{s,i}}\sum_{n=1}^{N_r}(Q_{r,n}^{\text{num}}(\theta_{(r)}^{(0)},\theta_{(r)})-Q_{r,n}^{\text{den}}(\theta_{(r)}^{(0)},\theta_{(r)}))=\\&\frac{2a}{R}\sum_{r=1}^{R}(\hat{s}_r^{(0)}-s_r)\cdot\sum_{i=1}^{I}\sum_{s=1}^{S_i}\sum_{k=1}^{K_{s,i}}\sum_{n=1}^{N_r}\left(\frac{1}{T_{r,n}}\sum_{t=1}^{T_{r,n}}\begin{pmatrix}\gamma_{(r),isk}^{(0)}(\boldsymbol{o}_{rnt};j)\log\Pr(\boldsymbol{o}_{rnt}\mid\theta_{(r),isk})-\\\gamma_{(r),isk}^{(0)}(\boldsymbol{o}_{rnt};M_j)\log\Pr(\boldsymbol{o}_{rnt}\mid\theta_{(r),isk})\end{pmatrix}\right)\end{aligned} \tag{4.14}$$

显然该辅助函数与目标函数在原点处相切,即

$$\left.\frac{\partial F(\overline{\boldsymbol{W}})}{\partial\overline{\boldsymbol{W}}}\right|_{\theta=\theta^{(0)}}=\left.\frac{\partial S(\overline{\boldsymbol{W}})}{\partial\overline{\boldsymbol{W}}}\right|_{\theta=\theta^{(0)}} \tag{4.15}$$

提取 $S(\overline{\boldsymbol{W}})$ 中与第 r 名学生的声学模型中的第 i 个 HMM 中的第 s 状态的第 k 高斯的部分,记为 $S_{(r),isk}(\overline{\boldsymbol{W}})$,可知:

$$S_{(r),isk}(\overline{\boldsymbol{W}})=\frac{2a}{R}\sum_{r=1}^{R}(\hat{s}_r^{(0)}-s_r)\cdot\sum_{i=1}^{I}\left(\frac{1}{T_{r,n}}\sum_{t=1}^{T_{r,n}}\begin{pmatrix}\gamma_{(r),isk}^{(0)}(\boldsymbol{o}_{rnt};j)\log\Pr(\boldsymbol{o}_{rnt}\mid\theta_{(r),isk})-\\\gamma_{(r),isk}^{(0)}(\boldsymbol{o}_{rnt};M_j)\log\Pr(\boldsymbol{o}_{rnt}\mid\theta_{(r),isk})\end{pmatrix}\right) \tag{4.16}$$

显然

$$S(\overline{\boldsymbol{W}})=\sum_{r=1}^{R}\sum_{i=1}^{I}\sum_{s=1}^{S_i}\sum_{k=1}^{K_{s,i}}S_{(r),isk}(\overline{\boldsymbol{W}}) \tag{4.17}$$

展开式(4.16),并只考虑其均值部分,有

$$S_{(r),isk}(\overline{\boldsymbol{W}})=-\frac{2a}{R}(\hat{s}_r^{(0)}-s_r)\sum_{n=1}^{N_r}\frac{1}{N_rT_{r,n}}\cdot\sum_{t=1}^{T_{r,n}}\left\{\begin{matrix}(\gamma_{(r),isk}^{(0)}(\boldsymbol{o}_{rnt};j)-\gamma_{(r),isk}^{(0)}(\boldsymbol{o}_{rnt};M_j))\cdot\dfrac{\boldsymbol{\Sigma}_{(r),isk}^{-1}}{2}\\((\boldsymbol{o}_{rnt})^2-2\overline{\boldsymbol{W}}\boldsymbol{\xi}_{(r),isk}\boldsymbol{o}_{rnt}+(\overline{\boldsymbol{W}}\boldsymbol{\xi})_{(r),isk}^2)+\text{const}\end{matrix}\right\} \tag{4.18}$$

其中,$\boldsymbol{\xi}_{(r),isk}=\begin{bmatrix}1\\u_{(r),isk}\end{bmatrix}$ 为增广后的均值矢量;$\boldsymbol{\Sigma}_{(r),isk}$ 为协方差矩阵;const 为与均值矢量无关的部分。

由于辅助函数 $S(\overline{\boldsymbol{W}})$ 为弱辅助函数,仅保证在原点与目标函数一阶导相等。因此,若更新幅度过大,对辅助函数的优化难以保证朝着目标的方向进行。同样,对于辅助函数 $S(\overline{\boldsymbol{W}})$

中的每个高斯分量 $S_{(r),isk}(\overline{\boldsymbol{W}})$，添加 KLD 距离作为惩罚的平滑项 $Dc_{(r),isk} \cdot \mathrm{KLD}(\boldsymbol{\theta}_{(r),isk} \| \boldsymbol{\theta}_{(r),isk}^{(0)})$，记为 $Q(\overline{\boldsymbol{W}})$，如下所示：

$$Q(\overline{\boldsymbol{W}}) = \sum_{r=1}^{R}\sum_{i=1}^{I}\sum_{s=1}^{S_i}\sum_{k=1}^{K_{s,i}} Q_{(r),isk}(\overline{\boldsymbol{W}}) = \sum_{r=1}^{R}\sum_{i=1}^{I}\sum_{s=1}^{S_i}\sum_{k=1}^{K_{s,i}} (S_{(r),isk}(\overline{\boldsymbol{W}}) + Dc_{(r),isk} \cdot \mathrm{KLD}(\boldsymbol{\theta}_{(r),isk} \| \boldsymbol{\theta}_{(r),isk}^{(0)})) \tag{4.19}$$

其中

$$\begin{aligned} Q_{(r),isk}(\overline{\boldsymbol{W}}) &= S_{(r),isk}(\overline{\boldsymbol{W}}) + Dc_{(r),isk} \cdot \mathrm{KLD}(\boldsymbol{\theta}_{(r),isk} \| \boldsymbol{\theta}_{(r),isk}^{(0)}) = \\ &(\overline{\boldsymbol{W}}\boldsymbol{\xi}_{(r),isk})^{\mathrm{T}} \frac{\boldsymbol{\Sigma}_{(r),isk}^{-1}(Dc_{(r),isk} - \Gamma_{(r),isk}(1))}{2}(\overline{\boldsymbol{W}}\boldsymbol{\xi}_{(r),isk}) \\ &- \overline{\boldsymbol{W}}\boldsymbol{\xi}_{(r),isk}\boldsymbol{\Sigma}_{(r),isk}^{-1}(Dc_{(r),isk}\boldsymbol{\mu}_{(r),isk}^{(0)} - \Gamma_{(r),isk}(\boldsymbol{o})) + \mathrm{const} \end{aligned} \tag{4.20}$$

$$\Gamma_{(r),isk}(1) = \frac{2a}{R} \cdot \frac{(\hat{s}_r^{(0)} - s_r)}{N_r} \sum_{n=1}^{N_r}\left\{\frac{1}{T_{r,n}}\sum_{t=1}^{T_{r,n}}[\gamma_{(r),isk}^{(0)}(\boldsymbol{o}_{rnt};j) - \gamma_{(r),isk}^{(0)}(\boldsymbol{o}_{rnt};M_j)]\right\} \tag{4.21}$$

$$\Gamma_{(r),isk}(\boldsymbol{o}) = \frac{2a}{R} \cdot \frac{(\hat{s}_r^{(0)} - s_r)}{N_r} \sum_{n=1}^{N_r}\left\{\frac{1}{T_{r,n}}\sum_{t=1}^{T_{r,n}}[\gamma_{(r),isk}^{(0)}(\boldsymbol{o}_{rnt};j) - \gamma_{(r),isk}^{(0)}(\boldsymbol{o}_{rnt};M_j)]\boldsymbol{o}_{rnt}\right\} \tag{4.22}$$

至此，$Q(\overline{\boldsymbol{W}})$ 就是我们所需要的辅助函数。因此，对目标的优化可转化为对二次多项式函数 $Q(\overline{\boldsymbol{W}})$ 的优化。只要保证 $Dc_{(r),isk} - \Gamma_{(r),isk}(1) > 0, \forall r,i,s,k$ 恒成立，则 $Q(\overline{\boldsymbol{W}})$ 的所有开口朝上，最小值存在并可解析求得。

2. 线性变换矩阵 $\overline{\boldsymbol{W}}$ 的求解

对辅助函数 $Q(\overline{\boldsymbol{W}})$ 求偏导，并令其为零，有

$$\begin{aligned} &\sum_{i=1}^{I}\sum_{s=1}^{S_i}\sum_{k=1}^{K_{s,i}}\sum_{r=1}^{R}((\Gamma_{(r),isk}(1) - Dc_{(r),isk})\boldsymbol{\Sigma}_{(r),isk}^{-1})(\overline{\boldsymbol{W}}\boldsymbol{\xi}_{(r),isk})\boldsymbol{\xi}_{(r),isk}^{\mathrm{T}} = \\ &\sum_{i=1}^{I}\sum_{s=1}^{S_i}\sum_{k=1}^{K_{s,i}}\sum_{r=1}^{R}\boldsymbol{\Sigma}_{(r),isk}^{-1}(\Gamma_{(r),isk}(\boldsymbol{o}_{rnt}) - Dc_{(r),isk}\boldsymbol{\mu}_{(r),isk}^{(0)}) \end{aligned} \tag{4.23}$$

可见它与 MLLR 中的线性方程在形式上类似，因此本书参照 MLLR 的变换矩阵求解方法求解 $\overline{\boldsymbol{W}}$。令矩阵 $\boldsymbol{Y}$ 为

$$\boldsymbol{Y} = \sum_{r=1}^{R}\sum_{i=1}^{I}\sum_{s=1}^{S_i}\sum_{k=1}^{K_{s,i}}(\boldsymbol{\Sigma}_{(r),isk}^{-1})(\Gamma_{(r),isk}(\boldsymbol{o}_{rnt}) - Dc_{(r),isk}\boldsymbol{\mu}_{(r),isk}^{(0)})\boldsymbol{\xi}_{(r),isk}^{\mathrm{T}} \tag{4.24}$$

它是一个 Dim × Dim 的矩阵，其中 Dim 为观测向量的维数。令矩阵族 G 由 Dim 个 (Dim + 1) × (Dim + 1) 的矩阵组成，其中第 $m(m = 1,2,\cdots,\mathrm{Dim})$ 个矩阵为

$$\boldsymbol{G}_{(m)} = \sum_{r=1}^{R}\sum_{i=1}^{I}\sum_{s=1}^{S_i}\sum_{k=1}^{K_{s,i}}(\Gamma_{(r),isk}(1) - Dc_{(r),isk})\boldsymbol{\Sigma}_{(m)(r),isk}^{-1}(\boldsymbol{\xi}_{(r),isk}\boldsymbol{\xi}_{(r),isk}^{\mathrm{T}})\boldsymbol{\xi}_{(r),isk}^{\mathrm{T}} \tag{4.25}$$

其中，$\boldsymbol{\Sigma}_{(m)(r),isk}$ 为第 r 名学生的声学模型中的第 i 个 HMM 的第 s 状态的第 k 高斯的协方差矩阵（通常为对角阵）的第 m 个对角元素。

在完成矩阵 $\boldsymbol{Y}$ 和矩阵族 $\boldsymbol{G}$ 的计算后，$\overline{\boldsymbol{W}}$ 第 m 行（记为 $\overline{\boldsymbol{W}}^m$）可通过下式求得，其中 $\boldsymbol{Y}^m$ 为矩阵 $\boldsymbol{Y}$ 的第 m 行：

$$\overline{\boldsymbol{W}}^m = ((\boldsymbol{G}_{(m)}) - 1(\boldsymbol{Y}^m)^{\mathrm{T}})^{\mathrm{T}} \tag{4.26}$$

3. 线性变换矩阵的合并

虽然我们求得的变换矩阵 $\overline{\boldsymbol{W}}$ 是辅助函数 $Q(\overline{\boldsymbol{W}})$ 的最小值，但它并不是目标函数 $F(\overline{W})$ 的最优解，因此我们可以将变换矩阵 $\overline{\boldsymbol{W}}$ 应用到训练集中所有的说话人相关的声学模型上，得到新的 $\boldsymbol{\theta}_{(r)}^{(0)}$，并在此基础上开展新一轮迭代。因此，每次迭代均会生成相应的 $\overline{\boldsymbol{W}}$。由于本书只对均值进行线性变换，因此多次迭代结果可等效为一次线性变换，我们可将历次迭代生成的 $\overline{\boldsymbol{W}}$ 合并。记第 n 次迭代并合并后生成的最终 EMT 为 $\overline{\boldsymbol{W}}_n = [\boldsymbol{b}_n, \boldsymbol{W}_n]$，则第 $n+1$ 次迭代所得到的 EMT 为 $\overline{\boldsymbol{W}}_{n+1} = [\boldsymbol{b}_{n+1}, \boldsymbol{W}_{n+1}]$，可通过如下公式得到：

$$\begin{aligned} \overline{\boldsymbol{W}}_{n+1} &= \boldsymbol{W} \cdot \boldsymbol{W}_n \\ \boldsymbol{b}_{n+1} &= \boldsymbol{W} \cdot \boldsymbol{b}_n + \boldsymbol{b} \end{aligned} \tag{4.27}$$

其中，$\overline{\boldsymbol{W}} = [\boldsymbol{b}, \boldsymbol{W}]$ 为第 n 次迭代时，通过式(4.26)计算得到的变换矩阵。

针对发音质量评测的变换矩阵训练流程如图4.3所示，其中初始变换矩阵 $\overline{\boldsymbol{W}}_0 = [0, \boldsymbol{I}]$。

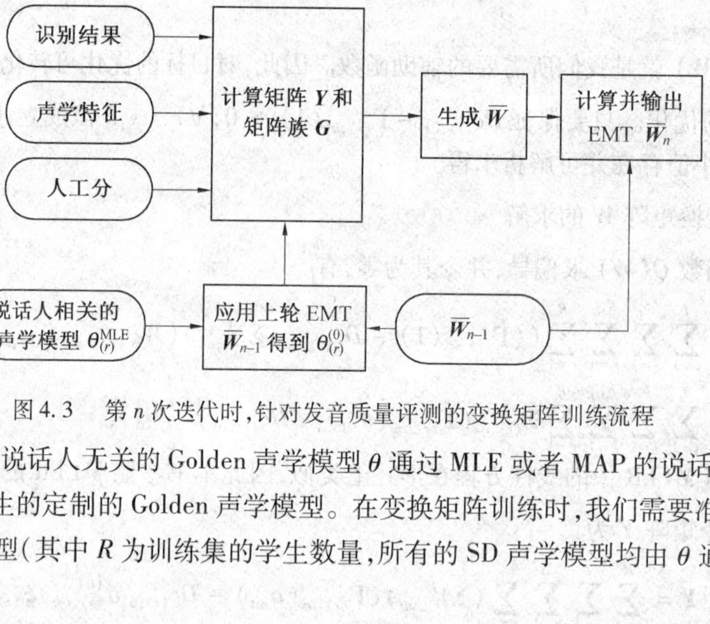

图4.3 第 n 次迭代时，针对发音质量评测的变换矩阵训练流程

图中 $\theta_{(r)}^{\mathrm{MLE}}$ 为说话人无关的 Golden 声学模型 θ 通过 MLE 或者 MAP 的说话人自适应，得到的为第 r 名学生的定制的 Golden 声学模型。在变换矩阵训练时，我们需要准备 R 个说话人相关的声学模型(其中 R 为训练集的学生数量，所有的 SD 声学模型均由 θ 通过选择自适应得到)。

4. 回归类的引入

上述推导是当所有高斯共享同一变换矩阵的结果。当然，与 MLLR 类似，我们可以采用多个回归类，按照一定规则将声学模型中某些高斯绑定在一起，利用一个变换矩阵更新。引入多个回归类能大大增加 EMT 的描述能力，但所需估计的参数数量也会增加，对数据量的需求也将增加。

对于某个回归类(记为 RC)，我们仍然需要先求取其 $\boldsymbol{Y}$ 矩阵和 $\boldsymbol{G}$ 矩阵族，如下所示：

$$\boldsymbol{Y}=\sum_{r=1}^{R}\sum_{\substack{i,s,k\text{满足}\\ \theta_{isk}\in RC}}(\Sigma_{(r),isk}^{-1})(\Gamma_{(r),isk}(\boldsymbol{o}_{rnt})-D\boldsymbol{\mu}_{(r),isk}^{(0)})\boldsymbol{\xi}_{(r),isk}^{\mathrm{T}} \tag{4.28}$$

$$\boldsymbol{G}_{(m)}=\sum_{r=1}^{R}\sum_{\substack{i,s,k\text{满足}\\ \theta_{isk}\in RC}}(\Gamma_{(r),isk}(1)-D)\Sigma_{(m)(r),isk}^{-1}(\boldsymbol{\xi}_{(r),isk}\boldsymbol{\xi}_{(r),isk}^{T})\boldsymbol{\xi}_{(r),isk}^{\mathrm{T}} \tag{4.29}$$

其中,θ_{isk} 为声学模型中的第 i 个音素的第 s 状态中的第 k 高斯。

在得到 $\boldsymbol{Y}$ 矩阵和 $\boldsymbol{G}$ 矩阵族后,该回归类的变换矩阵可通过式(4.26)求得。回归类的设置并无统一的准则,可视数据量进行。在ASR的研究中,文献[186]的工作表明只要回归类数量不是非常少的情况下,对DMT性能影响不大,因此本书不再深入研究回归类数量对EMT策略的性能的影响。

5. EMT训练中KLD惩罚权重 D 的间接设置

由于自适应的引入,相比第3章,机器分与人工分一致程度将会大大增加。同时,随着迭代的进行,这种一致程度还将进一步增加。然而,零阶统计量的计算中存在 $\hat{s}_r-s_r$,因此,零阶统计量的绝对值一般会越来越小,若仍沿用初始原惩罚权重 D,将会导致收敛过于缓慢①。因此,在EMT的训练中,我们需要引入可变的 D 的设置方法。

在ASR的DMT和DLT的训练中,通常采用如下方法间接设置惩罚 D:

$$D_{sk}=E\sum_{t}\gamma_{sk}^{\mathrm{den}}(t) \tag{4.30}$$

其中,D_{sk} 和 $\gamma_{sk}^{\mathrm{den}}(t)$ 分别为第 s 状态的第 k 高斯的惩罚权重和 t 时刻的分母状态后验概率;E 为我们所需设置的步长。

显然在EMT的训练中,因为统计量中存在 $\hat{s}_r-s_r$,使得我们无法使用该方法设置 D。但研究表明,随着迭代的进行,由于人机评分一致性增加,零阶统计量绝对值一般逐渐减小,D 也可相应减少(增大更新步长)。因此,本书提出根据零阶统计量的绝对值调整 D 的方法,如下所示:

$$\begin{aligned}&D_{(r)}=E\sum_{i=1}^{I}\sum_{s=1}^{S_i}\sum_{k=1}^{K_{i,s}}|\Gamma_{(r),isk}(1)|\geqslant 0\\&D_{(r)}c_{(r),isk}-\Gamma_{(r),isk}(1)>0,\forall i,s,k\end{aligned} \tag{4.31}$$

其中,$D_{(r)}$ 为第 r 名学生的KLD惩罚权重,可见它会随着机器分与人工评分的一致度增加而减小,因此可较稳定地加快迭代的收敛速度;同时若步长 E 的设置导致 $D_{(r)}c_{(r),isk}-\Gamma_{(r),isk}(1)>0,\forall i,s,k$ 不成立时,应将 $D_{(r)}$ 自动设置为满足上式的最小值②。

虽然这是一种经验性的方法,但在实验中表明相比直接设置 D 的方法,这种间接设置方法具有收敛速度快且更新稳定的优点,已经能满足本书应用的需要,因此本书也不再对 D

---

① 在第3章的评测声学模型训练中,这种情况仍然存在。但由于该方法未引入自适应技术,人机评分一致程度远不及本章策略,因此直接设置 D 的难度不大,优化效率可忍受。

② 此时,实验设置值为 $D_{(r)}=1.01\times\dfrac{\Gamma_{(r),iks}(1)}{c_{(r),isk}}$。

的设置进行更加深入的研究。如何进行更加有效的参数 D 的设置使得 EMT 训练能更加快速、稳定的进行,是今后的研究方向之一。

6. EMT 在实际测试时的应用

在得到针对发音质量评测的变换矩阵后,测试过程相对简单。只需要将该变换矩阵应用到经过 MLE/MAP 自适应后的声学模型上即可,如图 4.4 所示。因此,采用该方法在测试端所带来的运算量很小。

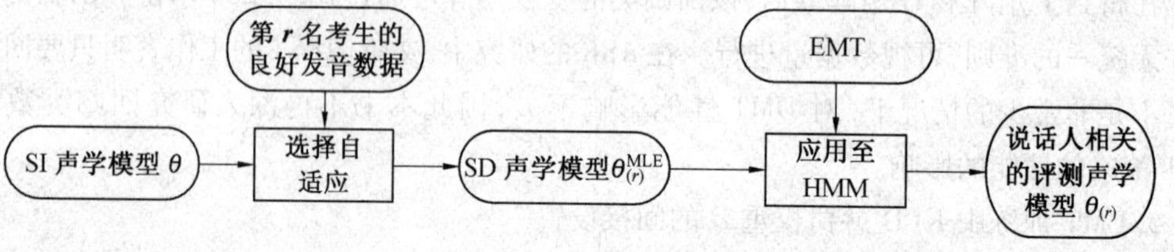

图 4.4　针对发音质量评测的变换矩阵在实际测试时的应用

可见,EMT 可与 CALL 系统中的说话人自适应从两种不同角度对声学模型进行调整:前者是使声学模型更符合评分任务,后者是使得声学模型能更好地描述说话人和环境的情况。在声学建模上,EMT 的训练结合了评测声学建模的优势,通过 EMT 的应用能得到与评测目标密切相关的声学模型;在无监督自适应上,仍采用 MLE/MAP 方法进行,因此保留了 MLE/MAP 对标注错误不敏感的良好性质。可见,本章方法本质上是一种基于 EMT 的间接的评测声学建模方法。通过 EMT 作为中间桥梁,MLE/MAP 的无监督自适应无缝融入评测声学建模中。

要注意通过应用变换矩阵的训练并得以提升语音识别性能作为其优化目标,因此应用 EMT 后的说话人相关的评测声学模型只能参与后验概率的计算,不能用于语音识别。

4.4　EMT 和 DMT 及针对发音质量评测的声学建模的比较

4.4.1　EMT 与 DMT 的异同

从本质上而言,本章提出的基于 EMT 的无监督自适应方法是第 3 章评测声学建模改进方法,能将无监督说话人自适应完美地融入声学建模中;同样的,DMT 也是一种改进的 DT 建模方法,通过 DMT 作为中间桥梁,它也能将无监督声学模型自适应完美地融入 DT 声学建模中。因此它们会继承表 4.1 中的全部异同点。除此之外,EMT 和 DMT 在变换矩阵的物理含义、KLD 惩罚权重 D 的设置上有着不同之处。表 4.1 归纳了 EMT 和 DMT 的异同点。

表 4.1　评测性映射变换(EMT)和区分性映射变换(DMT)的比较

		EMT	DMT
不同之处	优化目标	提升机器分与人工分一致度(如最小化均方误差)	提升识别率(如 MPE/MWE, MCE,MMIE 等)
	输入	评测数据库 DB_{Eval},ASR 声学模型	识别数据库 DB_{ASR},MLE 声学模型
	音素后验概率计算	针对评测的词图,弧得分为音素帧规整后验概率(本书为 GOP)	ASR 解码输出的词图,弧得分为似然度
	变换矩阵物理含义	与发音质量评测目标紧密相连,应用 EMT 后能使得后验概率测度与人工评分一致度提升	描述了区分性信息,应用 DMT 后能使得声学模型中各 HMM 更易区分,有利于识别
	KLD 惩罚权重 D 的设置	存在人机分差项,需要探求另外的方法,如 4.2.1 小节方法	可仅根据基于词图的分母后验概率间接设置
相同之处	给定弧条件下状态后验概率计算	Viterbi 算法或前后项算法	
	给定状态条件下高斯后验概率计算	当前高斯似然度除以所有高斯似然度之和	
	算法思想	EB 算法思想,利用 EM,KLD 等方法引入辅助函数	
	输出变换矩阵	变换矩阵求解算法相同,参看文献[29],最终输出结果均为一族变换矩阵	

可见,虽然 EMT 和 DMT 在思想上及变换矩阵求解上有着许多相似之处,但它们是针对两种完全不同的任务而设计的,因此有着本质的不同:它们无论在输入数据库、输出的变换矩阵的物理意义、音素后验概率计算等都有着显著的差异。不难发现,这些不同之处恰恰是 EMT 和第 3 章提出的针对发音质量评测的声学建模的相同之处。因此,下面我们将详细比较 EMT 与针对发音质量评测的声学建模的异同点。

4.4.2　EMT 与针对发音质量评测的声学建模的比较

从本质上来讲,EMT 是对发音质量评测的声学建模的改进,因此两者存在着许多共同点,如优化目标、优化思想等。下面我们重点分析它们的不同之处。

1. 输入声学模型不同

EMT 训练的输入为 R 个说话人相关(SD)的声学模型,而第 3 章的声学建模方法输入为仅一个说话人无关(SI)的声学模型,这也是两者的最大不同。同时我们注意到,EMT 的训练并不限制具体的说话人自适应的方法。因此,无论是模型域的自适应如 MLLR,MAP,DLT,特征域的自适应如 SAT+CMLLR,还是特征域的区分性训练如 fMPE 等,均可完美地融入 EMT 训练中。可见,EMT 在评测中有着广阔的应用前景。

当然,我们甚至不进行说话人自适应,将 SI 声学模型复制 R 份,作为 EMT 训练的输入。在此情况下,我们可直接将 EMT 应用至该 SI 声学模型上,得到与第 3 章方法类似的评测的声学模型。因此,本章提出的 EMT 思想是一种间接的评测声学建模方法,它是对第 3 章提出的直接针对发音质量评测的训练声学建模方式的继承和扩充。

2. 输出不同

采用 EMT 方法的输出为评测性映射矩阵(EMT),即它具有与评测任务紧密相连的性质,通过将 EMT 应用至声学模型上,能得到评测声学模型。可见,该方法并不直接更新声学模型,而是利用 EMT 间接更新声学模型。

3. 统计量性质不同

由于 EMT 的训练采用说话人相关的声学模型,因此收集到的统计量 Γ 与说话人相关,且不同说话人的 Γ 是不可直接相加(即 Γ 是不可加统计量)。因此,我们需要根据每个人的统计量 Γ 及其对应的声学模型根据式(4.24)和(4.25)转化为可加的统计量——每个回归类的矩阵 $\boldsymbol{Y}$ 和矩阵族 $\boldsymbol{G}$,进而计算变换矩阵。

在针对发音质量评测的声学模型训练中,通过不同说话人所得到的统计量 Γ 是可加统计量。因此,我们直接将不同说话人的统计量累加起来便可得到最终更新声学模型所需的统计量。

表 4.2 总结了 EMT 和针对发音质量评测的声学建模的异同。

表 4.2　评测性映射变换(EMT)和针对评测的声学建模的比较

		EMT	评测声学建模
不同之处	输入声学模型	R 个 SD 声学模型	一个 SI 声学模型
	输出	一族线性变换矩阵—EMT	一个评测声学模型
	统计量	统计量 Γ 说话人相关,不同说话人 Γ 的不可累加;矩阵 $\boldsymbol{Y}$ 和矩阵族 $\boldsymbol{G}$ 才是可加统计量	统计量 Γ 为可加统计量
相同之处	优化目标	提升机器分与人工分一致度(如最小化均方误差)	
	数据库	评测数据库 DB_{Eval}	
	音素后验概率计算	针对评测的词图,弧得分为音素帧规整后验概率(本书为 GOP)	
	最终声学模型物理意义	使得后验概率测度与人工评分一致度提升,不具备明显的"区分性"含义	
	给定弧条件下状态后验概率计算	Viterbi 算法或前后项算法	
	给定状态条件下高斯后验概率计算	当前高斯似然度除以所有高斯似然度之和	
	算法思想	EB 算法思想,利用 EM,KLD 等方法引入辅助函数	

4.5　实验及实验结果分析

4.5.1　说话人自适应配置

实验在普通话水平测试现场数据的篇章朗读题型上进行。实验中,说话人自适应采用与文献[49]完全一致的方法进行。具体做法是根据无监督方式挑选的发音质量较好的数据进行一次全局的 MLLR 自适应后①，再进行一次两个回归类的 MLLR② 和一次 MAP③ 自适应。

虽然在第四节实验中，采用 MPE 方式优化声学模型略有收益，但在本章的研究表明，在引入说话人自适应后，MPE 声学模型反而不如 MLE 声学模型，因此本章实验的基线系统的声学模型是采用 MLE 准则的训练得到。

在回归类的划分上，由于音素集共计 64 个音素，即 64 个 HMM（每个 HMM 代表一个音素），参与评测（即后验概率的计算），因此设置的回归类为 64 个，每个 HMM 的所有高斯共享同一个变换矩阵。

实验的其他配置与 2.5.1 小节完全一致。

4.5.2　实验结果

1. 输入为 SI 声学模型时的实验

前面我们提到，当输入为 SI 声学模型时，本章的 EMT 思想退化为另一种形式（即输出为变换矩阵形式）的针对发音质量评测的声学建模。因为我们如果将所得的 EMT 直接应用在输入的说话人无关的声学模型时，便可得到与第 3 章方法类似的说话人无关的评测声学模型。实验的目的在于考查在不做自适应时，EMT 方法的有效性。

实验选取基于全音素概率空间所计算的后验概率作为研究对象，实验结果见表 4.3。为保持与第 3 章实验的一致性，本次实验仍沿用直接设置步长 D 的方法（只在后续引入了说话人自适应的实验中采用通过 E 间接设置 D 的方法）。

表 4.3　不做自适应时，直接更新声学模型和利用 EMT 方法的性能（全音素概率空间）

配置	相关系数	均方根误差
Golden 声学模型	0.582	1.931
评测声学模型（直接训练声学模型方式）	0.714	1.681
评测声学模型（通过应用 EMT 至 SI 声学模型得到）	0.708	1.787

可见，由于利用 EMT 更新受到其线性结构的约束，在不做自适应时，性能虽不如利用第 3 章的直接训练评测声学模型的方法，但两种方法性能差别不大，均比传统的 ASR 声学建模方式所得到的 Golden 声学模型有着显著的优势。实验表明了在不做自适应时，本章提出的 EMT 的方法仍是一种行之有效的方法，因为变换矩阵存储量小、使用方便④，因此仍可在一定程度上取代第 3 章的直接训练评测声学模型的方法。

2. 采用说话人自适应时，评测声学模型的实验

---

① 在全局自适应中，静音和短停模型与所有的 64 个音素（即共计 66 个 HMM）共享一个变换矩阵。由于静音约占一半的数据量，包含了较充足的环境噪声，因此这样做的目的主要是为了弥补录音环境的差异性。

② 参看 4.2.1，即所有音素共用一个变换矩阵，静音和 sp 共用一个变换矩阵。对静音和 sp 进行自适应的目的是为了得到更加准确的切分结果。

③ 与文献一致，MAP 自适应仅更新均值，先验概率（即更新前的声学模型）的权重为 15，即更加相信更新前的声学模型，更新只是对声学模型的均值微调。

④ 声学模型加载和卸载变换矩阵运算量小。加载后为评测声学模型，可参与后验概率计算；卸载后为 ASR 声学模型，可直接参与语音识别。

上小节实验表明，在不做自适应的系统中，直接训练评测声学模型性能略好于利用EMT的间接更新声学模型的性能。因此，本小节的实验目的是验证在做自适应的系统中，评测声学模型的优势是否仍然存在。实验在全音素概率空间下进行，实验结果见表4.3。

表4.4 采用自适应的时，评测声学模型性能（全音素概率空间）

配置	相关系数	均方根误差
Golden 声学模型	0.582	1.931
Golden 声学模型+自适应	0.643	1.821
评测声学模型	0.709	1.702
评测声学模型+自适应	0.641	1.814

实验表明，声学模型自适应能很好地弥补训练与测试的差异性，因此自适应后的Golden声学模型更利于评测；但对于评测声学模型，同样的自适应策略却导致性能的大幅下降。显然，这是由于评测声学模型训练采用的MMSE准则与自适应的MLE+MAP准则不一致造成的。可见，在采用说话人自适应的CALL系统中，评测声学模型的优势已被大大削弱。

3. 采用说话人自适应时，评测性映射变换的实验

实验目的是验证在采用说话人自适应的系统中，EMT方法是否能真正有效地将针对评测的声学建模与无监督说话人自适应的优势结合。本次实验也是验证本章方法的有效性的重要实验，需要进行全面的考察。因此，实验在全概率空间及两种针对PSC定制的优化概率空间下进行。为便于比较，也给出了采用ASR的声学建模方法得到的Golden声学模型在未做自适应时的性能，实验结果见表4.5。

表4.5 针对发音质量评测的变换矩阵实验结果

概率空间	配置	相关系数	均方根误差
全音素概率空间	Golden 声学模型	0.582	1.931
	Golden 声学模型+自适应（基线）	0.643	1.821
	Golden 声学模型+自适应+ EMT	0.785	1.480
KLD 差概率空间	Golden 声学模型	0.643	1.832
	Golden 声学模型+自适应（基线）	0.717	1.670
	Golden 声学模型+自适应+ EMT	0.807	1.390
典型错误聚类概率空间	Golden 声学模型	0.708	1.672
	Golden 声学模型+自适应（基线）	0.733	1.607
	Golden 声学模型+自适应+ EMT	0.820	1.335

实验结果表明，说话人自适应能带来显著的收益。在此基础上，将EMT应用至说话人相关的声学模型上，仍能带来评分性能的大幅度提升，证实了本章提出的评测性映射变换（EMT）能完美地将针对评测的声学建模与基于MLE/MAP的无监督自适应的优势相结合。

4. 测试集不进行自适应的实验

本小节实验目的是探究EMT的物理含义及实用性。我们知道，在发音质量评测中，通常采用无监督的选择自适应的方法，即机器自动挑选其“认为”发音质量较好的数据参与自

适应。而在系统的实际使用中,很可能面临机器“认为”该学生的所有音段发音质量均不够标准,从而无法挑选出任何自适应数据的情况。在这种情况下,通常沿用自适应前的 Golden SI 声学模型进行发音质量评测。在本小节实验中,我们假设在测试时,自适应数据挑选的方法“失灵”,无法挑选出任何自适应数据。实验希望验证在此情况下,采用 4.4.2 小节标题 3 所训练的三种概率空间下的 EMT 是否仍然有效,实验结果见表 4.6。

表 4.6　测试集不做自适应时,直接应用 EMT 至 SI 的 Golden 声学模型的性能

概率空间	配置	相关系数	均方根误差
全音素概率空间	Golden 声学模型	0.582	1.931
	Golden 声学模型+EMT	0.653	1.807
KLD 差概率空间	Golden 声学模型	0.643	1.832
	Golden 声学模型+EMT	0.713	1.684
典型错误聚类概率空间	Golden 声学模型	0.708	1.672
	Golden 声学模型+EMT	0.752	1.586

实验表明,即使面临着测试集无法挑选任何自适应数据的情况,本章提出的 EMT 方法仍然能有效地提升系统性能。实验揭示了评测性映射变换(EMT)的具有说话人无关,且与评测目标紧密相连的性质。因此,无论将该 EMT 应用至 SD 声学模型还是 SI 声学模型,均能将 EMT 具有的“评测性”“映射”到该声学模型中,使得应用 EMT 后的声学模型更符合发音质量评测的任务要求。可见,本章方法是一种能稳定提升系统的评测性能的方法。

5. 与音素相关后验概率变换策略融合的实验

第 2 章提出的音素相关后验概率变换(Phone-dependent Posterior Probability Transform, PPPT)能弥补概率的概率空间的影响,而本章方法是弥补后验概率计算所依赖 HMM 建模的缺陷。两者是从不同角度改善后验概率测度性能,因此可实现无缝的融合。实验目的是考察在音素相关后验概率变换情况下,本章 EMT 方法的性能。实验在无监督自适应的配置下进行,实验结果见表 4.7。

表 4.7　EMT 和音素相关后验概率变换(PPPT)融合的实验

概率空间	配置	相关系数	均方根误差
全音素概率空间	PPPT	0.782	1.472
	PPPT+EMT	0.823	1.346
KLD 差概率空间	PPPT	0.793	1.431
	PPPT+EMT	0.823	1.354
典型错误聚类概率空间	PPPT	0.792	1.431
	PPPT+EMT	0.824	1.345

实验表明,在 PPPT 配置下,EMT 仍然能带来显著的收益,再次证实了本章方法的有效性。但由于 PPPT 与 EMT 的优化目标相同,因此收益有所下降。同时,分析表 4.7 可以发现,在使用 EMT 和 PPPT 策略后全音素概率空间的性能已经接近专为 PSC 定制的两种优化概率空间,可见综合使用这两种方法能较好地弥补概率空间带来的影响。

4.6 本章小结

为解决评测声学模型的自适应问题,本章借鉴语音识别中的 DMT 思想,提出了利用 EMT 的无监督声学模型自适应方法。EMT 是通过最小化机器分与人工分均方误差,利用覆盖各种发音的数据训练得到,因此仍可有效地弥补传统的利用 ASR 建模方式得到的 Golden 声学模型无法精确描述测试语料中的方言发音的发音质量的问题。在测试时,通过 EMT 的应用,能将 EMT 的“评测性”“映射”至声学模型上,得到说话人相关的评测声学模型。可见,该方法有效地结合了评测声学模型在建模上的优势和 MLE/MAP 在无监督自适应上的优势。在 PSC 自动发音质量评测的实验中验证了本章方法的有效性,实验也表明,即使在无法进行有效自适应的情况下,应用 EMT 仍能带来显著的收益;同时,EMT 与音素相关后验概率变换(PPPT)相结合时,能较好地弥补后验概率空间的影响。

虽然本书的研究针对后验概率测度开展,但本章仅孤立地提升后验概率测度与人工分一致程度的思想缺乏系统性,存在着如下问题:第一、忽略了发音流畅度、发音完整度等因素对人工评分的影响;第二、在多数应用中,最小化机器分与人工分均方误差准则不能满足任务要求。因此,如何训练系统相关的 EMT 是下一章的研究重点。

第5章　系统相关的评测性映射变换的训练及统一框架

5.1　引　言

发音质量评测是一门实践性很强的学科，有着广泛的应用：如按题型分类，有朗读、跟读、背诵等；按任务分类，有L1的语言学习、L1的考试、L2的学习、L2的考试等。因此，不同的评测系统有着各自的特点，但它们均有着显著的共同点——采用后验概率（或其变形）作为音素发音标准程度的度量。可见，我们均可以利用EMT将“评测性”“映射”到这些系统的后验概率计算所依赖的声学模型中，改善系统的整体性能。然而，第4章的研究是从评分特征提取的角度出发，它仅孤立地考虑如何提升后验概率（或其变换形式）测度与人工评分的一致程度。这种做法缺乏对具体的评测系统的整体性考虑，难以得到最优解。

首先，EMT训练所依赖的人工评分还包含着与后验概率测度无关的发音完整度、流畅度的考察。因此，在EMT的训练中，要求我们应从人工分中剔除完整度、流畅度评分的影响。当然，一种最直接的做法就是让评测员专门对发音标准度、发音流畅度、朗读完整度等进行精细的评分。然而，实践中我们发现这种细节评分往往高度不可靠。因为对于总分的评测，考试大纲都有着明确的且相对易于把握的评分规则。但即便如此，也需多名专业评测员多次听录音、仔细地标记，才能得给出准确、可靠的评分。然而，细节的评分缺乏明确的参考标准且难以完全独立，因此更多地依靠评测员的主观判断；另一方面，细节评分项目较多，要求评测员听录音时精神高度集中①，这样容易出现疲劳工作，导致评分质量受到严重的影响。同时，对于评测系统而言，为全面衡量发音的标准程度，一般采用的后验概率测度往往不止一维：例如在PSC自动评分系统的实践中，人们发现MFCC特征对声调的描述性能不佳，因此引入了调型后验概率测度衡量调型发音质量[193,194]。在此情况下，又需将发音标准度分为“倒谱发音质量”和“调型发音质量”的细节评分。可见，获得理想、可靠、完全符合评测系统要求的细节人工评分往往是不可能的。因此，一种可行的方法就是将评测系统融入EMT训练中。由于评测系统在计算机器分时，已经考虑了发音完整度、流畅度及调型发音质量的信息，因此直接利用EMT优化系统的整体性能能削弱这些因素的干扰，同时使得EMT训练更加符合评测的要求。

其次，发音质量的自动评测任务是实践性非常强的学科，不同的评测任务有着不同的评分目标。例如对于PSC自动评分系统而言，按照PSC大纲要求，级等是衡量学生发音水平

---

① 本书工作中，测试集的人工分是由三名国家评测员背靠背地给出。要求每名听两遍录音，并仔细标记。因此，每名学生的总分需要花费约1 h/人的工作量。可见，能给出精确的总分评分工作量已经不小。细节评分的难度可想而知。

的重要指标[195]，因此级等正确程度①是考察评测系统的重要指标。比如，计算机将 91 分（二级甲等）的数据评为 97 分（一级甲等），会造成两个级等的错判，因此这种错误是不可忍受的；而对于 61 分的数据（三级乙等），即使计算机错评为 67 分，仍然是三级乙等，因此人们会认为计算机评分非常合理。然而，前几章的 MMSE 准则显然不符合 PSC 评分准则的要求。因此，这也要求我们将具体的评测系统融入 EMT 的训练中，根据评测实践要求，定义相应的目标函数。

可见，虽然本书的研究对象是评测系统中的后验概率测度，但我们不能拘泥于孤立地优化后验概率测度与人工分的一致程度方法，而应将其放入具体的评测系统中加以综合考虑。因此，我们需要将具体的评测系统融入 EMT 训练中，得到为该系统"量身订制"的 EMT，称其为系统相关的 EMT 训练，用于改善系统整体性能。在系统相关的 EMT 训练的推导过程中，我们发现不同系统的个性仅影响"音素斜率"的计算，在得到训练集中所有音素的斜率后，可以通过统一的方法更新 EMT。因此，我们将其命名为评测性映射变换（EMT）训练的统一框架。EMT 训练统一框架不仅概括了第 4 章的所有研究成果，它还为如何针对不同的评测系统融入 EMT 的训练提供了统一的理论指导，大大拓展了 EMT 的应用范围。接下来，本章在 EMT 训练的统一框架的指导下，推导并实现了针对 PSC 自动评分系统的 EMT 的训练方法。实验表明，相比第 4 章仅孤立地考虑后验概率测度的方法，利用 EMT 训练的统一框架，全面考虑 PSC 自动评分系统的评分算法、评分特征及优化目标等系统的"个性"融入 EMT 训练中，能得到更符合 PSC 任务要求的 EMT，其评分性能也有着显著的提升。最后，本书根据统一框架，成功地将音素相关后验概率变换融入系统相关的 EMT 训练中，并取得了超过国家评测员的评分性能，表明该方法能有效地解决后验概率测度的问题。

5.2 EMT 训练的统一框架

为使公式推导简洁，本小节在 EMT 训练的统一框架的推导过程中，仍不考虑回归类的影响，仍假设所有高斯仅共享一个变换矩阵 $\overline{W}$；同时假设评分特征仅含一维后验概率特征，因此只需要训练一个 EMT。

5.2.1 优化目标——最小化损失函数

定义损失函数如下所示：

$$obj = \frac{1}{R}\sum_{r=1}^{R} l(\hat{s}_r, s_r) \tag{5.1}$$

其中，$l(\hat{s}_r, s_r)$ 表示机器分将人工分为 s_r 的样本判定为分数 $\hat{s}_r$ 带来的损失。一般而言，当机器分与人工分相等时，损失为 0。若优化目标为最小化机器分与人工分均方误差，则有 $l(\hat{s}_r, s_r) = (\hat{s}_r - s_r)^2$。

5.2.2 优化算法——EB 算法

我们仍采用 EB 算法进行 EMT 的优化。因此在接下来的推导中，我们需要寻找这样一

① 即根据机器分得到的级等和根据人工分得到的级等的一致程度。级等的介绍可参看 5.4.1 小节。

个辅助函数,它既与目标函数在原点处(即 $\overline{\boldsymbol{W}}=[0,I]$)一阶导相等,又易于优化,同时优化被限制在原点附近(由于受 KLD 惩罚的约束)。

对式(5.1)关于变换矩阵求偏导,有

$$\frac{\partial obj}{\partial \overline{\boldsymbol{W}}}=\frac{1}{R}\sum_{r=1}^{R}\frac{\partial l(\hat{s}_r,s_r)}{\partial \overline{\boldsymbol{W}}} \tag{5.2}$$

对于上式,显然只有机器分 $\hat{s}_r$ 与变换矩阵相关,于是利用微分的链式法则,有

$$\frac{\partial obj}{\partial \overline{\boldsymbol{W}}}=\frac{1}{R}\sum_{r=1}^{R}\frac{\partial l(\hat{s}_r,s_r)}{\partial \hat{s}_r}\cdot\frac{\partial \hat{s}_r}{\partial \overline{\boldsymbol{W}}} \tag{5.3}$$

显然,上式中 $\frac{\partial l(\hat{s}_r,s_r)}{\partial \hat{s}_r}$ 是机器分 $\hat{s}_r$ 的函数,不便于优化。我们假设机器分是在应用 EMT 前的声学模型下得到,于是引入辅助函数,如下所示,其中 $\hat{s}_r^{(0)}$ 为根据应用 EMT 前的声学模型所得到的计算机器分。

$$Aux=\frac{1}{R}\sum_{r=1}^{R}l'(\hat{s}_r^{(0)},s_r)\cdot\hat{s}_r \tag{5.4}$$

其中

$$l'(\hat{s}_r^{(0)},s_r)=\left.\frac{\partial l(\hat{s}_r,s_r)}{\partial \hat{s}_r}\right|_{\overline{\boldsymbol{W}}=[0,I]} \tag{5.5}$$

显然,辅助函数与原函数在 $\hat{s}_r^{(0)}$(即 $\overline{\boldsymbol{W}}=[0,I]$)处一阶导相等,因此可代替式(5.2)进行偏导的计算。

我们提到,机器分的计算依赖于评分模型和评分特征。假设第 r 名学生使用的评分模型为 d_r(若采用分类回归形式,则学生的等效评分模型会各不相同),评分特征为 x_r,令机器分为 $s_r=f(d_r,x_r)$,则代入式(5.3),并对等式两边求偏导,有

$$\frac{\partial Aux}{\partial \overline{\boldsymbol{W}}}=\frac{1}{R}\sum_{r=1}^{R}l'(\hat{s}_r^{(0)},s_r)\cdot\frac{\partial \hat{s}_r}{\partial \overline{\boldsymbol{W}}}=\frac{1}{R}\sum_{r=1}^{R}l'(\hat{s}_r^{(0)},s_r)\cdot\frac{\partial f(d_r,x_r)}{\partial \overline{\boldsymbol{W}}} \tag{5.6}$$

对于评分特征 x_r 而言,EMT 的应用只影响后验概率测度(即 $\sigma_{\mathrm{PP},r}$)的计算,而不影响流畅度、完整度的测度。因此,有

$$\frac{\partial Aux}{\partial \overline{\boldsymbol{W}}}=\frac{1}{R}\sum_{r=1}^{R}l'(\hat{s}_r^{(0)},s_r)\cdot\frac{\partial f(d_r,x_r)}{\partial \sigma_{\mathrm{PP},r}}\cdot\frac{\partial \sigma_{\mathrm{PP},r}}{\partial \overline{\boldsymbol{W}}} \tag{5.7}$$

同样的,上式中存在 $\frac{\partial f(d_r,x_r)}{\partial \sigma_{\mathrm{PP},r}}$,优化较为复杂。因此,我们假设评分特征 x_r 根据应用 EMT 前的声学模型求得,即 $x_r=x_r^{(0)}$,于是我们可引入新的与原函数相切的辅助函数(记为 Aux'),如下所示:

$$Aux'=\frac{1}{R}\sum_{r=1}^{R}l'(\hat{s}_r^{(0)},s_r)\cdot f'(d_r,x_r^{(0)})\cdot\sigma_{\mathrm{PP},r} \tag{5.8}$$

其中

$$f'(d_r,x_r^{(0)})=\left.\frac{\partial f(d_r,x_r)}{\partial \sigma_{\mathrm{PP},r}}\right|_{\overline{\boldsymbol{W}}=[0,I]} \tag{5.9}$$

而后验概率测度一般为该学生朗读的篇章内的所有音素的后验概率(或者后验概率的

变换）的加权平均，如下所示：

$$\sigma_{PP,r} = \sum_{n=1}^{N_r} \frac{w_{r,n}}{\sum_{m=1}^{N_r} w_{r,m}} \cdot g(PP_{r,n}) \tag{5.10}$$

其中，$PP_{r,n}$ 与 $w_{r,n}$ 分别为第 r 名学生的第 n 个音素的音素后验概率及对应的权重。$g(PP_{r,n})$ 表示后验概率的变换，显然，若直接采用后验概率作为音素发音标准程度的测度，则有 $g(PP_{r,n}) = PP_{r,n}$。

将式(5.9) 代入式(5.7) 中，并应用微分的链式法则，有

$$\begin{aligned}\frac{\partial Aux'}{\partial \overline{W}} &= \frac{1}{R}\sum_{r=1}^{R} l'(\hat{s}_r^{(0)}, s_r) \cdot f'(d_r, x_r^{(0)}) \cdot \frac{\partial \sigma_{PP,r}}{\partial \overline{W}} = \\ & \frac{1}{R}\sum_{r=1}^{R} l'(\hat{s}_r^{(0)}, s_r) \cdot f'(d_r, x_r^{(0)}) \cdot \sum_{n=1}^{N_r} \frac{w_{r,n}}{\sum_{m=1}^{N_r} w_{r,m}} \cdot \frac{\partial g(PP_{r,n})}{\partial \overline{W}} = \\ & \frac{1}{R}\sum_{r=1}^{R} l'(\hat{s}_r^{(0)}, s_r) \cdot f'(d_r, x_r^{(0)}) \cdot \sum_{n=1}^{N_r} \frac{w_{r,n}}{\sum_{m=1}^{N_r} w_{r,m}} \cdot \frac{\partial g(PP_{r,n})}{\partial PP_{r,n}} \cdot \frac{\partial PP_{r,n}}{\partial \overline{W}}\end{aligned} \tag{5.11}$$

同样的，令 $PP_{r,n}^{(0)}$ 为根据应用 EMT 前的声学模型所计算的后验概率，$g'(PP_{r,n}^{(0)}) = \left.\frac{\partial g(PP_{r,n})}{\partial PP_{r,n}}\right|_{\overline{W}=[0,I]}$，则可引入与目标函数相切的辅助函数 Aux''，如下所示：

$$Aux'' = \frac{1}{R}\sum_{r=1}^{R} l'(\hat{s}_r^{(0)}, s_r) \cdot f'(d_r, x_r^{(0)}) \cdot \sum_{n=1}^{N_r} \frac{w_{r,n}}{\sum_{m=1}^{N_r} w_{r,m}} \cdot g'(PP_{r,n}^{(0)}) \cdot PP_{r,n} \tag{5.12}$$

为使问题得到简化，我们引入音素斜率的概念。令第 r 名学生的第 n 个音素的斜率（记为$\mathrm{slope}_{r,n}$）如下所示：

$$\mathrm{slope}_{r,n} = \frac{1}{R} \cdot l'(\hat{s}_r^{(0)}, s_r) \cdot f'(d_r, x_r^{(0)}) \cdot \frac{w_{r,n}}{\sum_{m=1}^{N_r} w_{r,m}} \cdot g'(PP_{r,n}^{(0)}) \tag{5.13}$$

可见，训练集中所有音素的斜率都可以在应用 EMT 前的声学模型基础上计算得到。在引入音素斜率后，目标函数在原点（即 $\boldsymbol{W} = [0,I]$）的偏导可简洁地表示为

$$\left.\frac{\partial obj}{\partial \overline{\boldsymbol{W}}}\right|_{\overline{\boldsymbol{W}}=[0,I]} = \left.\frac{\partial Aux''}{\partial \overline{\boldsymbol{W}}}\right|_{\overline{\boldsymbol{W}}=[0,I]} = \sum_{r=1}^{R}\sum_{n=1}^{N_r} \mathrm{slope}_{r,n} \frac{\partial PP_{r,n}}{\partial \overline{\boldsymbol{W}}} \tag{5.14}$$

通过评测，得到音素斜率后，在接下来的 EMT 的计算中一律被视为常数，因此可采用与第 3 章完全一致的方法更新，即在计算说话人相关的零阶、一阶统计量（$\Gamma_{(r),isk}(1)$ 与 $\Gamma_{(r),isk}(\boldsymbol{o})$）后，采用式(4.24) 至式(4.26) 求解变换矩阵。统计量的计算如下所示：

$$\begin{aligned}\Gamma_{(r),isk}(1) &= \sum_{n=1}^{N_r} \mathrm{slope}_{r,n}\left\{\frac{1}{T_{r,n}}\sum_{t=1}^{T_{r,n}}\left[\gamma_{(r),isk}^{(0)}(\boldsymbol{o}_{rnt};j) - \gamma_{(r),isk}^{(0)}(\boldsymbol{o}_{rnt};M_j)\right]\right\} \\ \Gamma_{(r),isk}(\boldsymbol{o}) &= \sum_{n=1}^{N_r} \mathrm{slope}_{r,n}\left\{\frac{1}{T_{r,n}}\sum_{t=1}^{T_{r,n}}\left[\gamma_{(r),isk}^{(0)}(\boldsymbol{o}_{rnt};j) - \gamma_{(r),isk}^{(0)}(\boldsymbol{o}_{rnt};M_j)\right]\boldsymbol{o}_{rnt}\right\}\end{aligned} \tag{5.15}$$

5.2.3 EMT 训练统一框架的实现

同样的，EMT 训练是一个迭代过程。令初始 EMT 为零偏置的单位阵，即 $\overline{\boldsymbol{W}}_0=[0,I]$，第 n 次迭代输出的最终 EMT(即合并后)为 $\overline{\boldsymbol{W}}_n$，则训练具体步骤如下：

(1)应用上一次迭代生成输出的合并后的 EMT(即 $\overline{\boldsymbol{W}}_{n-1}$，初始 $\overline{\boldsymbol{W}}_0=[0,I]$)至说话人相关的声学模型，并提取评分特征 $x_r^{(0)}$；

(2)根据评分模型和评分特征 $x_r^{(0)}$，计算机器分 $\hat{s}_r^{(0)}$；

(3)根据式(5.13)，计算训练集中所有音素的斜率 $\text{slope}_{r,n}$；

(4)按式(5.15)和式(5.16)计算说话人相关的零阶统计量和一阶统计量；

(5)根据统计量，计算变换矩阵 $\overline{\boldsymbol{W}}$；

(6)将 $\overline{\boldsymbol{W}}$ 与 $\boldsymbol{W}_{n-1}$ 按式(4.27)合并，生成第 n 次迭代的最终 EMT(即 $\overline{\boldsymbol{W}}_n$)；

(7)若满足收敛条件则输出 EMT，否则置 $n=n+1$ 并返回步骤1，进行新一轮迭代。

训练流程如图5.1所示。

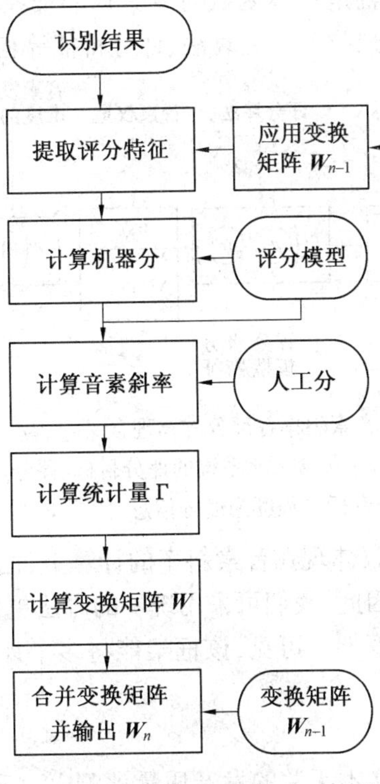

图5.1 第 n 次迭代时 EMT 的训练流程图

5.2.4 音素斜率的物理意义及典型系统的音素斜率求解

从以上推导可以看出，在得到训练集中所有音素的斜率后，我们可以采用统一的方法更新 EMT。音素斜率是 EMT 训练的统一框架的重要概念，现将加以详细介绍。

1. 音素斜率的"音素"部分由语音识别模块决定

无论是基于文本的切分、基于识别网络的语音识别还是基于语言模型的语音识别,其输出都是音素序列及其对应的边界($p_{r,n}$,$\boldsymbol{O}_{r,n}$)。由于在评测端一般不对音素音素序列加以修改,因此"音素斜率"的音素部分由语音识别唯一确定,在 EMT 的迭代更新过程中不再变化。

当然,在文本无关的评测中,为缓解语音识别错误带来的影响,一种典型做法就是语音识别的输出不再是一串音素序列,而是词图(Word Graph)或者格图(Lattice)[33]。然而,对于评测端而言,词图(或者格图)的输出等效于带置信度①的、允许音素边界有交叠的音素序列,因此仍可表示为($\text{confidence}_{r,n}$,$p_{r,n}$,$\boldsymbol{O}_{r,n}$),其中$\text{confidence}_{r,n}$是第 r 名学生的识别结果中的第 n 个音素的置信度。对于上述输出,($p_{r,n}$,$\boldsymbol{O}_{r,n}$)确定了音素序列,音素置信度$\text{confidence}_{r,n}$应纳入"斜率"的计算中②。

2. 音素斜率的"斜率"部分由评测模块决定

在得到音素序列及对应的时间边界后(部分系统还有置信度信息),评测器将根据这些信息计算每个音素的后验概率测度,进而计算篇章级的后验概率测度。

从推导中可发现,音素斜率实质就是目标函数对音素后验概率的偏导在原点(即$\overline{\boldsymbol{W}}_0=[0,I]$)处的值。它与评测系统的评分目标、评分算法、评分特征等相关,如图 5.2 所示。

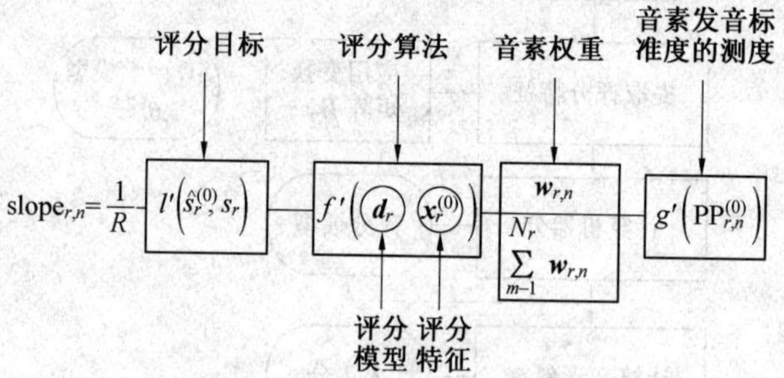

图 5.2 音素斜率各部分的物理含义

注:音素斜率与具体的系统相关,它包含了该系统的评分目标、评分算法、评分模型、评分特征、音素权重、音素发音标准程度测度等信息。

可见,各不同评分系统的"个性"仅体现在音素斜率的计算上,而音素斜率可事先求解,在变换矩阵更新时,它们均是常数。因此,我们可采用统一的方法更新变换矩阵。本书称该方法为系统相关的 EMT 训练的统一框架。可见,该框架能将多个评测系统纳入 EMT 的训练中,大大拓展了 EMT 的应用范围。

3. 典型系统的音素斜率的求解

不难预见,对于 L2 的学习任务、文本无关的发音质量评测[196],我们仍可利用统一框架训练系统相关的 EMT 训练。可见,统一框架的提出大大拓展了 EMT 训练的应用范围。

表 5.1 给出了一些典型的评测系统的音素斜率。

---

① 置信度描述音段(状态、音素或单词)在语音识别过程中的确信程度,为 0 ~1 之间的值。在评测端,置信度可视为是识别结果的权重。

② 置信度如何影响音素斜率的计算,由评测端决定。

表 5.1　一些典型评分策略的音素斜率计算

系统的评分策略		对应音素斜率的计算
评分目标	MMSE 准则	$l'(\hat{s}_r^{(0)}, s_r) = 2(\hat{s}_r^{(0)} - s_r)$
评分算法	线性回归	$f'(d_r, x_r^{(0)}) = d_{pp,r}$，其中 $d_{pp,r}$ 为后验概率的系数
音素权重	音素数目归整	$w_{r,n} = 1$
	声韵母时长加权	$w_{r,n} = T_{r,n}/T_{syl(r,n)}$ 其中 $T_{syl(r,n)}$ 为音节时长
音素发音标准程度的测度	后验概率	$g'(PP_{r,n}^{(0)}) = 1$
	线性后验概率变换	$g'(PP_{r,n}^{(0)}) = a_{id(p_{r,n})}$
	Sigmoid 后验概率变换	$g'(PP_{r,n}^{(0)}) = \frac{a_{id(p_{r,n})} \cdot \alpha_{id(p_{r,n})} \cdot \exp(\alpha_{id(p_{r,n})} \cdot PP_{r,n}^{(0)} + \beta_{id(p_{r,n})})}{(1+\exp(\alpha_{id(p_{r,n})} \cdot PP_{r,n}^{(0)} + \beta_{id(p_{r,n})}))^2}$

5.3　EMT 训练统一框架与区分性训练统一框架比较

在语音识别领域，区分性训练（DT）统一框架[19,159,197]由 Schluter 提出，他将不同的区分性训练准则（如 MMIE，MCE，MPE/MWE 等）有机地联系起来，使得上述不同准则的“共性”能通过统一的方法求解，并且通过适当的设置能突出各不同准则的“个性”。同时，统一框架为新的 DT 提供了理论支持，使得研究人员能根据具体的任务需求定制特定的训练准则，达到“具体问题，具体分析”的目的，推动了区分性训练在语音识别中的应用。

同样的，在评测的研究中，本章提出的 EMT 训练统一框架能将不同的系统的评分目标、评分算法、评分特征等信息融入声学模型的训练中。与 DT 思想相似，EMT 训练统一框架抓住了不同系统的“共性”——它们都采用后验概率（或其变形）作为音素发音质量的度量；同时通过适当的设置——音素斜率的计算，能突出不同系统的“个性”。利用 EMT 训练统一框架更易于定制系统相关的 EMT，使得 EMT 的训练能达到“具体问题，具体分析”的目的。

当然 EMT 与 DT 统一框架是针对两种完全不同的任务的不同方法，因此它们继承了 EMT 与 DMT，评测声学建模与区分性声学模型训练的全部异同点，具体可参看表 3.2 与表 4.1。

5.4　EMT 训练统一框架在 PSC 自动评分系统中的应用

当然，统一框架为具体问题的解决提供了理论支持，但它并未直接告诉我们如何训练针对 PSC 自动评分系统的 EMT。接下来，我们详细介绍如何在 PSC 自动评分系统中应用 EMT 训练的统一框架，将评分目标、评分算法、评分特征等融入 EMT 的训练中。

5.4.1 针对普通话水平测试的优化目标

1. 普通话水平测试的级等介绍

在普通话水平测试中，级等是衡量学生发音水平的重要度量指标，分数是级等确立的依据。普通话水平分为三级，每级分为甲等和乙等，即通常所称的“三级六等”，其水平从高至低依次见表5.2。

表5.2 普通话水平测试的级等对应的分数

级等	分数
一级甲等	97分及以上
一级乙等	92分及以上，但不足97分
二级甲等	87分及以上，但不足92分
二级乙等	80分及以上，但不足87分
三级甲等	70分及以上，但不足80分
三级乙等	60分及以上，但不足70分
不入级	不足60分

从上表可见，级等越高，分数段跨跃越小，要求计算机评分精度越高。例如，对于91分的数据，若计算机给分为97分，会造成严重的级等误判，是不可接受的；而对于61分的数据，若计算机给分为67分，则由于没有造成任何级等误判，人们会认为计算机给分非常合理。可见，普通话水平测试的自动评测任务要求系统对高分数据能进行更精确的打分。

在文献[49]中提出了“新分差”的概念。新分差（记为Δd）的计算公式如下所示，其中$\hat{s}_{\text{Total}}$和s_{Total}分别为机器总分和人工总分①，满分为100分。

$$\Delta d=\frac{|s_{\text{Total}}-\hat{s}_{\text{Total}}|}{0.45\times(100-s_{\text{Total}})+1}\times 5.5 \tag{5.16}$$

可见，当人工分越高时，分母越小，从而同样的分差会导致新分差越大。因此，这种新分差的定义突出加重了高分样本的权重，更加符合普通话水平测试的要求。

2. 音素斜率的优化目标部分的计算

由于上述研究仅在篇章朗读题型上进行，因此新分差的计算如下所示

$$\Delta d=\frac{|s-\hat{s}|}{0.45\times(100-s_{\text{Total}})+1}\times 5.5 \tag{5.17}$$

其中，人工总分s_{Total}为单字、单词、篇章朗读和自由说话四个题型的人工分之和，满分100分；$\hat{s}$和s分别为篇章朗读题的机器分和人工分，满分30分。

在引入新分差的概念后，以前章节的优化目标可改为最小化机器分与人工分的新方差，即

$$obj=\frac{1}{R}\sum_{r=1}^{R}\left(\frac{5.5}{0.45\times(100-s_{\text{Total},r})+1}\cdot(s_r-\hat{s}_r)\right)^2 \tag{5.18}$$

① 总分包含了普通话水平测试的单字朗读（10分）、单词朗读（20分）、篇章朗读（30分）和自由说话（40分）的四个题型得分之和，满分为100分。普通话水平级等完全由总分决定。

其中，$s_{\mathrm{Total},r}$ 为第 r 名学生的人工评分的总分。

在确立了优化目标后，我们不难得到音素斜率中 $l'(\hat{s}_r^{(0)},s_r)$ 的解析解，如下所示：

$$l'(\hat{s}_r^{(0)},s_r)=2\cdot\left(\frac{5.5}{0.45\times(100-s_{\mathrm{Total},r})+1}\right)^2\cdot(\hat{s}_r^{(0)}-s_r) \tag{5.19}$$

5.4.2　PSC 自动评分系统的评分算法

1. PSC 自动评分系统的分类回归策略介绍

级等是普通话水平测试的中发音质量的重要指标，也是考生们最为关心的测试结果。因此，如何提升级等划分的正确率是普通话水平测试自动评分系统的重要设计内容。级等划分本质上属于分类问题，评分属于回归问题，因此，将分类和回归结合能取得更好的效果[49]。

假设分类器共计 M 个类别，对于其中第 m 个类别，对应的线性回归模型为 $\overline{w}_m=(b_m,w_m^{\mathrm{T}})^{\mathrm{T}}$，其中 b_m 为偏置。我们所提取的评分特征为 x，则机器分 $\hat{s}$ 的计算如下所示。

$$\hat{s}=\sum_{m=1}^{M}c_m(w_m^{\mathrm{T}}x+b_m) \tag{5.20}$$

其中，c_m 为第 m 个类别的置信度，满足 $\sum_{m=1}^{M}c_m=1$ 和 $c_m\geqslant 0,\forall m$。对于硬分类而言，还要求 c_m 的取值只有 0，1 两种选择，即 $c_m\in\{0,1\},\forall m$。

文献[49]研究了置信区间分段线性回归、GMM 概率加权的分类线性回归、SVM 分类线性回归等，均有较好的效果。相比全局线性回归，虽然相关系数提升有限，但在级等一致率①、新分差等与 PSC 自动评测任务目标密切相关的指标均有明显的提升，系统的实用性得到了极大的改善。

2. 音素斜率中评分算法部分的计算

在应用 EMT 前的声学模型得到第 r 名学生的评分特征 $x_r^{(0)}$ 后，代入式(5.20)，并稍加变形，有机器分 $\hat{s}_r$ 如下所示：

$$\hat{s}_r=\sum_{m=1}^{M}c_m(w_m^{\mathrm{T}}x_r^{(0)}+b_m)=d_r^{\mathrm{T}}\begin{bmatrix}x_r^{(0)}\\1\end{bmatrix} \tag{5.21}$$

其中，d_r 可视为第 r 名学生的评分模型，如下所示：

$$d_r=\sum_{m=1}^{M}c_m\begin{bmatrix}w_m\\b_m\end{bmatrix} \tag{5.22}$$

令 d_r 中的 $d_{\mathrm{PP},r}$ 为后验概率对应系数，则有音素斜率的评分算法部分的计算如下所示：

$$f'(d_r,x_r^{(0)})=d_{\mathrm{PP},r} \tag{5.23}$$

5.4.3　多维后验概率策略

目前 PSC 自动评分系统采用 KLD 差概率空间的后验概率及典型错误概率空间的后验概率。实践表明，对于发音错误很少的高分数据，典型错误概率空间有着良好的评分性能；

① 反映了利用机器分和人工分判断学生的级等的一致程度。

对于发音中等的说话人,包含更多发音错误的 KLD 差概率空间的性能更好。通过分类回归,能将它们之间的优势结合:对于发音质量较好的类别,典型错误后验概率的权重较大,KLD 差后验概率的权重较小;而对于发音质量较差的类别,KLD 差概率空间的权重较大,典型错误后验概率的权重较小。

对于多维后验概率特征,我们只需要对每维后验概率特征,利用 EMT 训练中区统一框架的思想,单独训练各自的变换矩阵即可(在某一维后验概率对应的变换矩阵训练中,其他的后验概率测度一律视为常数)。在 PSC 自动评分系统中,我们采用 2 维后验概率,因此需要训练两个 EMT——即 KLD 差后验概率的 EMT(记为 $\overline{W}^{\mathrm{KLD}}$)和典型错误(Typical Error Pattern,TEP)后验概率的 EMT(记为 $\overline{W}^{\mathrm{TEP}}$)。由于每维后验概率有着其对应的变换矩阵,因此因素斜率的计算也分为 KLD 差和典型错误后验概率的音素斜率,分别记为 $\mathrm{slope}_{r,n}^{\mathrm{KLD}}$ 和 $\mathrm{slope}_{r,n}^{\mathrm{TEP}}$。两种音素斜率仅在评分算法部分 $f'(d_r,x_r^{(0)})$ 稍有不同,即

$$f'^{\mathrm{KLD}}(d_r,x_r^{(0)})=d_r^{\mathrm{KLD}} \tag{5.24}$$

$$f'^{\mathrm{TEP}}(d_r,x_r^{(0)})=d_r^{\mathrm{TEP}} \tag{5.25}$$

其中,$f'^{\mathrm{KLD}}(d_r,x_r^{(0)})$ 与 $f'^{\mathrm{TEP}}(d_r,x_r^{(0)})$ 分别为 KLD 差后验概率及典型错误后验概率的评分算法部分的斜率;d_r^{KLD},d_r^{TEP} 为第 r 名学生的等效线性评分模型(参看式(5.22))中对应的 KLD 后验概率和典型错误后验概率的线性回归系数。

5.4.4 音素相关后验概率变换在 PSC 中的应用

1. 针对 PSC 自动评分系统的音素相关后验概率变换策略

第 2 章提出了音素相关的后验概率变换(Phone-dependent Posterior Probability Transformation,PPPT)能弥补不同音素的后验概率测度在发音质量的描述上不一致的问题,使得后验概率测度与人工评分的一致程度显著增加。由于非线性 Sigmoid 变换性能与线性变换相当,因此本章只采用线性变换形式。

我们也应注意到,该方法仍然存在着如下问题:①训练目标 MMSE 准则不能很好地描述 PSC 人工评分标准及评分任务的要求;②算法忽略了其他评分特征对人工评分的影响;③未考虑多维后验概率特征,因此难以直接应用于 PSC 自动评分系统中。因此,针对 PSC 自动评分系统,本小节对第 3 章算法进行了改进,具体方法如下。

(1)针对 PSC 自动评测系统的音素相关后验概率变换的定义。

仍然令音素集一共包含 I 个音素,则音素相关的后验概率变换的参数可表示为 $\lambda=(a_1^{\mathrm{KLD}},a_2^{\mathrm{KLD}},\cdots,a_I^{\mathrm{KLD}},a_1^{\mathrm{TEP}},a_2^{\mathrm{TEP}},\cdots,a_I^{\mathrm{TEP}},b_1,b_2,\cdots,b_I)$,仍然令第 r 段语料的第 n 个音素在音素集中的序号为 j,即 $j=id(p_{r,n})$,则该音素的音素级机器分可表示为

$$\hat{s}_{r,n}=a_j^{\mathrm{KLD}}\cdot \mathrm{PP}_{r,n}^{\mathrm{KLD}}+a_j^{\mathrm{TEP}}\cdot \mathrm{PP}_{r,n}^{\mathrm{TEP}}+b_j \tag{5.26}$$

于是篇章级后验概率变换的测度可表示为音素机器分的平均再加上流畅度、完整度等的得分,如下所示:

$$\hat{s}_r=\beta^{\mathrm{T}}x_r+\frac{1}{N_r}\sum_{n=1}^{N_r}\hat{s}_{r,n} \tag{5.27}$$

其中,x_r 为第 r 名学生的除后验概率外的评分特征;β 为映射模型参数。

(2) 变换参数求解。

将式(5.27)代入式(5.26),可得

$$
\begin{aligned}
\hat{s}_r &= \beta^{\mathrm{T}} x_r + \frac{1}{N_r}\sum_{n=1}^{N_r}\left(a_j^{\mathrm{KLD}} \cdot \mathrm{PP}_{r,n}^{\mathrm{KLD}} + a_j^{\mathrm{TEP}} \cdot \mathrm{PP}_{r,n}^{\mathrm{TEP}} + b_j\right) = \\
&\beta^{\mathrm{T}} x_r + \frac{1}{N_r}\sum_{n=1}^{N_r}\sum_{i=1}^{I}\delta(i,j) \cdot \left(\mathrm{PP}_{r,n}^{\mathrm{KLD}} \cdot a_i^{\mathrm{KLD}} + \mathrm{PP}_{r,n}^{\mathrm{TEP}} \cdot a_i^{\mathrm{TEP}} + b_i\right) = \\
&\beta^{\mathrm{T}} x_r + \sum_{j=1}^{I} a_i^{\mathrm{KLD}}\left(\frac{\sum_{n=1}^{N_r}\delta(i,j)\mathrm{PP}_{r,n}^{\mathrm{KLD}}}{N_r}\right) + \sum_{j=1}^{I} a_i^{\mathrm{TEP}}\left(\frac{\sum_{n=1}^{N_r}\delta(i,j)\mathrm{PP}_{r,n}^{\mathrm{TEP}}}{N_r}\right) + \\
&\sum_{j=1}^{I} b_i\left(\frac{\sum_{n=1}^{N_r}\delta(i,j)}{N_r}\right)
\end{aligned}
\tag{5.28}
$$

上式中,注意$j=id(p_{r,n})$。回归目标为最小化训练集机器分与人工分的新方差。它可视为是样本的加权,即第r个样本的权重为$\left(\frac{5.5}{0.45\times(100-s_{\mathrm{Total},r})+1}\right)$。因此利用加权线性回归便可轻松得到线性回归模型的参数$[\beta \quad \lambda]^{\mathrm{T}}$,于是变换参数$\lambda$仅需取后$3I$维即可。

(3)评分特征的重新提取。

由于实验中采用64个单音子的声学模型,同时还考虑了对数似然度、语速、2维调型测度等评分特征,因此回归模型参数$[\beta \quad \lambda]^{\mathrm{T}}$共计196维,其中后验概率变换参数$\lambda$为192维矢量。显然,若采用分类线性回归,每一类别均训练独立λ会导致某些类别的回归模型训练样本不足。因此,训练后验概率的变换参数λ时,利用了训练集所有数据。

为避免评分特征的维数扩张过于迅速,在得到后验概率的变换参数λ后,再利用λ进行后验概率相关的评分特征的提取。不难发现,变换参数λ可分为三部分:第一部分为KLD差后验概率部分,由参数$a_1^{\mathrm{KLD}}, a_2^{\mathrm{KLD}}, \cdots, a_I^{\mathrm{KLD}}$控制;第二部分为典型错误概率部分,由参数$a_1^{\mathrm{TEP}}, a_2^{\mathrm{TEP}}, \cdots, a_I^{\mathrm{TEP}}$控制;第三部分与文本密切相关,称为文本部分,由参数$b_1, b_2, \cdots, b_I$控制。因此,我们采用变换后的KLD差后验概率、变换后的典型错误后验概率、文本因子(分别记为$\overline{\sigma_r}^{\mathrm{KLD}}$,$\overline{\sigma_r}^{\mathrm{TEP}}$和$\overline{\sigma_r}^{\mathrm{Text}}$)取代以前的KLD差后验概率和典型错误后验概率。其中,文本因子$\overline{\sigma_r}^{\mathrm{Text}}$的物理意义可参看第2章的式(2.4),它能弥补由于文本不同所引起的后验概率计算的偏移。新的三维评分特征的计算如下所示(注意$j=id(p_{r,n})$):

$$
\begin{aligned}
\overline{\sigma_r}^{\mathrm{KLD}} &= \frac{1}{N_r}\sum_{n=1}^{N_r}\left(a_j^{\mathrm{KLD}} \cdot \mathrm{PP}_{r,n}^{\mathrm{KLD}}\right) \\
\overline{\sigma_r}^{\mathrm{TEP}} &= \frac{1}{N_r}\sum_{n=1}^{N_r}\left(a_j^{\mathrm{TEP}} \cdot \mathrm{PP}_{r,n}^{\mathrm{TEP}}\right) \\
\overline{\sigma_r}^{\mathrm{Text}} &= \frac{1}{N_r}\sum_{n=1}^{N_r}\left(b_j\right)
\end{aligned}
\tag{5.29}
$$

可见,采用该方法后,评分特征仅会比以前增加一维,因此不会造成维数灾难,同时也保留了KLD差和典型错误两种后验概率在不同类别互补的优点和音素相关后验概率变换的优点。在提取了评分特征后,分类线性回归模型的训练、声学模型的训练与以前完全一致。

2. 音素斜率中后验概率变换部分的求解

不难发现，$\overline{\sigma}_r^{\text{Text}}$ 仅与文本的音素相关，因此在变换矩阵更新中应视为常数。因此，仅需针对 $\overline{\sigma}_r^{\text{KLD}}$ 和 $\overline{\sigma}_r^{\text{TEP}}$ 训练相应的 EMT（记为 $\overline{W}^{\text{KLD}}$ 和 $\overline{W}^{\text{TEP}}$）。由于本书采用线性变换，因此音素斜率的变换部分 $g'(\text{PP}_{r,n}^{(0)})$ 的计算非常简单，如下所示：

$$
\begin{aligned}
g'^{\text{KLD}}(\text{PP}_{r,n}^{(0)}) &= a_j^{\text{KLD}} \\
g'^{\text{TEP}}(\text{PP}_{r,n}^{(0)}) &= a_j^{\text{TEP}}
\end{aligned}
\tag{5.30}
$$

其中，$j=id(p_{r,n})$ 为第 r 段语料的第 n 个音素在音素集中的序号。

5.4.5 融入 PSC 自动评分系统的 EMT 训练小结

针对 PSC 发音质量自动评测的变换矩阵训练如图 5.3 所示。对于 PSC 自动评测系统中采用的两维后验概率，只需假设另一维为常量分别训练各自对应的 EMT 即可。

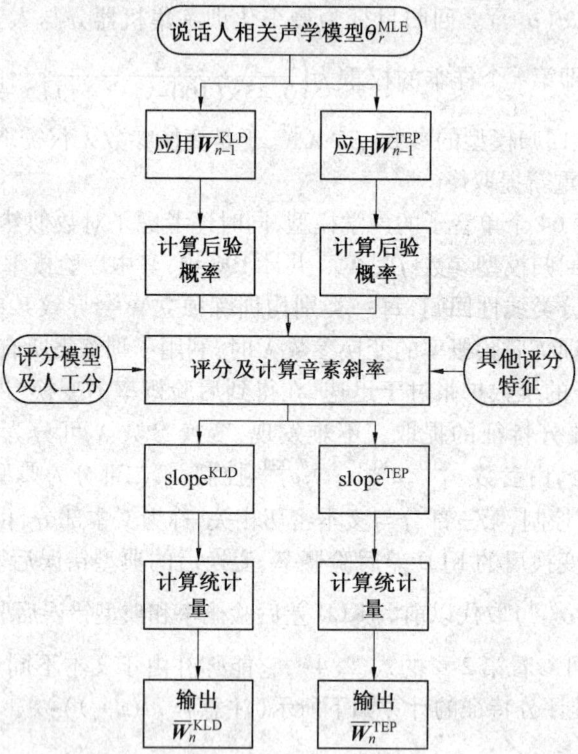

图 5.3 PSC 发音质量自动评测系统在第 n 次迭代时的变换矩阵训练流程图

从图中可知，两个 EMT 的训练几乎是互相独立的：独立参与评分特征的提取（KLD 差后验概率测度和典型错误后验概率测度）及 EMT 的迭代训练。它们仅在评分时有着较强的联系——均参与机器分的计算。接下来，通过音素斜率的计算（机器分也是音素斜率计算的重要组成部分），两个 EMT 的训练又相互独立开来。显然，若一个评测系统采用多维后验概率测度，我们仍可多次利用 EMT 训练统一框架，采用类似的方法训练每维后验概率测度对应的 EMT。

接下来，表 5.3 对比本章策略（即利用统一框架，将 PSC 自动评测系统融入 EMT 训练）

与第 4 章策略(即孤立地提升后验概率测度与人工分一致程度的 EMT 训练方法)在音素斜率的计算上的异同。

表 5.3　PSC 自动评测系统中的 EMT 训练统一框架与第 4 章的 EMT 训练方法的比较

		第 5 章的 EMT 训练方法	EMT 训练统一框架在 PSC 中应用
音素斜率	$l'(\hat{s}_r^{(0)}, s_r)$	$2(\hat{s}_r^{(0)}-s_r)$	$2\cdot\left(\frac{5.5}{0.45\times(100-s_{\mathrm{Total},r})+1}\right)^2\cdot(\hat{s}_r^{(0)}-s_r)$
	$f'(d_r, x_r^{(0)})$	a	d_r^{KLD} 和 d_r^{TEP}
	$w_{r,n}$	1	1
	$g'(\mathrm{PP}_{r,n}^{(0)})$	1(后验概率策略)	1(后验概率策略)
		a_j^{KLD} 和 a_j^{TEP}(线性后验概率变换)	a_j^{KLD} 和 a_j^{TEP}(线性后验概率变换)
评分特征 $x_r^{(0)}$		仅一维后验概率特征	包含多维后验概率及发音流畅度等评分特征

注:表中注意 $j=id(p_{r,n})$;评分特征 $x_r^{(0)}$ 对音素斜率中机器分 $\hat{s}_r^{(0)}$ 的计算有着重要作用。音素斜率包含了优化目标、评分特征、评分算法等,体现了评测系统的"个性"。同时,音素斜率可根据应用变换矩阵前的声学模型(即原点处)解析求解,在 EMT 训练时可视为常数。

5.5　实验及实验结果分析

5.5.1　分类回归策略的详细配置

实验中,评分模型采用文献[49]性能最好的基于 SVM 分类的线性回归策略。为使评分模型的训练与声学模型目标一致,评分模型的训练采用最小化新方差的准则。除训练目标外,本书采用的 SVM 分类与分段方法及划分门限与文献[49]①完全一致,现将加以简要介绍。

1. 分类策略

一共分为 4 类,其中一乙及以上为第 1 类,二甲为第 2 类,二乙为第 3 类,三甲及以下为第 4 类,因此理论上需要训练第 1,2 类,第 2,3 类,第 3,4 类的分界面,共计三个 SVM 模型。但研究表明第 3,4 类的 SVM 模型性能不如全局线性回归性能(即用全局线性回归得到机器分,再根据表 5.1 判断样本分类),因此我们仅需要训练两个 SVM 模型。

具体分类方法如下:

(1)若第 1,2 类的 SVM 分类器输出大于 d1,则样本属于第 1 类;

(2)若全局线性回归分数小于 d3,则样本属于第 4 类;

(3)若第 2,3 类的 SVM 分类器输出大于 d2,则样本属于第 2 类,否则样本属于第 3 类。

其中,阈值 d1,d2,d3 在采用与文献[49]完全一致的方法训练集上微调得到。

在分类特征上,采用音素后验概率组成的 64 维矢量,并根据 DET 曲线筛选出分类能力

---

① 文献[49]采用最小化新分差作为评分模型(基于 SVM 分类的线性回归模型),与本书的最小化新方差准则接近。实验表明,新方差的优化也会使得新分差得到优化(参看 5.5.3 小节)。

最强的音素。所选取的第1,2类的特征为51维,第2,3类的特征为36维。

2. 回归策略

文献[49]的研究表明,为了降低分类错误带来的影响,在训练4个类别的回归模型时,训练样本应有一定量的交叠。在本书中,训练集共计3 187份数据,按照文献完全一样的配置对训练样本进行划分后,各类别的回归模型的训练样本数目见表5.4。

表5.4 各回归模型训练样本分数区间及训练集中的样本数目

类别	训练样本分数区间	样本数目
1类	91~100	434
2类	86~92	990
3类	71~92	2 609
4类	0~81	1 067
总计	—	5 100

可见,部分样本会被分配至多个类别中。因此在EMT训练中,我们需要将部分样本进行复制,将训练集从3 187份扩充至5 100份。

虽然从逻辑上样本数量已经扩充至5 100份,但实际物理存在的样本仅有3 187份,"多出"的接近2 000份数据均是由原3 187份中的某些数据"复制"而产生的。分析音素斜率的公式不难发现,对于第r段语料的第n个音素,对应的音素斜率$\text{slope}_{r,n}$是可合并的。因此,第r段语料被分配至了M个类别,对于其中第m个类别所计算出的第n个音素的斜率为$\text{slope}_{r,n,m}$,则有该段语料第n个音素的等效总斜率为

$$\text{slope}_{r,n} = \sum_{m=1}^{M} \text{slope}_{r,n,m} \tag{5.31}$$

由于音素斜率的计算依赖于评分特征、评分算法、优化目标等,不依赖于声学特征和高斯后验概率。因此我们不需要真正的复制数据,也可起到完全一样的效果。采用式(5.26)后,我们仍然只需要收集3 187份数据的统计量,相比复制数据方法,能节约37%左右的运算时间及空间复杂度。

5.5.2 基线系统介绍及基线系统性能

实验配置可参看2.5.1节,自适应的配置可参看4.5.1节。由于PSC考试是L1的发音质量考试,异常错误少,因此文献[140]舍弃了全音素概率空间的后验概率测度,仅使用典型错误和KLD差概率空间的后验概率测度。本章根据文献[49]搭建了基线系统。在498份测试集上,基线系统与人工系统的性能见表5.5。

表5.5 测试集基线系统性能

	新方差	新分差	相关系数	均方根误差
基线	0.749	0.662	0.836	1.314
人工性能	0.707	0.633	0.851	1.316

上表中,新方差是优化目标和系统性能的主要参考指标,其他指标是辅助参考指标。可见,采用文献[49]方法所搭建的评测系统的基线性能已经有着较好的评分性能,但与国家

级评测员相比，计算机仍有一定差距。

基线系统的各评分特征的与人工分的相关系数见表5.6。

表5.6　基线系统的评分特征与人工分的相关系数

	KLD差后验概率	典型错误后验概率	对数似然度	语速	调型测度1	调型测度2
相关系数	0.717	0.733	-0.019	0.112	0.549	0.407

从表中可见，本书所研究的KLD差和典型错误后验概率对系统的性能有着决定性的作用。在后面的变换矩阵训练的实验中，除上述两维后验概率外，其他四维评分特征均被视为常数。

5.5.3　EMT训练的统一框架实验

为更加全面的考察本章策略的性能，除了与基线系统对比外，我们还将本章EMT训练统一框架与第4章的孤立地提升后验概率测度与人工分的一致程度的EMT训练策略（记为“EMT”）对比。“EMT配置”的具体做法是：首先，采用第4章策略，分别独立地训练KLD差和典型错误后验概率的EMT；接下来再利用这两个EMT，分别独立地计算篇章级的KLD差和典型错误后验概率测度，并取代原来的两维后概率测度，同时保持其他四维评分特征不变；最后，保持分类模型不变①，重新训练回归模型，测试并得到结果。

1. 训练集集内性能

为研究算法的有效性，首先我们考察EMT训练的统一框架在训练集上的性能。训练集共计5 100份数据（由3 187份扩充而成）。实验结果见表5.7。表中“EMT（PSC）”指利用统一框架，将PSC的评分算法、其他评分特征和评分目标融入EMT训练，得到针对PSC的EMT；“EMT（PSC）+重训回归模型”指在“EMT（PSC）配置”下，利用该EMT提取评分特征，并重新训练回归模型的方法（保持分类不变）。

表5.7　针对发音质量评测的变换矩阵训练统一框架在训练集集内的性能

配置	新方差	新分差	相关系数	均方根误差
基线（文献[49]）	0.492	0.544	0.860	1.249
EMT	0.251	0.381	0.949	0.757
EMT（PSC）	0.251	0.386	0.933	0.870
EMT（PSC）+重训回归模型	0.205	0.344	0.943	0.791

从表5.7可知，本章策略和第4章的策略都可以使得优化沿着目标的方向进行，因此显著提升训练集内的机器分与人工分的拟合程度。由于第4章策略优化目标为均方误差，因此拟合的均方根误差更小。在利用统一框架更新声学模型后，重新训练回归模型能使得训练集的拟合度大大提高。

① 由于分类具有不连续性，会导致函数偏导不存在，所以暂不考虑将变换矩阵应用于分类特征的计算，因此变换矩阵不会对测试集的分类造成任何影响。

2. 测试集性能

在 498 份的测试集上,实验结果见表 5.8。

表 5.8 针对发音质量评测的变换矩阵训练统一框架在测试集的性能

配置	新方差	新分差	相关系数	均方根误差
基线(文献[49])	0.749	0.662	0.836	1.314
EMT	0.702	0.612	0.849	1.259
EMT(PSC)	0.654	0.602	0.869	1.171
EMT(PSC)+重训回归模型	0.672	0.602	0.858	1.218
人工性能	0.707	0.633	0.851	1.316

从表中可知,虽然采用第 4 章的 EMT 训练与本章 EMT 训练的统一框架在训练集上拟合能力相当,但在测试集上,EMT 训练统一框架的性能却全面超过第 4 章孤立地训练 EMT 的方法。实验证实了通过统一框架,将评分算法、评分特征、优化目标等纳入 EMT 的训练的必要性。该方法不仅能减弱发音流畅度、声调发音质量等因素带来的干扰,还能使后验概率测度能符合系统要求。

另一方面,对比表 5.6 和表 5.7 可知,EMT 统一框架能较好地学习训练集的评分知识,在此基础上重训回归模型容易导致“过训练”的尴尬局面,使得测试集性能有着一定下降。因此,在后续实验只更新 EMT,而不再重训回归模型或者音素相关后验概率变换。

总体来讲,采用本章的 EMT 训练的统一框架方法能带来系统性能的大幅度提升。在本书实验的 498 测试集上,计算机评分性能已经显著超过了国家评测员的评分性能。

接下来,我们将考察采用 EMT 训练的统一框架所提取的两维后验概率测度的性能。实验结果见表 5.9。

表 5.9 不同策略下 KLD 差和典型错误后验概率与人工分的相关系数

配置	KLD 差后验概率	典型错误后验概率
基线(文献[49])	0.717	0.733
EMT	0.807	0.820
EMT(PSC)	0.761	0.792

实验表明:与基线系统相比,应用 EMT 后能得到更符合发音质量评测的声学模型,从而显著增加后验概率与人工分的一致程度;但与第 4 章的策略相比,第 4 章的 EMT 训练策略仅关注一维后验概率与人工分一致程度的优化(MMSE 准则),因此单维后验概率的相关系数更高,而本章 EMT 训练统一框架更加关注系统整体性能的优化(最小化新方差准则),因此,单维后验概率与人工分一致程度虽然不及第 4 章策略,但与其他评分特征更具互补性,所以系统总体性能有了显著的提升。

3. 结合改进的音素相关的后验概率变换的实验

实验目的是考察 EMT 在改进的音素相关后验概率变换(PPPT)下的性能,实验结果见表 5.10。

表 5.10　EMT 训练统一框架及音素相关后验概率变换的性能

配置	新方差	新分差	相关系数	均方根误差
基线(文献[49])	0.749	0.662	0.836	1.314
PPPT	0.633	0.605	0.861	1.224
EMT(PSC)	0.654	0.602	0.869	1.171
PPPT+EMT(PSC)	0.576	0.575	0.879	1.141
人工性能	0.707	0.633	0.851	1.316

注:表中 PPPT 表示音素相关的后验概率变换。

可见,采用音素相关的后验概率变换仍能使得系统的整体评分性能得到显著地提升,总体性能已经超过(但未全面超过)EMT 训练的统一框架的性能,并全面超过了国家评测员间的一致程度。在此基础上,再引入 EMT 训练统一框架的方法仍然能带来全面、显著的收益。最终系统(PPPT+EMT 统一框架)在 PSC 的篇章朗读题的评测上已经全面、显著地超过了国家评测员的评分一致程度。

接下来,我们将考察引用改进的 PPPT 思想所提取的三维评分特征(即变换后的 KLD 差后验概率 $\overline{\sigma}^{\text{KLD}}$、变换后的典型错误后验概率 $\overline{\sigma}^{\text{TEP}}$ 和文本因子 $\overline{\sigma}^{\text{Text}}$)。实验结果见表 5.11。

表 5.11　采用音素相关后验概率变换前后,测试集上单维评分特征和总分的相关系数

a. 采用音素相关后验概率变换前,两维后验概率和人工分的相关系数

变换前的评分特征	KLD 差后验概率	典型错误后验概率
基线(文献[49])	0.717	0.733
EMT 统一框架	0.761	0.792

b. 采用音素相关后验概率变换后,三维评分特征和人工分的相关系数

变换后的评分特征	变换后的 KLD 差后验概率	变换后的典型错误后验概率	文本因子
PPPT	0.497	0.664	−0.119
PPPT+EMT 统一框架	0.521	0.682	−0.119

虽然采用 PPPT 思想所提取的新评分特征与人工分的相关系数远远低于传统后验概率与人工分的相关系数,但从表 5.11 的实验中可知,新评分特征带来了显著的收益。可见,新评分特征的提取综合其他评分特征和系统的评分目标,因此,该三维评分特征之间、这三维评分特征和其他四维评分特征均具有很强的互补性。实验同时也表明了该方法提取的评分特征并不适合单独作为衡量发音质量的指标。

5.6　本章小结

本章对前面的章节进行了归纳和总结,分析了算法存在的局限性,并指出将评分算法、评分特征和评分目标引入 EMT 训练的必要性。同时,本章推导和实现了算法,并发现评分算法、评分特征、评分目标等与具体评分系统相关的方法只影响“音素斜率”的计算。因此,我们可通过音素斜率表示不同发音质量评测系统的“个性”。在得到训练集中所有音素的

斜率后,我们可通过统一的方法更新 EMT。本章将该方法命名为 EMT 训练的统一框架。统一框架能大大拓展 EMT 的应用范围。

接下来,本书以 PSC 自动评分系统为例,以文献[49]的研究成果为基石,将多维后验概率、基于 SVM 分类的线性回归等策略完美地融入统一框架中,并给出了音素斜率的解析表达式。同时,该方法考虑了其他评分特征、具体的评分算法和优化目标,因此能弥补第 4 章的孤立地提升后验测度与人工分一致程度的 EMT 训练的缺陷。实验表明,采用统一框架方法所训练的变换矩阵使得系统的整体性能得到显著的提升,并超过了国家评测员的评分性能。

最后,本书将第 2 章提出的 PPPT 针对 PSC 自动评测系统进行了改进,并将其融入 EMT 训练的统一框架中,取得了全面超过基线系统和国家评测员评分的性能。实验表明了将音素相关后验概率变换和 EMT 训练的统一框架相结合,能完美地解决评测中常用的后验概率测度的两大问题:第一、不同音素后验概率测度不能一致地描述音素发音质量;第二、后验概率计算所依赖的 Golden 声学模型不能精确描述测试数据中的非标准发音。

第 6 章　声韵母发音质量自动评测技术

6.1 引　言

音素是从音质角度划分出来的构成音节的最小语音单位，反映着语音的基本自然属性。人体可以发出的声音是无限的，而音素是包含其中的一个有限的有规律的发音系统，因此，音素与人体的发音能被严格地区分开。不同语言的音素是不完全一样的，即使在同种语言中，其不同方言的音素也不完全一样。音素按其发音特征主要分为两大类：元音音素和辅音音素。元音是指肺部气流发出后，经过口腔自由呼出不受阻碍，同时声带颤动，如〔a〕，〔i〕等。辅音音素是指肺部气流发出后，经过口腔呼出时，在一定部位受到阻碍，除几个浊辅音（〔m〕，〔n〕等）外，一般声带不颤动，如〔b〕，〔p〕等。汉语中共有 32 个音素，其中元音音素 10 个，辅音音素 22 个。英语中共有 48 个音素，其中元音音素 20 个，辅音音素 28 个。

汉语普通话中，每个汉字都是一个音节，每个音节都由声母、韵母和声调三个部分构成。音节的开头辅音被称为声母，其余的音被称为韵母，字音的高低升降被称为声调。声母和韵母是中国汉语音韵学术语，在语言中的作用和音素基本相同，但不等同于音素。汉语中共有声母 21 个，韵母 37 个。声母一般都是一个辅音音素，而韵母一般是由若干个音素组成，其中至少要有一个元音音素，也可以有几个元音音素，或元音音素后再加辅音音素。由多个音素组成的韵母可细分为韵头（介音）、韵腹和韵尾，如“换〔huan〕”这个音节中，〔h〕是声母，〔uan〕是韵母。韵母〔uan〕中，〔u〕是韵头，〔a〕是韵腹，〔n〕是韵尾。大部分音节都是由声母起头，只有小部分音节直接由元音起头（只有韵母部分），这时它的声母被称为“零声母”，如“安〔an〕”，“鹅〔e〕”等。在言语工程应用中，为了处理上的便利，一般认为每个音节都是由声母和韵母两部分组合而成的，其中声母部分可以是零声母。

汉语是一种音节节奏的语言，音节内的音联较大，尤其是韵母内部的音联现象非常复杂，不易于分拆成若干个音素，因此，在汉语的语音识别任务中一般采用声韵母作为发音单元进行建模。本书中也采用声韵母作为发音单元，类似于音素作为发音单元的情况，声韵母发音质量评测方法和音素发音质量评测方法基本相同。目前，汉语发音质量自动评测的相关研究中，基本上都采用声韵母作为发音单元的建模方式。声学模型建模单元一般为 64 个，其中声母 27 个（包含 6 个零声母），韵母 37 个。由于汉语中声母和韵母的时长不同，声母采用 3 状态 HMM，韵母采用 5 状态 HMM，做置信度计算时声母和韵母分开进行。鉴于汉语声韵母发音质量评测方法与音素发音质量评测方法的相似性，为了便于比较和描述方便，本章在行文中将把声韵母和音素等同使用，在无特殊说明时，请读者等同理解。

有关音素发音质量自动评测研究的重点是：如何针对汉语普通话的特点，建立更精细的声学模型和更准确的评测模型，对发音质量自动评测算法做进一步的优化；如何利用包含错误发音的海量数据来提高评测系统的性能，如海量数据的合理标注、规律性知识的自动提取、发音错误数据的分类和建模；如何对现有多种不同评测方法进行有机的融合，以进一步提高评测系统的整体性能。因此,本章拟从这几个方面入手,研究更有效的算法及改进策略,以期待取得更好的评测效果。本章的主要内容如图 6.1 所示。

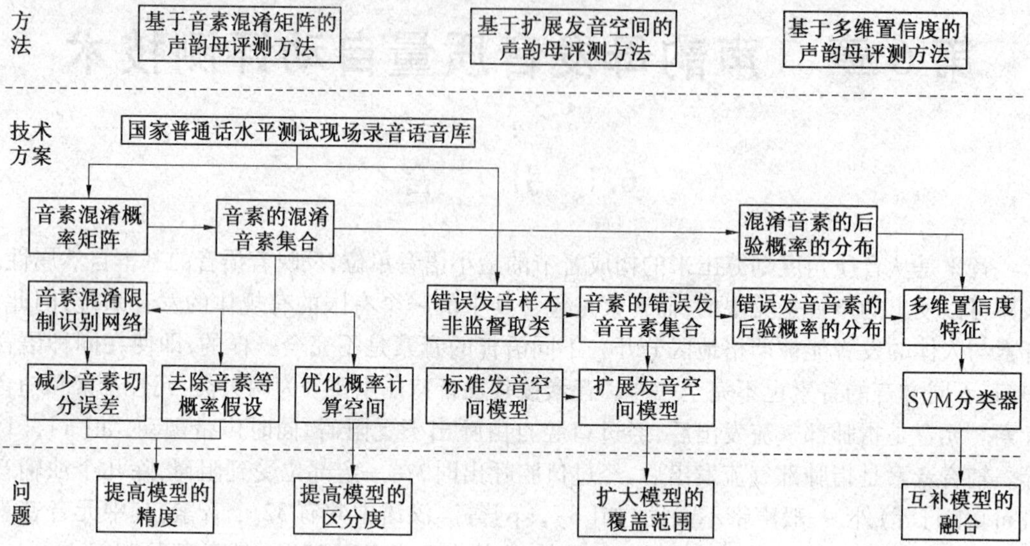

图 6.1 本章研究的主要内容

6.2 基于音素混淆概率矩阵的声韵母评测方法

6.2.1 基本思路

发音良好度(GOP)算法是音素发音质量评测方法中的经典算法,并被成功移植到汉语的发音质量评测任务中。但这种在音素层级上近似计算后验概率的方法,存在以下主要问题:

1. 强制对准识别带来切分误差

GOP 算法中的音素边界,采用的是与标准发音脚本进行强制对准后获得的边界。这种方式对于录音情况良好、发音基本正确的语音,一般会得到比较准确的边界信息。但是,在实际发音质量自动评测任务中,待评测语音不可避免地存在各种噪音,而且很多待评测语音本身就带有明显的发音错误或者发音缺陷。比如,如果语音中存在噪声,很容易导致该语音段中的第一个声母和最后一个韵母的切分位置过量。再比如,当说话人把发音〔t an〕,错发成近似于〔t ian〕,则由于多读出的〔i〕部分,使得按照脚本〔t an〕得出的强制切分结果不可避免地出现音素边界错误,典型的是〔t〕的切分边界包含一部分〔ian〕的帧数。

由此可见,对发音质量自动评测任务来讲,如果仍然按照标准发音脚本进行切分,可能会导致音素边界的严重错位,在此边界上计算的后验概率的结果与实际结果也会相差很大,从而大大影响评分的准确性。需要特别说明的是,如果音素很短,比如汉语中的声母,一两帧的音素时长误差会导致 GOP 分数的巨大变化,造成极大的错误。

2. 所有音素的先验概率均匀分布带来计算误差

在发音质量自动评测领域,这是个常用的前提假设,方便计算,这个假设是否合理,还未见相关研究报告。但对于 GOP 算法这种在音素层级上计算后验概率的方法来讲，这种假设其实是不太合理的。不同地域、不同方言、不同民族、不同性别甚至不同年龄段的说话人，其不同音素的先验概率的分布情况必定存在很大差异，会有一些音素出现频率很高，也有一些音素出现频率很低。比如，南方地区的说话人常常把〔n〕发成〔l〕，因此〔l〕出现的概率自然会更大些。更值得说明的是，在文本已知的发音质量自动评测任务中，说话人是已知发音文本的，他们会按照自己头脑中存储的该音素的发音方式等知识去完成发音，因此，把该音素读成其他音素的先验概率一定不符合均匀分布。

3. 最大值代替求和式带来计算误差

事实上，由于音素的声学模型之间存在不可避免的混淆性，待评测发音本身也可能存在模糊现象，在计算音素似然概率时，就会出现多个音素的似然概率相近的情况，从而使单个最大似然概率远小于所有模型的似然概率之和，导致最大似然概率与似然概率之和在量级上不相等，造成近似计算的不可靠。

另外，一般情况下，音素循环网络的切分边界与强制对准切分的音素边界不会重合。因此，音素循环网络的得分计算会跨越多个音素，而最终的对数后验概率得分的分母是对这些音素的得分求和。对于单个音素来说，由于利用了音素循环网络的解码结果，跨音素边界的得分累加并没有直观反映公式中分母的似然度计算，也不完全合乎后验概率的定义。

此外，采用音素循环网络解码的方式进行分母计算，需要很好地设定路径裁剪、惩罚因子等参数，如果这些参数设定不合理，会造成很大的裁剪误差，影响解码结果的正确性。

针对 GOP 算法存在的问题，本章拟从以下几个方面对该算法进行优化：①借助音素混淆概率矩阵，选择音素的混淆音素集合，扩展标准发音脚本，构建限制识别网络对待评测语音进行切分，提高切分的准确度；②取消音素先验概率相等的假设，把音素混淆先验知识融合到音素后验概率的计算中，进一步提高计算的精度，提高算法对易混淆音素的适应性；③对切分得到的音素段，用该音素的混淆音素集合构成的并联网络，进行限制识别，并在其混淆音素集合空间内计算后验概率，提高计算的精度，也提高对易混淆音素模型之间的区分性。

6.2.2　音素混淆概率矩阵及混淆音素集合

定义 6.1：音素是指某一特定语言的基本构成元素，若干个音素构成的集合称为音素集合，记作 $\Omega=\{p_1,p_2,p_3,\cdots,p_N\}$，其中 N 为该音素集合中音素的总数目。某种语言中包含的所有音素构成的音素集合称为该语言的音素全集。

比如，对汉语普通话而言，共包含 27 个声母（含 6 个零声母）和 37 个韵母，因此，该语言所有声母构成的音素集合为 27 个音素，所有韵母构成的音素集合为 37 个音素，音素全集为 64 个音素。

定义 6.2：对于给定音素集合 Ω，在某一给定语音数据集上进行无限制音素识别，并统计音素 p_i 被识别为 p_j 的比例，记作 $P(p_j \mid p_i)=\dfrac{count(p_j \mid p_i)}{\sum_{n=1}^{N} count(p_n \mid p_i)}$，其中 $p_i,p_j\in\Omega$，这时称 $P(p_j \mid p_i)$ 为音素 p_i 被识别成 p_j 的音素混淆概率。当 p_i 和 p_j 为同一音素时，$P(p_j \mid p_i)$ 退化为音素 p_i 的识别率，即 $P(p_i \mid p_i)$。

由于音素之间存在着不对称的识别错误，一般$P(p_j \mid p_i) \neq P(p_i \mid p_j)$。比如，音素$p_1$被识别成音素$p_2$的比例为3%，音素$p_2$被识别成音素$p_1$的比例为2%。此时，$P(p_2 \mid p_1) = 3\%$，$P(p_1 \mid p_2) = 2\%$，且$P(p_2 \mid p_1) \neq P(p_1 \mid p_2)$。

定义6.3：对于给定音素集合Ω，矩阵$\boldsymbol{M} = \{m_{i,j}\}$，称为该音素集合上的音素混淆概率矩阵。其中$m_{i,j} = P(p_j \mid p_i)$；$p_i, p_j \in \Omega$；$i = 1,2,\cdots,N$；$j = 1,2,\cdots,N$。

音素混淆概率矩阵$\boldsymbol{M}$是一个$N \times N$的非对称矩阵，其对角线上的元素$m_{i,i}$代表着音素p_i的识别率。矩阵的第i行，可记为$M_i = \{m_{i,j}\}$，$j = 1,2,\cdots,N$，分别代表着音素p_i被识别成音素集合Ω上其他音素$p_j(j = 1,2,\cdots,N)$的音素混淆概率$\Pr(p_j \mid p_i)$，且$\sum_{j=1}^{N} m_{i,j} = 1$。一般情况下，$m_{i,i} \geqslant m_{i,j}(j \neq i; j = 1,2,\cdots,N)$。音素混淆概率矩阵的形式可用表6.1描述，表格中的数值为相应的音素混淆概率。

表6.1 音素混淆概率矩阵(部分)

	a	ai	ao	an	e	
a	0.632	0.067	0.034	0.131	0.078	…
ai	0.051	0.608	0.023	0.148	0.064	…
ao	0.153	0.116	0.498	0.057	0.050	…
an	0.082	0.063	0.042	0.635	0.081	…
…	…	…	…	…	…	…

一般情况下，音素混淆概率矩阵$\boldsymbol{M}$可以通过对实际语音数据库的音素识别结果进行统计计算得到，具体如算法6.1所示。

输入：语音数据库及其文字级标注，音素集合$\Omega = \{p_1, p_2, p_3, \cdots, p_N\}$。

输出：音素混淆概率矩阵$\boldsymbol{M} = \{m_{i,j}\}_{N \times N}$。

1. 通过发音字典，将输入的文字级标注扩展到音素级标注；
2. 构建音节循环网络，在语音数据库上进行音素识别，识别时不需要加入语言模型；
3. 采用动态规划算法，将识别结果和音素级标注进行对齐；
4. for $i = 1$ to N do
5. for $j = 1$ to N do
6. 根据对齐结果，统计音素p_i被识别为p_j的个数$count(p_j \mid p_i)$；
7. 计算$m_{i,j} = P(p_j \mid p_i) = \dfrac{count(p_j \mid p_i)}{\sum_{n=1}^{N} count(p_n \mid p_i)}$；
8. end
9. end

算法6.1 音素混淆概率矩阵的生成算法

定义6.4：音素集合Ω的某个音素p_i，以及与其对应的音素混淆概率矩阵$\boldsymbol{M}$中的第i行向量$\boldsymbol{M}_i = \{m_{i,j}\}$，$j = 1,2,\cdots,N$。如果对$\boldsymbol{M}_i$按照其中元素的数值从大到小排序后得到新序列$\boldsymbol{M}'_i = \{m'_{i,k}\}$，$k = 1,2,\cdots,N$，且当$k < N$时，满足$m'_{i,k} \geqslant m'_{i,k+1}$。若设$j = ord(m'_{i,k})$，为$m'_{i,k}$在$\boldsymbol{M}_i$中的原位置，$j = 1,2,\cdots,N$，则$m_{i,j} = m'_{i,k}$。设定一个阈值$K$，把$\boldsymbol{M}'_i$中的前$K$个音素组成一个音素集合，定义为音素$p_i$的混淆音素集合，记作$CQS_{p_i} = \{p_j, j \in \{ord(m'_{i,k}), k = 1,\cdots,K\}\}$。

一般情况下，M'_i 中的最大值 $m'_{i,1}=m_{i,i}$，其所对应的音素即为 $p_i(i=ord(m'_{i,1}))$，即音素 p_i 的识别率，紧随其后的较大概率数值依次对应着与该音素 p_i 最为接近的易混淆音素。因此，音素混淆概率矩阵中每一行的音素混淆概率值的排序信息反映了音素之间的相似程度，即易混淆程度。对于音素 p_i，其混淆音素集合 CQS_{p_i} 是最容易被混淆的候选音素的集合。

6.2.3　音素混淆限制识别网络

在发音质量评测任务中，需要对连续语流中的各个音素进行准确切分，以保证切分得到的各段观测向量序列是说话人真实发音音素的反映，进而保证后验概率分数能更好地反映说话人实际的发音质量。由于评测任务中发音对应参考文本已知，因此大多利用发音文本对待评测语音做强制对准的方式进行音素的切分。但是，由于存在发音错误，通过强制对准方式得到的音素边界有时非常不准确，并不是说话人实际发音的真实反映。而且，切分错误主要是由于说话人有明显的方言口音或者发音错误造成的，发音质量自动评测任务也是要重点发现这些典型错误，比如平卷舌不分，〔n〕和〔l〕不分等。另外，也可以通过对待评测语音做自由音素识别的方式进行音素的切分，但这种方式一方面会增大计算量，另一方面，由于引入更多的竞争音素及音素模型的区分性等因素，反而会带来更多问题。为此，本书采用一种折中的方式，利用各个音素的混淆音素集合去代替音素全集，构建音素混淆限制识别网络并进行音素切分。和强制对准方式相比，这种方式由于包含了更多可能错发的音素，切分的准确性更高。和自由识别方式相比，这种方式避免了不必要的计算，并提高了计算效率和针对性。

具体做法是，首先根据发音字典，按照已知文本生成对应的音素序列，然后对音素序列中的每一个音素 p_i，用其混淆音素集合 CQS_{p_i} 中的音素的并联来代替，这样，可以构建一个音素混淆限制识别网络，如图 6.2 所示。

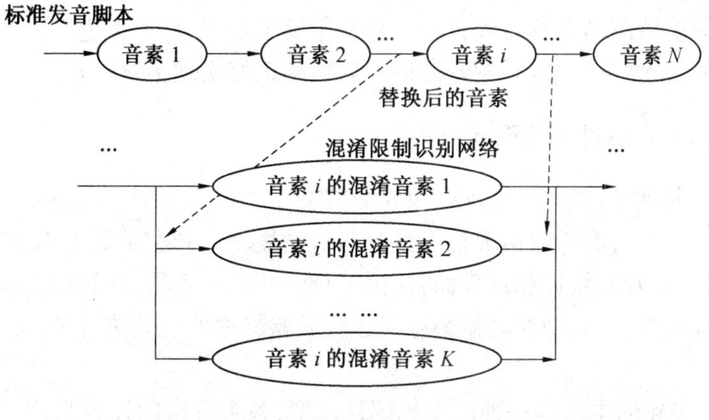

图 6.2　按照已知发音文本扩展得到音素混淆限制识别网络

用该网络对待评测语音进行限制语音识别，可以得到最优的识别结果。这个结果更可能是待评测语音的真实发音音素序列。最后，提取识别结果所对应的各个音素的边界信息，用于后验概率的计算。

6.2.4 音素混淆先验概率

在文本已知的发音质量自动评测任务中，给定的文本会指导测试者或者学习者进行发音，他们会按照自己头脑中存储的该音素的发音方式等知识完成发音，保证最后的发音结果不至于完全离谱。因此，可以考虑将发音混淆的先验知识融合到音素后验概率的计算中去，以提高评测算法的准确性。为此，在已知发音文本为 p_i 的前提下，GOP 分数的计算公式可以做如下修改：

$$\log \Pr(p_i \mid O_T, p_i) = \log\left(\frac{\Pr(O_T \mid p_i)\Pr(p_i \mid p_i)}{\sum_{j=1}^{N}\Pr(O_T \mid p_j)\Pr(p_j \mid p_i)}\right) = \log\left(\frac{\Pr(O_T \mid p_i)\Pr(p_i \mid p_i)}{\sum_{j=1}^{N}\Pr(O_T \mid p_j)\Pr(p_j \mid p_i)}\right) = \log\left(\frac{\Pr(O_T \mid p_i)m_{i,i}}{\sum_{j=1}^{N}\Pr(O_T \mid p_j)m_{i,j}}\right) \tag{6.1}$$

式中 $\Pr(p_i|p_i)$——在已知文本为音素 p_i 的情况下，学习者或者测试者发音成 p_i 的概率，即 $m_{i,i}$；

$\Pr(p_j|p_i)$——在已知文本为音素 p_i 的情况下，学习者或者测试者发音成 p_j 的概率，即 $m_{i,j}$。

$\Pr(p_i|p_i)$ 和 $\Pr(p_j|p_i)$ 是音素混淆先验概率，可以从音素 p_i 的音素混淆概率矩阵中直接获得。

从式(6.1)也可以看出，如果测试人群在已知音素的前提下正确发音的概率低于均匀分布的概率值，说明该测试人群对该音素容易发生发音错误，那么在进行发音质量评测时就应该对该音素的置信度予以惩罚，发音混淆先验概率正好实现了这一点。

6.2.5 后验概率计算空间优化

在 GOP 算法中，利用最大值代替求和式必然会带来一定的计算误差，当出现多个音素的似然概率相近的情况，会导致最大似然概率与似然概率之和在量级上不相等，造成近似计算很不可靠。对于发音质量评测任务而言，由于待评测的发音很多时候都是不够标准，甚至还有些含混，因此直接求和，即在全概率空间进行后验概率的计算更合理、更准确，且具有很好的鲁棒性。

但是，由于 HMM 的本质是一种产生式统计模型，各个音素的发音采用高斯分布进行描述，必然导致各个音素的 HMM 声学模型之间存在较大的混淆度，混淆程度大的音素模型之间的区分性较差。而在发音质量评测任务中，很多情况下就是要区分这些混淆程度大的音素发音。为了增加易混淆音素 HMM 声学模型间的区分度，我们拟利用音素的混淆音素集合构成的空间来代替全概率空间，并在这个优化的概率空间中进行后验概率分数的计算。按照 6.2.3 小节的方法，对于每一个待评测的音素 p_i，我们可以得到它的混淆音素集合 CQS_{p_i}，我们把该集合作为音素 p_i 的优化概率空间，分母部分的求和式在 CQS_{p_i} 中计算。

$$\log \Pr(p_i \mid O_T, p_i) = \log\left(\frac{\Pr(O_T \mid p_i) m_{i,i}}{\sum_{j=1}^{N} \Pr(O_T \mid p_j) m_{i,j}}\right) \approx \log\left(\frac{\Pr(O_T \mid p_i) m_{i,i}}{\sum_{p_k \in CQS_{p_i}} \Pr(O_T \mid p_j) m_{i,ord(p_k)}}\right) \tag{6.2}$$

式中　$ord(p_k)$——音素 p_k 在音素集合中的标号。

由于分母的求和式中只计算那些和音素发音 p_i 最容易混淆的音素的概率和,所以更能凸显出实际发音更倾向于其易混淆音素集合 CQS_{p_i} 中的哪一个音素。对切分得到的音素段 O_T,其对应的标准发音脚本为 p_i,我们用该音素 p_i 的混淆音素集合 CQS_{p_i} 构成的并联网络进行限制识别,可以直接得到该音素段相对于混淆音素集合中各音素的发音似然度,带入式(6.2),可直接计算出该音素段 O_T 相对于标准音素 p_i 的后验概率。

我们借助音素混淆概率矩阵,得到各个音素的优化的概率空间,并在这个空间下进行后验概率的计算,提高了易混淆音素声学模型之间的区分度,在学习者不存在恶意误读的情况下,必然会提高评测系统的性能。同时,我们也应该看到的是,这种优化概率空间可能会丧失检测混淆音以外误读的能力,系统的鲁棒性不如全概率空间好。

6.3　基于扩展发音空间的声韵母评测方法

6.3.1　基本思路

上述基于后验概率(包含 GOP 算法)的方法及其改进算法,都是假设待评测发音属于标准发音空间(所有音素的全集),然后通过置信度计算,找出待评测发音和标准发音空间中哪个发音更相似,并计算相似的程度,这个相似程度也是相对于标准发音空间而言的。但是,受方言和发音习惯的影响,待评测发音与标准发音有时差别很大,即待评测发音根本不在标准发音的发音空间内(集外)。在这种情况下,上述那些基于后验概率方法的计算结果都将是不确定的,也就无法保证检测的准确性。在第二语言学习时,受到母语的影响,这种情况更是会经常发生[146]。

为此,我们利用错误发音的样本数据,对标准发音的各类发音错误进行精细建模,并在这个扩展后的发音空间内进行后验概率计算,进而保证计算更加准确和有效。但是,由于在扩展发音空间中需要对各个标准音素的多种发音错误分别进行建模,需要对标准发音空间中的音素模型进行了较大幅度的扩展,扩展后的每个音素模型都需要足够的数据进行训练,如何有效地获取这些不同错误类型的样本数据是需要重点解决的问题。每年有几百万人参加国家普通话水平测试,因此,可以收集到大量的包含错误发音的真实数据,这些数据获取容易,但标注困难且工作量巨大,为此,考虑通过建立对错误发音样本聚类的非监督学习方法来解决上述问题,并建立一种自动化的可动态更新的发音质量自动评测方法。

6.3.2　标准发音空间及其扩展

定义 6.5:标准发音空间定义为特定语言中所有音素的标准发音对应的发音空间,记作

$$\Omega_\omega = \{p_1, p_2, p_3, \cdots, p_N\} \tag{6.3}$$

式中 N——该标准发音空间中音素的总数目。

从分类的角度看，标准发音空间也就是以音素为单元的类别空间。由式(1.25)可知，观测向量序列 O_T 由音素 p 产生的后验概率实际上等价于 p 生成 O_T 的对数似然度与 O_T 在 Ω_ω 内识别结果的对数似然度的差异。如果发音正确，这个差值将比较小；如果把音素 p 错发为标准发音空间中的另外一个音素 p'，则这个差值将比较大；如果把音素 p 错发为非标准发音空间中的另外一个音素 p^*，则这个差值的大小就不可预知了。所以，在标准发音空间中进行后验概率计算，只适合待评测发音属于标准发音空间内的情况，否则，计算结果是不确定的，评测结果也是无可预知的。

如果我们对标准发音空间进行扩展，让它包含所有可能的发音错误，那么在这个扩展的空间下进行基于后验概率的发音质量计算，必然会得到更好的效果。扩展发音空间如图6.3所示。

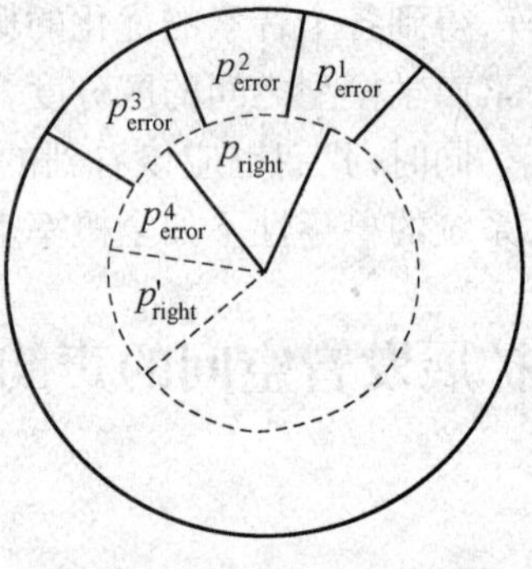

图6.3 扩展发音空间示意图

其中，p^4_{error} 区域表达的是音素 p 被错误发成音素 p' 的情况，p' 属于标准发音空间；而 $p^1_{\text{error}}, p^2_{\text{error}}, p^3_{\text{error}}$ 区域则描述音素 p 被错误发成非标准发音空间中音素的各种发音情况。所以，在采用标准发音空间建模策略进行发音质量评测时，只能对音素的正确发音进行建模，其模型空间仅能覆盖到图6.3中的内圆区域的情况，仅能处理 p^4_{error} 区域所表达的有限发音错误类型，即把某一音素错发成标准空间内的其他音素，而对于外圆区域中 $p^1_{\text{error}}, p^2_{\text{error}}, p^3_{\text{error}}$ 等区域所表达的更大范围的发音错误类型都无法处理。

定义6.6：扩展发音空间定义为特定语言中所有音素的标准发音及其多类错误发音所对应的发音空间，记作

$$\Omega'_\omega = \{(p_1)_{\text{right}}, (p_1)^1_{\text{error}}, (p_1)^2_{\text{error}}, \cdots, (p_1)^K_{\text{error}}, \cdots, (p_N)_{\text{right}}, (p_N)^1_{\text{error}}, (p_N)^2_{\text{error}}, \cdots, (p_N)^K_{\text{error}}\} \tag{6.4}$$

式中 N——标准发音空间中音素的总数目；

K——每个音素的错误发音的种类。

令 $(p_i)_{\text{right}} = p_{i,0}$，$(p_i)^j_{\text{error}} = p_{i,j}$，则 Ω'_ω 可简记为

$$\Omega'_\omega = \{p_{i,j}\}，其中 i=1,2,\cdots,N, j=0,1,\cdots,K \tag{6.5}$$

定义6.7：对于标准发音空间 Ω_ω 中的一个音素 p_i，它在扩展发音空间 Ω'_ω 中对应的不同发音错误类型的代表音素 $p_{i,j}(j=1,2,\cdots,K)$ 组成一个音素集合，定义为音素 p_i 的错误发音的音素集合，记作 $EQS_{p_i} = \{p_{i,1}, \cdots, p_{i,k}, \cdots, p_{i,K}\}$。

由定义6.6可知，扩展发音空间真包含标准发音空间，即 $\Omega_\omega \subset \Omega'_\omega$。从分类的角度看，

扩展发音空间是以音素及其发音错误为单元的类别空间。此时，观测向量序列 O_T 由音素 p 产生的后验概率计算公式如下：

$$\log \Pr(p \mid O_T) = \log\left(\frac{\Pr(O_T \mid p)\Pr(p)}{\sum_{i=1}^{N}\sum_{j=0}^{K}\Pr(O_T \mid p_{i,j})\Pr(p_{i,j})}\right) \tag{6.6}$$

假设所有音素等概率出现，且用最大值代替求和项，可以得到下式：

$$\log \Pr(p \mid O_T) = \log\left(\frac{\Pr(O_T \mid p)\Pr(p)}{\sum_{i=1}^{N}\sum_{j=0}^{K}\Pr(O_T \mid p_{i,j})\Pr(p_{i,j})}\right) \approx$$

$$\log\left(\frac{\Pr(O_T \mid p)}{\max\limits_{i\in[1,N],j\in[0,K]}\Pr(O_T \mid p_{i,j})}\right) \tag{6.7}$$

$$GOP(p) = \log \Pr(O_T \mid p) - \log \Pr(O_T \mid id(O_T)) \tag{6.8}$$

式中　$id(O_T)$——观测向量序列 O_T 在扩展发音空间内的识别结果。

由式(6.8)可知，观测向量序列 O_T 由音素 p 产生的后验概率实际上等价于 p 生成 O_T 的对数似然度与 O_T 在 Ω'_ω 内识别结果的对数似然度的差异。如果发音正确，这个差值将比较小；如果把音素 p 错发为扩展发音空间中的另外一个音素 p^*，则这个差值将比较大。如果扩展发音空间能够包含音素 p 的大部分错误发音 p^*_{error}，那么基于扩展发音空间的后验概率策略可应用于更多的待评测发音，并保证发音质量自动评测的准确性。

6.3.3　扩展发音空间中音素模型的建模策略

扩展发音空间是在标准发音空间基础上的扩展，既能覆盖到各个音素的正确发音情况，又能覆盖到各个音素的多种不同类型的错误发音情况，因此，在扩展发音空间进行建模时，不仅要对各个音素的标准发音进行建模，还要对各个音素的多种发音错误类型进行建模，其建模数量远多于在标准发音空间中的建模数量，而且建模的模型数量越多，对发音错误描述的能力越强，对不同发音情况处理的能力越强。但是，每个模型都需要大量的属于该模型的样本数据进行训练，如何获得充足的、对应的训练数据是首先要考虑的问题。

实际的情况是，包含发音错误的样本数据很容易获得，比如，每年都有几百万人参加各类汉语考试，很容易获得其语音样本数据和对应参考文本，但其中的发音错误需要人工标注才能准确获得。这些实际语音库中包含的发音错误相对比较稀少，比如在 PSC 考试中错误率大约为 12%。在标注中容易出现对发音错误的遗漏，如果被错发成标准发音空间内的其他音素还比较容易标注，需要专家多次仔细听辨才能保证标注准确，更为困难的是，如果错发成标准发音空间外的其他音素，则难于统一描述，准确的分类和标注是无法完成的任务。

因此，对各个音素的错误发音样本必须采用无监督学习的方式进行分类，每类代表该音素的一种发音错误类型，用于训练对应的模型。这样，扩展发音空间内的建模策略如下：

(1)分别对标准发音空间中的每一个音素 p_i 进行处理。利用已知文本和专家评分标记，得到音素 p_i 的所有错误发音样本，共 M 个，可记作：$(X_{p_i})_{\text{error}} = \{(x_{p_i})^1_{\text{error}}, (x_{p_i})^2_{\text{error}}, \cdots, (x_{p_i})^M_{\text{error}}\}$。

(2)利用无监督聚类方法把音素 p_i 的所有错误发音样本 $(X_{p_i})_{\text{error}}$ 聚类成为预先设定的类别，记作 $(X_{p_i})^c_{\text{error}} = \{(X_{p_i})^1_{\text{error}}, (X_{p_i})^2_{\text{error}}, \cdots, (X_{p_i})^K_{\text{error}}\}$，$K$ 为类别数，其中 $(X_{p_i})^1_{\text{error}}$，

$(X_{p_i})^2_{\text{error}},\cdots,(X_{p_i})^K_{\text{error}}$是聚类后的 K 个数据集合。也就是说，把 M 个错误发音样本数据按照一定的聚类原则聚成 K 类。

(3)依次对每个音素的所有错误发音样本进行聚类，共计得到 $N\times K$ 个错误发音类型，再加上每个音素本身的正确发音类型（共 N 个），扩展后的发音空间共包括 $N\times K+N$ 个发音类型，每种发音类型作为一个模型单元进行嵌入式训练，得到包括多种发音错误类型的扩展发音空间模型。

6.3.4 错误发音样本的非监督聚类策略

扩展发音空间中模型建模的一个关键问题就是对已知错误发音样本进行有效聚类，每类样本用于训练其所对应的发音错误类型。文献[147]采用的方法是，对于音素 p 的每一个错误发音 $(x_p)^i_{\text{error}}$（$1\leqslant i\leqslant M$，M 为音素 p 所有错误样本的总数），我们可以计算出该发音对于音素 p 的后验概率 $\text{PP}(p\mid(x_p)^i_{\text{error}})$，对后验概率划定 $K-1$ 个阈值进行分类，把 M 个样本聚成 K 类。但是，从前面的分析可知，当发音错误不在标准发音空间中，后验概率值是不确定的，因此，这种聚类的结果也不会很确定，即同一类中的错误可能差别很大，建模效果不会很好。

我们需要选择一种有效的统计模型来描述不同类别发音错误样本的分布，比如高斯模型、GMM 以及 HMM 等。鉴于 HMM 模型对语音样本有较好的描述能力，以及发音质量评测系统的声学模型也是采用 HMM 模型，我们选择 HMM 来描述不同类发音错误样本的分布。由于每个音素的发音错误样本数量有限，且持续时间比较短，因此我们建立了单高斯的 3 状态 HMM 模型。

我们需要把 M 个错误发音样本聚成 K 类，其核心问题是需要找到一个合适的相似度函数。要度量两个 HMM 模型 H_α 和 H_β 的相似度，需要先度量两个状态，即两个高斯分布 G_i 和 G_j 的相似度。有很多度量相似度的方法，比如欧式距离（Euclidean Distance, ED）、马氏距离（Mahalanobis Distance, MD）、巴氏距离（Bhattacharyya Distance, BD）等[198]。欧式距离不适合用来计算两个高斯分布的相似度，因为方差不出现在其计算公式中。马氏距离也不太合适，因为当均值向量相同时，它无法告诉我们方差的异同。巴氏距离由两部分组成，如式(6.9)所示，其第一部分与马氏距离相同，第二部分与协方差相关，因此是个不错的选择。

$$d_B(G_i,G_j)=\frac{1}{8}(\boldsymbol{\mu}_i-\boldsymbol{\mu}_j)^{\mathrm{T}}\left(\frac{\sum_i+\sum_j}{2}\right)^{-1}(\boldsymbol{\mu}_i-\boldsymbol{\mu}_j)+\frac{1}{2}\ln\frac{\left|\left(\frac{\sum_i+\sum_j}{2}\right)\right|}{\sqrt{\left|\sum_i\right|\left|\sum_j\right|}} \tag{6.9}$$

式中 $\boldsymbol{\mu}_i,\sum_i$—— 高斯函数 G_i 的均值向量和协方差矩阵；

$\boldsymbol{\mu}_j,\sum_j$—— 高斯函数 G_j 的均值向量和协方差矩阵。

接下来，我们采用类似于语音识别任务中的动态时间弯折（DTW）算法来计算两个 HMM 之间的相似度。首先，在两个 HMM 状态序列的所有可能的对应路径 $\boldsymbol{\Phi}$ 上计算最小平均距离，计算过程如图 6.4 所示。整个路径是由若干个邻接节点构成，而且邻接节点必须是向右、向上或者向右上的。

$$\boldsymbol{\Phi}=\{\varphi_1,\varphi_2,\cdots,\varphi_P\} \tag{6.10}$$

在每个节点上，对应的状态间的距离如式(6.11)所示：

$$d(\varphi)=d(i,j)=d_B(H_{\alpha,i},H_{\beta,j}) \tag{6.11}$$

其中，$H_{\alpha,i}$为H_α第i^{th}个状态；$H_{\beta,j}$为H_β第j^{th}个状态，且$H_{\alpha,i}$和$H_{\beta,j}$都为单高斯分布。

由于每条路径上的节点个数不同，因此，路径上各个节点的距离之和需要进行规整。有很多规整方法，本书选用简单算术平均值的方法，如式(6.12)所示：

$$D_\Phi(H_\alpha,H_\beta)=\frac{1}{P}\sum_{p=1}^{P}d(\varphi_p) \tag{6.12}$$

所以，两个HMM模型之间的距离可以定义如式(6.13)所示，即所有可能路径上的最小平均距离。

$$Dis(H_\alpha,H_\beta)=\min_{\Phi}\{D_\Phi(H_\alpha,H_\beta)\} \tag{6.13}$$

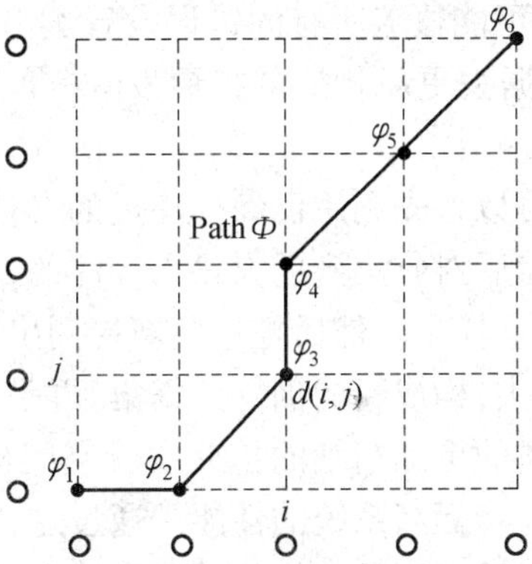

图6.4　基于最小平均距离的搜索路径示意图

参照文献[199]中提出的聚类方法对所有模型进行非监督聚类，最后完成对扩展发音空间模型的建模，具体如算法6.2所示。

输入：每个音素的发音错误样本数据，聚类的类别数为K，允许聚类的最大距离为Δ。

输出：每个音素的发音错误样本被聚成K类。

1. for each 音素p in 标准发音空间Ω_ω
2. 音素p的发音错误样本的数量是M个，则先假设其错误发音的类型有M种，然后每一种错误类型的分布都用一个HMM来描述，记为$H_i(1\leqslant i\leqslant M)$。
3. 循环计数变量$k=1$。
4. 　　while ($M>0$ and $k<K$) do
5. 　　　计算任意两个HMM模型之间的距离$Dis(H_i,H_j)$，可以得到一个M个HMM模型的距离表。
6. 　　　对于每一个HMM H_i，对于一个预设的允许聚类的最大距离Δ，把在距离表中满足条件$Dis(H_i,H_j)<\Delta$的所有HMM H_j组成一个集合$B(H_i,\Delta)$，并把这个集合的元素个数记为$M(i)$。
7. 　　　找出$M(i)$的最大值，令$t=\arg\max_i M(i)$，则集合$B(H_t,\Delta)$所有HMM(共$M(t)$个)聚成一类。$M=M-M(t)$，且$k=k+1$。
8. 　　end
9. end

算法6.2　音素的错误发音样本的非监督聚类算法

6.3.5　聚类类别数的自适应选择策略

在上面的聚类算法中，有两个参数是预设的，即聚类的类别数K和允许聚类的最大距

离 Δ。聚类类别数是聚类方法的一个关键问题,采用固定数量聚类类别数的方法,可能会导致标准发音空间中的一部分音素不能得到充分扩展,还可能导致扩展发音空间中一部分音素不能得到充分训练。为此,我们提出采用一种自适应选择策略,在该策略中每个音素的聚类类别数由其包含的发音错误的数量来决定,比如每 200 个发音错误增加一个聚类类别。这样,既能保证足够多的音素类别,也能保证每个音素类别都能有足够的样本数据进行训练。

6.3.6 错误发音的自动标注及模型的自动更新

如果测试集中存在的发音错误并未出现在扩展发音空间,则评测系统计算出来的发音质量置信度数值是不准确的,评测的结果也是不可靠的。事实是,由于发音错误的多样性,有限训练集中收集到的样本不可能覆盖所有的错误发音类型。因此,为了提高系统的稳定性,搜集更多的训练用语音数据去更新相应的扩展发音空间模型是非常重要的,也是必要的。

参考半监督学习的思想,可以首先利用已经标注过的发音样本数据,训练出一个性能比较可靠的发音质量评测系统,然后对收集到的大量未标注的发音样本数据进行自动评测,可以得到一些比较可靠的错误发音样本。然后把这些新检测出来的比较可靠的错误发音样本加入到原有的错误发音样本中去,构成新的训练数据集,再采用上述基于扩展发音空间的发音质量评测方法,就可以得到新的更加精细的扩展发音空间模型。用这些新的声学模型替换掉原来的声学模型,可以进一步提高系统的性能。通过这种迭代更新的方式,系统性能可以得到持续优化和提升,而且如果得到的未标注的包含错误发音的训练数据足够多,对标准发音空间中各个音素的各种错误发音类型的覆盖性就会越来越好,可评测的扩展发音空间就会越来越大、越来越精细,发音质量评测系统的性能就会越来越可靠。具体过程如图 6.5 所示。

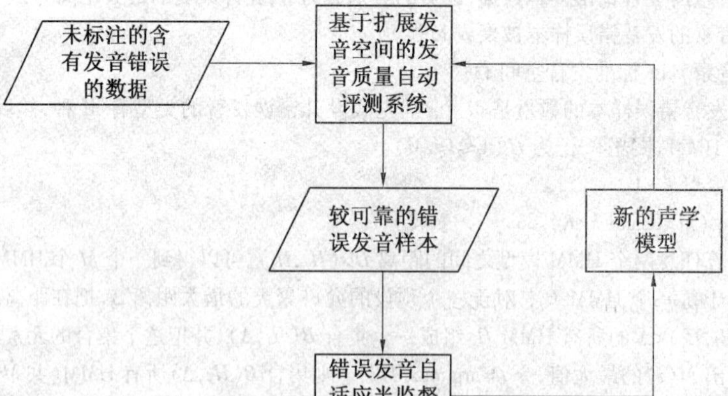

图 6.5 发音质量评测模型自动更新的过程

6.4　基于多维置信度的多种评测方法的融合

6.4.1　基本思路

6.2节的方法,其目的在于增加易混淆音素模型间的区分度,提高评测算法的区分性。但是,在混淆音素的评测上,不同模型上的后验概率得分仍然很接近,基于阈值的门限判别法作用有限,系统性能仍有待改进。6.3节的方法,其目的在于扩大发音的评测范围,提高评测算法的适应性。但是,发音错误具有多样性和易变性,比如不同方言地区说话人的发音错误通常差别很大,再比如发音错误原因多种多样,有的是误识造成的,有的是不认识文本造成的,还有的是前后颠倒造成的。系统仅能覆盖很小的一部分错误发音的情况,系统的泛化性能仍然有待提高。综上所述,这两种方法都是靠计算单维置信度分数加阈值判断的方法,对于很多实际的发音质量评测任务还不够稳定。因此,考虑对多个音素模型的后验概率得分分布做模型和后处理,进一步提高系统的鲁棒性和整体性能。

同时,6.2节和6.3节提出的音素发音质量自动评测方法分别从两个不同角度对系统进行了优化,两种方法的有机融合一般会有助于提高系统的整体性能。系统融合的方式有很多种,可以在模型级进行融合,对模型的评测结果进行加权平均,也可以在特征集上直接进行融合。

6.4.2　多维置信度向量

定义6.8:对于音素 p 计算待评测音素段 O_T 由其产生的后验概率 $\mathrm{PP}(p|O_T)$。对于音素 p 的混淆音素集 $CQS_p=\{p_1,\cdots,p_k,\cdots,p_K\},k\in[1,K]$ 中的每一个音素 p_k,依次计算待评测音素段 O_T 由其产生的后验概率 $\mathrm{PP}(p_k|O_T)$。把上述后验概率连接成一个多维向量,称为音素 p 的基于混淆音素集的多维置信度向量,记作

$$\begin{aligned}&PPV(CQS(p))=[\mathrm{PP}(p|O_T)\overline{PPV_{CQS(p)}}]\\&\overline{PPV_{CQS(p)}}=[\mathrm{PP}(p_1|O_T)\cdots\mathrm{PP}(p_k|O_T)\cdots\mathrm{PP}(p_K|O_T)]\end{aligned}\tag{6.14}$$

该特征可用作表征音素 p 的发音质量的评测特征。

定义6.9:在 $\overline{PPV_{CQS(p)}}$ 加上差分信息,差分选择混淆音素集前后音素两两差分,然后把差分信息加入到基于混淆音素集的多维置信度向量的后边,构成一个新的多维向量,称为音素 p 的基于混淆音素集差分的多维置信度向量,记作

$$\begin{aligned}&dPPV(CQS(p))=[\mathrm{PP}(p|O_T)\overline{dPPV_{CQS(p)}}]\\&\overline{dPPV_{CQS(p)}}=[\overline{PPV_{CQS(p)}}d_{1,2}\cdots d_{k,k+1}\cdots d_{K-1,K}]\\&d_{k,k+1}=\mathrm{PP}(p_{k+1}|O_T)-\mathrm{PP}(p_k|O_T),k\in[1,K)\end{aligned}\tag{6.15}$$

该特征可用作表征音素 p 的发音质量的评测特征,而且把用于反映该音素段 O_T 在不同音素模型上的得分差,作为额外引入的信息量,应该可以进一步提高系统的评测性能。

定义6.10:对于音素 p 计算待评测音素段 O_T 由其产生的后验概率 $\mathrm{PP}(p|O_T)$。对于音

素 p 的扩展发音空间中的对应错误发音音素集 $EQS_p=\{p_1,\cdots,p_k,\cdots,p_K\}$,$k\in[1,K]$中的每一个音素 p_k,依次计算该待评测音素段 O_T 由其产生的后验概率 $\mathrm{PP}(p_k|O_T)$。把上述后验概率连接成一个多维向量,称为音素 p 的基于发音错误音素集的多维置信度向量,记作

$$\begin{aligned}&PPV(EQS(p))=[\mathrm{PP}(p|O_T)\overline{PPV_{EQS(p)}}]\\&\overline{PPV_{EQS(p)}}=[\mathrm{PP}(p|O_T)\mathrm{PP}(p_1|O_T)\cdots\mathrm{PP}(p_k|O_T)\cdots\mathrm{PP}(p_K|O_T)]\end{aligned}\tag{6.16}$$

该特征可用作表征音素 p 的发音质量的评测特征。

定义 6.11:在$\overline{PPV_{EQS(p)}}$上加上差分信息,差分选择发音错误音素集前后音素两两差分,然后把差分信息加入到基于发音错误音素集的多维置信度向量的后边,构成一个新的多维向量,称为音素 p 的基于错误发音音素集差分的多维置信度向量,记作:

$$\begin{aligned}&dPPV(EQS(p))=[\mathrm{PP}(p|O_T)\overline{dPPV_{EQS(p)}}]\\&\overline{dPPV_{EQS(p)}}=[\overline{PPV_{EQS(p)}}d_{1,2}\cdots d_{k,k+1}\cdots d_{K-1,K}]\\&d_{k,k+1}=\mathrm{PP}(p_{k+1}|O_T)-\mathrm{PP}(p_k|O_T),k\in[1,K)\end{aligned}\tag{6.17}$$

该特征可用作表征音素 p 的发音质量的评测特征,而且把用于反映该音素段 O_T 在不同音素模型上的得分差,作为额外引入的信息量,应该可以进一步提高系统的评测性能。

定义 6.12:把上述基于混淆音素集差分的多维置信度向量和基于错误发音音素集差分的多维置信度向量连接起来,构成一个新的多维向量,称为基于系统融合的多维置信度向量,记作

$$mPPV(p)=[\mathrm{PP}(p|O_T)\overline{dPPV_{CQS(p)}\,dPPV_{EQS(p)}}]\tag{6.18}$$

该特征可用作表征音素 p 的发音质量的评测特征,而且从系统融合的角度看,基于混淆音素集差分获取的特征和基于错误发音音素集差分获取的特征具有一定的互补性,应该可以进一步提高系统的评测性能。

通过这种方式,我们把一个时序信号转换成一个多维的非时序信号,从而可以引入更多的区分性统计模式识别方法进行分类器设计。本书选择 SVM 模型作为分类器,为每一个音素分别训练不同发音质量的分类器,实现对每个音素发音质量的再评测。

6.5 实验及实验结果分析

6.5.1 基线系统性能及分析

为了更好地开展后续的研究工作,更客观、准确地评价各种发音质量评测方法的实际效果,首先采用 GOP 算法建立了若干个实验系统,系统 1 到系统 5 分别采用了不同特征级和模型级的规整方法和自适应方法,具体说明及实验结果见表 6.2。

表6.2 采用不同规整方法和自适应方法的实验系统及其评测性能分析

名称	系统说明	相关系数	联合错误率
人工评测	所有评测专家的平均	0.889	0.230
系统1	采用CMN进行特征参数规整	0.726	0.367
系统2	采用CMN和VTLN进行特征参数规整	0.751	0.354
系统3	采用CMN进行特征参数规整,并采用MLLR进行模型的自适应训练	0.783	0.335
系统4	采用CMN进行特征参数规整,采用SAT进行模型规整,并采用MLLR进行模型的自适应训练	0.795	0.324
系统5(本书6~8章基线系统)	采用CMN和VTLN进行特征参数规整,采用SAT进行模型规整,并采用MLLR进行模型的自适应训练	0.796	0.323

系统1到系统5的基本参数配置如下:发音特征采用39维MFCC_0_D_A_Z特征,帧长25 ms,帧移10 ms。发音模型采用上下文无关的单音素(Mono-phone)HMM,共计64个HMM,包括27个声母HMM(6个零声母),37个韵母HMM。鉴于声韵母的时长差异,声母建模选择3状态HMM,韵母建模选择5状态HMM,每个状态训练16混合高斯函数描述,模型训练采用剑桥大学的HTK工具进行[200]。本章及后续两章的各实验系统如不做特殊说明,均采用上述基本参数设置。

采用CCTV语音库作为训练数据集,训练标准声学模型,并采用G1-112语音库对训练好的模型进行更新训练,以提高模型对评测对象和评测环境的适应性;在计算GOP分数时,分子部分来自于强制对齐网络,单音素模型进行切分,分母部分来自于音素循环网络,并用最大值代替求和;在PSC-Develop-87语音库上按照1.3.4小节标题3中的方法,以最大化相关系数为优化指标,分别为不同音素挑选其最优的阈值,用于该音素的发音等级映射;最后在PSC-Test-89语音库上进行性能测试。

从表6.2可以看出,系统1仅采用CMN进行特征参数正规化,与专家综合评分相关系数为0.726,联合错误率为0.367,其评测性能与三位专家的平均评分能力相比,无论是相关系数还是联合错误率都差距较大,系统性能还有很大的提升空间。相对于系统1,系统2中还采用VTLN进行特征参数的正规化,相关系数从0.726提高到0.751,相对提高了3.44%,联合错误率下降到0.354,系统性能有了一定提升;而系统3中还在测试集中采用MLLR进行模型的自适应,相关系数提高到0.783,相对提高了7.85%,联合错误率下降到0.335,系统性能提升明显。系统4和系统3相比,首先在训练集中采用SAT进行模型正规化,然后在测试集中采用MLLR进行模型的自适应训练,相关系数从0.783提高到0.795,相对提高了1.53%,这说明SAT和MLLR结合效果更好。一方面,SAT算法能分离出原始声学模型中与说话人和声学环境相关的特性,生成了说话人无关的规范模型;另一方面,也导致同原始声学模型相比,规范模型与测试集中数据的差异会变得更大,所以有必要采用MLLR进行模型自适应训练,才能完全发挥规范模型的性能。系统5采用CMN和VTLN进行特征参数正规化,采用SAT进行模型正规化,并采用MLLR进行模型的自适应训练,和系统1相比,相关系数从0.726提高到0.796,相对提高了9.64%,系统性能达到最好,联合错误率从

0.367降低到0.323,相对下降了12.0%。但是,和系统4相比,系统5的系统性能提升很小,这说明在进行模型级正规化和自适应后,采用VTLN进行特征参数正规化所带来的收益已经很不明显。本章及后续两章均以本次实验中最好的系统——系统5为基础进行下一步的研究和实验。

为更好地评价上述评测方法的实际性能,我们首先把声韵母评测的结果映射到音节级,并进一步比较映射后分数与三位评测专家的综合评分的分差。映射办法是通过选择音节所包含的声母和韵母的评分的最小值作为该音节的最后得分。实验结果见表6.3。

表6.3 不同基线系统的实际评分性能(分差)

名称	分差
人工评测	3.71
系统1	7.23
系统5(本书6~8章基线系统)	5.47

从表6.3中可以看到,即使是上述实验中性能最好的系统5,在实际评测性能上还和人工评测有很大的差距,分差为5.47,远高于人工评测的3.71,系统提升的空间还很大,这也反映出现有的发音质量评测方法在基本发音单元评测上性能还有待提高。

6.5.2 基于音素混淆概率矩阵的方法

实验采用与第6.5.1小节中基线系统相同的配置和评价方法。通过在PSC-Train-1000语音库上进行音节循环网络的语音识别(该数据集和测试集语音比较接近),计算出音素混淆概率矩阵;选取不同的K值($K \in \{2,4,6,8,10\}$),分别构成不同粒度下的混淆音素集合,然后在PSC-Develop-87语音库上,以最大化人机评分相关系数为目标,分别为不同音素挑选其最优的阈值。下面给出取不同K值时的实验结果,见表6.4。

表6.4 开发集上取不同K值时的实验结果

K的取值	相关系数	联合错误率
2	0.812	0.296
4	0.837	0.262
6	0.809	0.287
8	0.794	0.325
10	0.763	0.351

设置不同的K值,带来音素的混淆音素集合中元素个数的变化,会对音素切分的准确率和概率空间的大小产生影响,进而影响对发音质量的评测性能。一般情况下,K值越大,切分的准确率会越高,概率的计算空间越大,音素模型间的区分度越差。从表6.4中的实验结果来看,当$K=4$时,实验结果最好,为此,后续实验中的基于音素混淆概率矩阵的评测方法中的K值选择为4。

为评价上述方法的有效性,选择PSC-Test-89语音库进行测试,同时,也选择同近年来其他最有代表性的GOP算法的改进算法进行比较,包括基于语言学知识的改进方法[1]、基于KLD差的改进方法[49]和基于音素模型感知度的方法[51],实验结果见表6.5。

表 6.5　不同类型的声韵母发音质量评测方法的评测性能

名称	相关系数	联合错误率
基线系统(GOP 算法)	0.796	0.323
基于语言学知识的改进方法[1]	0.813	0.296
基于 KLD 差的改进方法[49]	0.825	0.274
基于音素模型感知度的方法[51]	0.829	0.271
基于音素混淆概率矩阵的方法	0.836	0.263

基于音素混淆概率矩阵的声韵母发音质量自动评测方法,由于利用音素的混淆音素集合进行限制网络识别,提高了切分的准确度,使得切分后的音素边界更可能是实际发音的真实反映;同时,通过把发音混淆的先验知识融合到音素后验概率的计算中去,提高了计算的精度,也提高了算法对易混淆音素的适应性;最后,利用音素的混淆音素集优化概率空间,提高了易混淆音素模型间的区分度,有效地提高了人机评分的相关系数。与基线系统相比,相关系数由 0.796 提高到 0.836,相对提高了 5.03%,同时联合错误率也下降到 0.263。

基于语言学知识的改进方法利用语言学专家先验知识,得到典型的错误模式,利用扩展变异网络,优化后验概率计算,人机评分相关系数提高到 0.813,但这些先验知识来自于专家经验的总结,覆盖范围有限,适应性和扩展性都有待提高。基于 KLD 差的改进方法采用一种在训练集上自动统计错误模式的方法,通过计算标准模型间 KLD 与带方言口音模型间 KLD 的差来代表两种模型间的差异,并以之为度量来生成错误模式,进而利用扩展变异网络,优化后验概率计算,相关系数提高到 0.825,评测性能显著提高。基于音素模型感知度的方法,通过计算不同语音样本集下各音素语音段的后验概率期望差,定义为音素模型对变异发音的感知度,并根据最大化音素感知度的原则,为各音素挑选对应的识别音素候选集,进而减少了音素模型对变异语音的判别误差,相关系数提高到 0.829,评测性能进一步提高。基于 KLD 差的改进方法、基于音素模型感知度的改进方法,以及本书提出的基于音素混淆概率矩阵的改进方法,虽然从本质上讲都是通过在训练集上自动学习错误模式(或者易混淆模式),但基于音素混淆概率矩阵的改进方法简单直观,不需要计算模型间距离,还可以根据音素混淆概率矩阵得到音素混淆先验概率,去除所有音素等概率出现的不合理假设,进一步提高了计算的精度,进而获得了更好的评测效果。上述不同类型的声韵母发音质量评测方法的评测性能比较如图 6.6 所示。

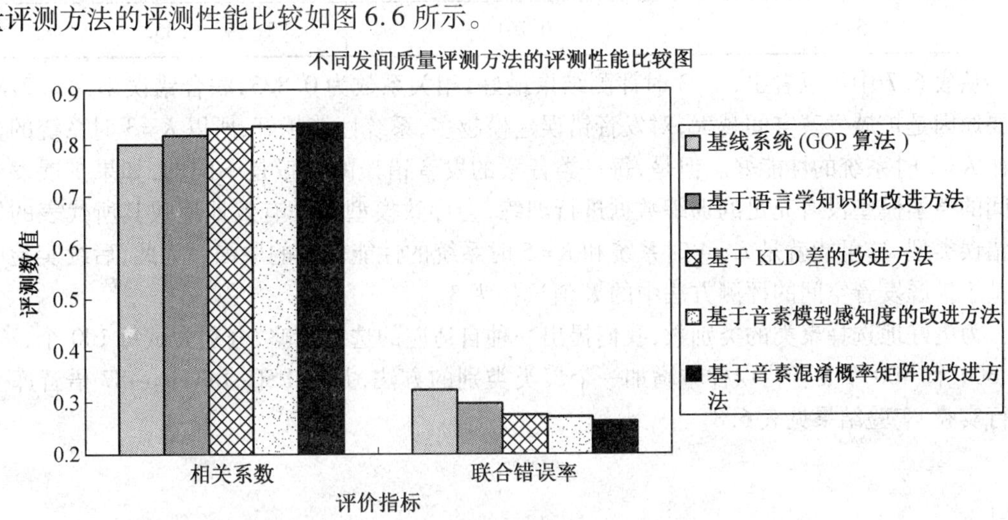

图 6.6　不同类型的发音质量评测方法的评测性能比较

6.5.3 基于扩展发音空间的方法

实验采用与第6.5.1小节中基线系统相同的配置和评价方法。首先统计了各个实验用语音库中的音素段总数和错误音素段(包含发音错误和发音缺陷)个数,见表6.6。利用PSC-Train-1000语音库中的错误发音数据(包含发音错误和发音缺陷)建立对应的扩展发音空间模型。在PSC-Develop-87语音库上,以最大化人机评分相关系数为目标,分别为不同音素挑选其最优的阈值。

表6.6 训练集、开发集和测试集中音素段个数及发音错误音素段个数统计表

数据集	包含音素段个数	错误音素段的个数及比例
PSC-Train-1000	400 000	50 616(12.65%)
PSC-Test-89	35 600	4521(12.70%)
PSC-Develop-87	34 800	4 455(12.80%)
合计	470 400	59 592(12.67%)

在基于扩展发音空间的发音质量评测方法中,错误样本聚类的类别数由迭代次数 K 决定,K 值越大,扩展发音空间越大。一般来讲,扩展发音空间越大,模型能够反映的发音错误越多,系统的评测性能越好。在训练集中,发音错误大概占12.65%,在标准发音空间中的每一个音素平均有800个左右的发音错误样本。为优选出最合适的 K 值,下面给出取不同 K 值时在PSC-Develop-87语音库上的实验结果,见表6.7。

表6.7 在开发集上取不同 K 值时的实验结果

K 的取值	相关系数	联合错误率
2	0.816	0.289
3	0.823	0.278
4	0.784	0.334
5	0.761	0.352

从表6.7中可以看出,$K=3$ 时评测结果最好,相关系数为0.823,联合错误率为0.278。主要原因是扩展发音空间越大,对发音错误建模越多,系统性能越好,所以 $K=3$ 时系统的性能比 $K=2$ 时系统的性能好。但是,每一类音素的发音错误的数量是不同的,如果扩展发音空间的声学模型没有充足的训练数据进行训练,会导致模型无法有效地反映其所代表的发音错误类型,这可能就是 $K=4$ 时系统和 $K=5$ 时系统的性能较差的原因。为此,后续实验中的基于扩展发音空间的评测方法中的 K 值选择为3。

为更好地选择聚类的类别数,我们提出一种自适应的选择策略,分别尝试每100个、200个、300个、400个发音错误样本增加一个聚类类别的方法,并在PSC-Develop-87语音库上进行实验,实验结果见表6.8。

表 6.8　自适应聚类方法中不同聚类策略的选择

自适应聚类策略	相关系数	联合错误率
每 100 个错误添加一类	0.801	0.316
每 200 个错误添加一类	0.874	0.242
每 300 个错误添加一类	0.839	0.264
每 400 个错误添加一类	0.832	0.268

从表 6.8 中可以看出，上述利用自适应策略确定非监督聚类的聚类类别数量的方法在开发集上都表现出很好的性能提升。其中，每 200 个错误样本增加一个类别的策略效果最好，相关系数提升到 0.874，联合错误率则下降到 0.242，为此，基于自适应聚类的扩展发音空间算法中选择每 200 个错误添加一类的策略。

最后，为评价上述方法的有效性，选择 PSC-Test-89 语音库进行测试，实验结果见表 6.9。

表 6.9　基于自适应聚类的扩展发音空间的发音质量评测算法的评测性能

系统	相关系数	联合错误率
基线系统（标准发音空间）	0.796	0.323
基于音素混淆概率矩阵的方法	0.836	0.263
基于扩展发音空间的方法	0.823	0.278
基于自适应聚类的扩展发音空间的方法	0.874	0.242

从表 6.9 中可以看出，基于扩展发音空间的方法与基线系统相比，人机评分相关系数由 0.796 提高到 0.823，相对提高了 3.39%，同时，联合错误率也下降到 0.278，其评测性能与 6.2 节提出的基于音素混淆概率矩阵的方法已较接近，这说明在发音质量评测中引入对错误发音的建模是非常有效的。而基于自适应聚类的扩展发音空间的方法，由于能更好地处理发音错误建模的数量和模型训练样本需求之间的关系，评测性能尤为突出，即使与 6.2 节提出的基于音素混淆概率矩阵的方法相比，相关系数由 0.836 提高到 0.874，相对提高了 4.55%，同时，联合错误率也由 0.263 下降到 0.242，相对下降了 7.98%。

为验证发音错误的自动标记及模型的迭代更新策略是否有效，我们将训练集分为两份，其中前 500 个人的数据为初始训练集（有标注的），采用基于自适应聚类的扩展发音空间的方法来初始化声学模型，并作为本次实验的基线系统，剩下 500 个人的数据设为无标注的，用于实验基于发音错误自动标记的评测模型迭代更新策略的实际效果。实验结果见表 6.10。

表 6.10　利用未标注数据的进行模型自动更新方法的评测性能

系统	相关系数	联合错误率
基于自适应聚类的扩展发音空间的方法（500 人训练）	0.814	0.294
系统的迭代更新（500 人+500 人）	0.820	0.281

从表 6.10 中可以看出，采用新的模型迭代更新策略，相关系数从 0.814 提高到 0.820，同时，联合错误率从 0.294 下降到 0.281。在基线系统已经不错的情况下，这样的性能提高

还是相当不错的,而且随着未标记数据的增加,这种半监督的模型更新方法还有很大的提升空间。

在扩展的发音空间中,采用非监督聚类的方法对发音错误进行分类,并进行相应声学模型的训练,从理论上讲,发音错误样本的数量越多,可用于训练的数据也就越多,模型训练就越精确,发音质量评测的效果就越好。随着发音质量评测系统的不断提高,可直接使用评测系统对搜集来的大量未标注的语音数据进行预处理,进而可以获取大量的可靠性较高的机器自动标注的发音错误样本,用于训练一个更精准的扩展发音空间模型,而且上述方式可以持续迭代,不断获取新的未标注的发音错误样本数据,发音质量评测系统的性能会得到更大的提升。

6.5.4 基于多维置信度的方法

实验采用与第6.5.1小节中基线系统相同的配置和评价方法,其中SVM分类模型采用的是WEKA工具中的SMO分类器及其默认设置[202]。利用PSC-Train-1000语音库对SVM模型进行训练,并在PSC-Test-89语音库上进行测试。实验结果见表6.11。

表6.11 基于多维置信度的发音质量评测方法的评测性能

名称	相关系数	联合错误率
基线系统(GOP算法)	0.796	0.323
基于混淆音素集的多维置信度的方法	0.883	0.238
基于混淆音素集差分的多维置信度的方法	0.889	0.227
基于错误发音音素集的多维置信度的方法	0.885	0.231
基于错误发音音素集差分的多维置信度的方法	0.891	0.226
基于系统融合的多维置信度的方法	0.893	0.224

从表6.11中可以看出,基于多维置信度的方法不需要考虑阈值的选取,而是根据多个音素模型的后验概率得分分布进行评测,系统的性能得到很大提高。基于混淆音素集的方法和基于错误音素集的方法分别从两个不同角度对系统进行了优化,具有很好的互补性,两类音素集的有效融合带来系统评测性能的极大提升,相关系数提高到0.893,相对基线系统提高了12.19%,联合错误率下降到0.224,已经超过了人工评测的平均水平。

6.5.5 评测方法的实际评测性能

为更好地评价本章中改进的评测方法的实际评测性能,我们首先把声韵母评测的结果映射到音节级,并进一步计算映射后分数与三位评测专家的综合评分的分差。映射办法是通过选择音节所包含的声母和韵母的评分的最小值作为该音节的最后评分。实验结果如表6.12所示。

可以看出,在音节层级上,基于声韵母发音质量的评测方法与人工评测还有很大的距离,还有很大的提升空间。这主要与汉语普通话的音节结构特点和音韵特色有很大关系,汉语是典型的三元结构,评分专家在对音节进行评测时,不仅仅要考虑声韵母发音是否正确,还会考虑到声调发音是否正确,考虑儿化和轻声等各种语流音变。为此,本书在第7章重点研究汉语声调发音质量的自动评测方法,在第8章重点研究汉语儿化音的发音质量自动评测方法。

表6.12　评测方法的实际评测性能表(分差)

评测方法	分差
人工评测	3.71
本章改进方法(基于系统融合的多维置信度的方法)	4.65

6.6　本章小结

本章重点讨论了汉语声韵母发音质量的自动评测方法。在深入分析经典的 GOP 算法的基础上,提出一种基于音素混淆概率矩阵的声韵母发音质量自动评测方法,借助音素混淆概率矩阵,提高音素切分精度,融合音素先验概率,优化后验概率计算空间,提高声学模型的计算精度和区分性,提高评测模型的准确性。利用错误发音数据,为标准发音空间中各音素的多种错误发音类型建模,提出一种基于扩展发音空间的声韵母发音质量自动评测方法,扩大了待评测发音的范围,提高了评测模型的适应性。设计对错误发音样本聚类的非监督学习方法,实现对扩展发音空间的有效建模。同时,针对包含错误发音的语音数据获取容易,但标注困难的问题,基于半监督学习方法,提出了一种模型自动更新的策略,实验结果表明,可获取的包含错误发音的数据越多,评测模型的评测效果会越好。在上述两种方法的基础上,提出了一种基于多维置信度的融合方法,利用对多个音素模型的两种后验概率(基于混淆音素集合和基于错误音素集合)得分分布做模型和后处理,进一步提高了评测的准确性,人机相关系数达到0.893,超过了人工评测的平均水平。

第 7 章　声调发音质量自动评测技术

7.1 引　言

汉语是一种带调语言,音节发音时都带有一定的声调,不可以任意改变。汉语普通话中共有 5 种声调,分别是一声(阴平)、二声(阳平)、三声(上声)、四声(去声)和轻声。声调和声母、韵母一样具有区别字义的作用,如果声调变了,那么整个字的意义就变了,例如"八〔ba1〕""拔〔ba2〕""把〔ba3〕"和"爸〔ba4〕"。因此,对声调发音质量进行评测,和对声母、韵母发音质量进行评测同等重要,是本章研究工作的重点。对声调发音质量进行有效评测,有助于提高汉语普通话发音质量评测的整体性能。

汉语的音节声调是由其对应语音段的基频轮廓曲线决定的,它代表基频随时间变化的模式。在孤立发音时,汉语普通话中的四种声调都较稳定,依据赵元任先生的五度值标记法,如图 7.1 所示,依次标记为:阴平(55),阳平(35),上声(214),去声(51)。在连续发音时,各音节的声调都会受到其前后音节声调的影响,它们的基频轮廓曲线会发生较大的变化,比其在孤立发音时的形状和特征要复杂得多,如图 7.2 所示。从图中可以看出,连续语音中的基频轮廓曲线受其前后文的影响很大,比如"推〔tuī〕"为阴平,标准调值为 55,但其基频轮廓曲线有明显的下倾趋势,类似于去声;由于语调原型的音高下倾趋势(说话人声门的压力在语句开始时比较高,越往后压力越低,音高很难保持在开始的高度),从整体上看,后面音节的调值一般会出现明显下降。需要说明的是,在连续语音中,由于变调、强调、语义焦点、韵律节奏、语气语调等广泛存在,一些音节的基频轮廓曲线有时已经很难体现其实际声调应有的变化模式。对连续语音库中的四种声调的基频特征进行计算和统计,并进行归一化处理,得到连续语音中不同声调的基频曲线统计均值,如图 7.3 所示。可以看出,连续语音中四种声调的基频曲线统计均值虽然与其五度值标记偏离很多,但仍然能体现出各自独有的变化模式,从统计意义上说,仍具有较高的区分性。轻声则属于一种特殊的声调,它没有固定模式的基频轮廓,是普通音节在某种特定情况下的一种特殊音变,在声学特性上表现为音长的缩短和音强的减弱。

在对英语中的音素或者是对汉语中的声母、韵母的发音质量进行评测时,普遍采用的声学特征是 MFCC,PLP 等,而基频特征很少被采用[3,38,40]。相关研究成果表明,在汉语语音识别系统中加入基频信息,有利于减少同音词的数量,极大地提高了声调识别的准确性,进而提高了语音识别系统的整体性能和效率。为此,本章将在现有发音质量评测系统的技术框架下,针对多种不同的基频特征提取方法和基频类型特点,分别尝试在语音帧层级和音节层级上利用基频特征信息,建立嵌入式声调模型、显式声调模型及混合模型,进行声调的发音质量评测,比较不同方法对声调评测性能的影响,进一步提高声调发音质量评测的准确性。本章的主要研究内容如图 7.4 所示。

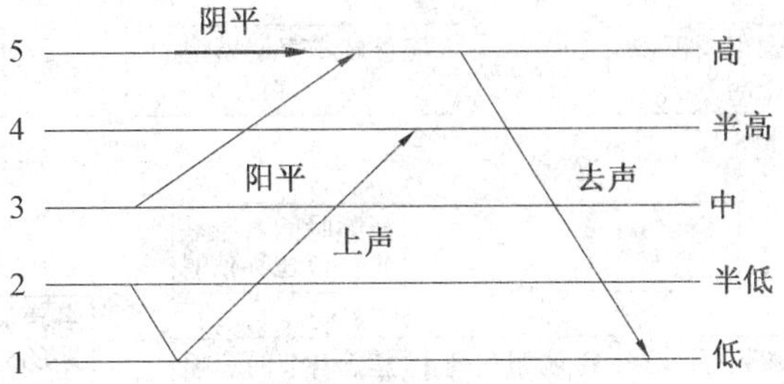

图 7.1　汉语普通话中声调的五度标记

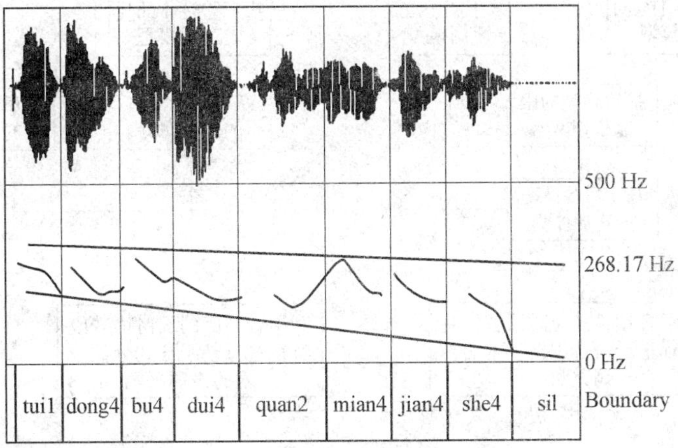

图 7.2　连续发音语音中各个音节基频曲线变化

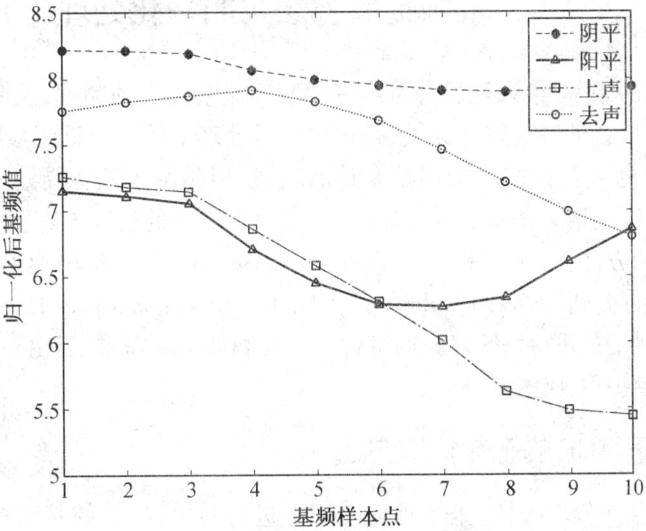

图 7.3　不同声调的基频曲线统计均值

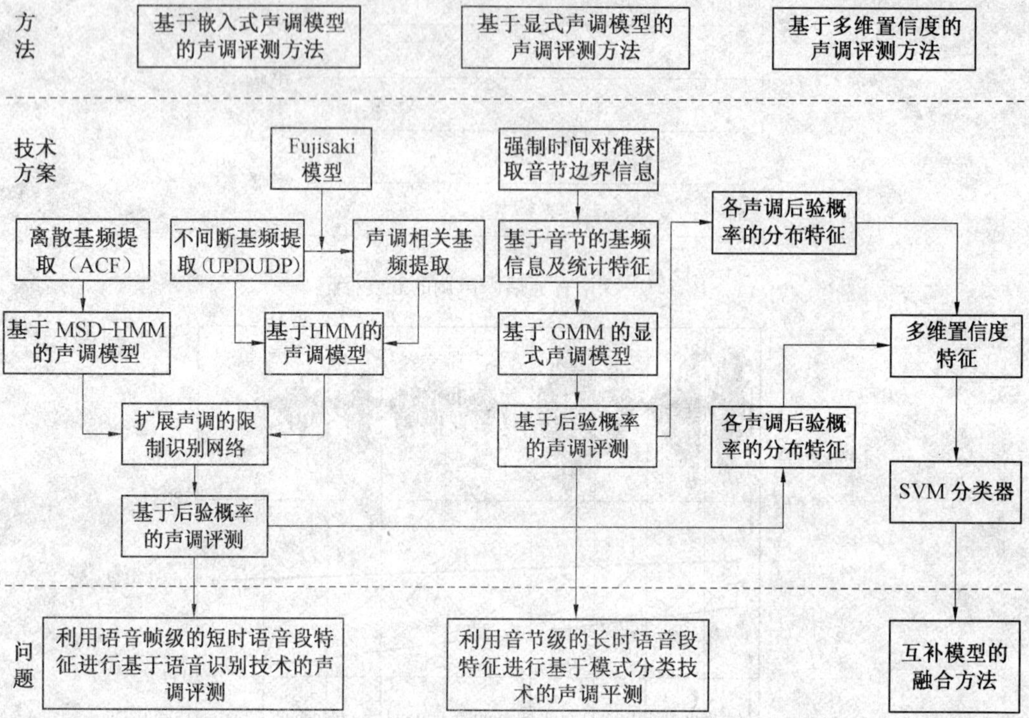

图 7.4　本章研究的主要内容

7.2　基频提取方法及归一化处理

基频，即基音的频率，指人发浊音时声带周期性振动的振动频率，反映着语音激励源的一个重要特征，与语音的音高密切相关，是语音信号处理中的一个重要参数。基音周期和基频互为倒数，一般通过估计基音的周期来计算基频，但是由于基音周期的准周期性和时变性，鲁棒的基频特征提取方法一直是个难题，至今没有完美的解决方案。本书主要采用两种比较常用且有效的方法：基于自相关函数(Auto Correlation Function，ACF)的基频提取方法和基于动态规划的无间断基频(Unbroken Pitch Determination Using Dynamic Programming，UPDUDP)的提取方法。同时，针对声调发音质量评测的实际需求，提出一种基于 Fujisaki 模型的声调相关基频提取方法。

7.2.1　基于 ACF 的基频提取方法

基于 ACF 的基频提取方法，是一种在时域上进行简单、高效的基频提取方法。通过计算语音信号的自相关函数，在浊音处会出现峰值，且峰值出现在基频周期整数倍的位置上，而在清音处没有明显峰值。该算法运算量少，实现也比较容易，可以将静音处和清音处的基频设为零。单个语音帧内的 ACF 计算方法如下所示：

$$acf(\eta) = \sum_{i=0}^{N-1-\eta} s(i)s(i+\eta) \qquad \eta \in [1, N-1] \tag{7.1}$$

式中　N——语音帧所包含取样点的个数。

式(7.1)表示将语音帧向右移 η 个取样点,再与原语音帧重叠的部分做内积。在一个合理的特定区间内(常取 $\eta \in [16, N/2]$。当 η 太小时,$acf(\eta)$ 值非常大,但一定不是基频点,这里 16 为经验估计值,和采样频率相关;当 η 太大时,重叠语音帧部分越来越少,$acf(\eta)$ 值越来越小,没必要计算。因此,可以只对语音帧的前半部分进行平移,让重叠部分永远是 $N/2$,得到的 $acf(\eta)$ 曲线不会递减,基频提取的效果会更好。),找出 $\arg_{\eta}(\max_{\eta \in [16, N/2]}(acf(\eta)))$,便可计算出该语音帧的基频。该方法的缺点是在静音处和清音处基频为零,会导致在 HMM/GMM 建模时造成零方差。

7.2.2　基于 UPDUDP 的基频提取方法

J. C. Chen 等人提出的基于 UPDUDP 的基频提取方法,通过动态规划算法调节相邻语音帧基频的差值,得到整条语句平滑的无间断的基频轮廓曲线。具体做法是首先求出整个语句的平均幅度差函数(Average Magnitude Difference Function, AMDF),并定义一个成本函数(Cost Function),利用惩罚项(Penalty Term)控制两段相邻语音帧的基频曲线的平滑程度,如下所示:

$$cost(\mathrm{p}, \theta, m) = \sum_{i=1}^{k} amdf_i(p_i) + \theta \times \sum_{i=1}^{k-1} |p_i - p_{i+1}|^m \tag{7.2}$$

式中　p——整个语句中可能的基频路径,$p = [p_1, \cdots, p_i, \cdots, p_k]$,且 $p_i \in [16, N/2]$;

k——整个语句的语音帧总数;

θ——转移损失权重,其值越大,对应基频曲线越平滑;

m——相邻语音帧间的基频差值指数,一般取 2;

$amdf_i(p_i)$——语音帧 i 的 AMDF 在 p_i 点处的值。

成本函数中第一项为 AMDF 值部分,单个语音帧内的 AMDF 值计算方法如下所示:

$$amdf(\eta) = \sum_{i=0}^{N-1-\eta} | s(i) - s(i+\eta) | \tag{7.3}$$

式中　N——语音帧所包含取样点的个数。

式(7.3)表示将语音帧右移 η 个取样点,再与原语音帧重叠的部分进行点对点相减并取绝对值。在一个合理的特定区间内(常取 $\eta \in [16, N/2]$,原因同 ACF 类似),找出 $\arg_{\eta}(\min_{\eta \in [16, N/2]}(amdf(\eta)))$,便可计算出该语音帧的基频。但由于半频和倍频的原因,求取的基频有时会偏离实际的基频,为此,UPDUDP 算法不直接取特定区间内的 AMDF 最小值为该语音帧的基频,而是利用成本函数中第二项计算相邻语音帧差距造成的成本,并用于控制基频曲线趋于平滑,这就要求转移成本越小越好。

为找出最小成本函数则采用动态规划算法,定义最佳路径 $D(i,j)$ 为语音帧 1 到 i 的最小成本,且语音帧 i 的基频取在 j 点,即 $p_i = j = \arg_{\eta}(\min_{\eta \in [16, N/2]}(amdf_i(\eta)))$,定义如下所示:

$$D(i,j) = amdf_i(j) + \min_{k \in [16, N/2]} \{D(i-1, h) + \theta \times |h-j|^2\} \quad i \in [2,k], j,h \in [16, N/2] \tag{7.4}$$

且初始值 $D(1,j) = amdf_1(j)$, $j \in [16, N/2]$;最佳路径是 $\min_{j \in [16, N/2]} D(k,j)$。

利用 UPDUDP 方法可提取出整个语句平滑无间断的基频轮廓曲线,并且使原本基频跳动幅度较大的地方,通过转移成本的设定来控制其平滑程度。其缺点是,本来静音处和清音处没有基频,而仅仅是出于计算的考虑才给它赋值,这不是很合理。

7.2.3 声调相关基频的提取

在连续语流中,音节声调会受其前后音节声调的影响而产生变调,它的调域会受其所在语句语调的影响而再次发生改变。我国著名语言学家赵元任先生把声调和语调的关系形象地比作“小波浪叠加大波浪”,认为整个句调是声调和语调的“代数和”[207]。因此,连续语流的基频轮廓曲线应该包含多种超音段信息,包括音节的声调信息和语句的语调信息。如果我们可以从待评测的语音段中提取出能直接反映声调的基频曲线,即从语音的基频曲线中剔除反映语调的基频曲线,使其能够更好地反映声调特征,必将更有利于后续的各种声调评测方法的使用。

赵元任先生的这种“声调叠加在语调”上的学术思想,可以用日本学者 Fujisaki 提出的 Fujisaki 模型来有效描述[208,209]。Fujisaki 模型最早用于建立日语的基频模型,后来又被推广用于其他语言,包括德语、汉语、英语等[210-212]。Fujisaki 模型针对整条语句建立数学模型,具体见式(7.5),该模型将每条语句的语音基频分成三个部分进行描述,即直流分量、短语成分和重音成分,整条语句的基频曲线是这三个部分在对数域上的直接叠加。直流分量是基频的基准值的对数 $\ln F_b$,与语句的语态和调型有关,作用于整个语句。短语成分由短语命令通过短语控制模块产生,短语命令由若干个激励信号构成,激励信号的响应函数是一个无限衰减函数,控制着基频曲线的全局下倾和缓慢的变化,短语成分是构成语调曲线的基础。重音成分由声调命令(也称为重音命令)通过声调控制模块产生,声调命令由若干个阶跃信号构成,阶跃信号的响应函数控制着基频曲线的局部变化和上下偏移,重音成分是构成声调曲线的基础。Fujisaki 模型如图 7.5 所示。

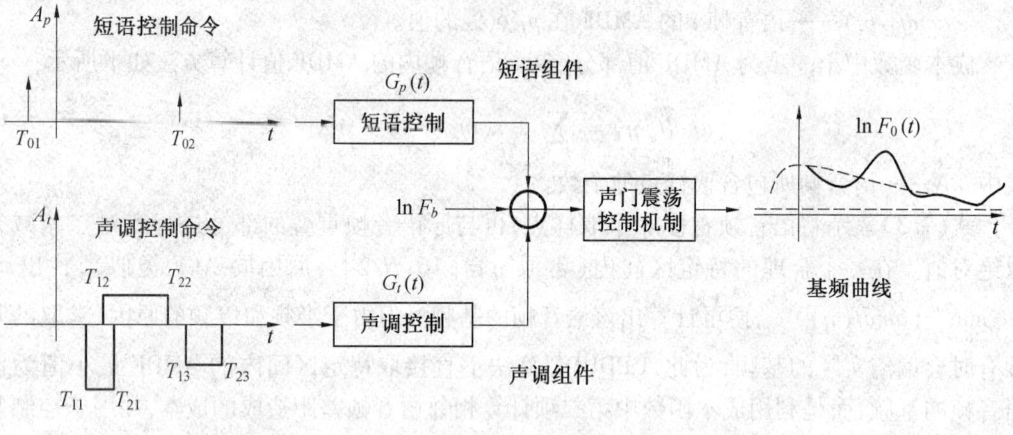

图 7.5 Fujisaki 模型示意图

Fujisaki 模型的数学表达式为

$$\ln F_0(t) = \ln F_b + \sum_{i=1}^{I} Ap_i G_p(t - T_{0i}) + \sum_{j=1}^{J} At_j(G_t(t - T_{1j}) - G_t(t - T_{2j})) \tag{7.5}$$

式中 F_b——基频的基准值;

I,J——短语命令和声调命令的数量;

T_{0i}, Ap_i——第 i 个短语命令的起始时间和幅度;

T_{1j}, T_{2j}, At_j——第 j 个声调命令的起始时间、结束时间和幅度;

$G_p(t)$——短语控制机制的脉冲响应函数，见式(7.6)；

$G_t(t)$——声调控制机制的阶跃响应函数，见式(7.7)。

$$G_p(t)=\begin{cases}\alpha^2 t\exp(-\alpha t), & t\geqslant 0\\ 0, & t<0\end{cases} \tag{7.6}$$

式中　α——调节常数，一般取3.0/s。

$$G_a(t)=\begin{cases}\min[1-(1+\beta t)\exp(-\beta t),\gamma], t\geqslant 0\\ 0, t<0\end{cases} \tag{7.7}$$

式中　β,γ——调节常数，一般分别取20和0.9。

直接从语音信号中提取Fujisaki模型的各项参数已取得很大进展，模型生成基频曲线的精度也非常高，具体可参见文献[209-212]。其中，Mixdorff提出的方法最有代表性，该方法首先对整条语句的基频曲线进行插值拟合，然后对拟合后的平滑曲线进行高通滤波，得到高频曲线(High Frequency Contour，HFC)，代表着声调命令对应的基频曲线。从原基频曲线中直接减去HFC，得到低频曲线(Low Frequency Contour，LFC)，代表着短语命令对应的基频曲线和基频基准值的和。在上述低频和高频曲线上，分别计算短语命令和声调命令的各项参数，计算方法是采用最小化均方差准则，在不同量级上搜索局部最优点，利用爬山法优选出各参数的值，实验结果表明，利用该方法生成的基频曲线精度很高[210]。Mixdorff方法的成功，说明上述通过高通滤波的方式可以实现对声调的有效分离。

综上所述，根据Fujisaki模型，本书采用类似Mixdorff提出的方法[210,211]，从待评测语音段的基频曲线中分离出与声调直接相关的基频曲线部分，具体方法如下：

(1)提取整个语句的平滑无间断连续基频曲线。如果是间断的基频曲线，需要先对基频曲线中的清音段和静音段进行插值，然后进行拟合和平滑，Mixdorff采取的方法是直接使用spline三次样条进行插值。而本书先采用7.2.2小节由UPDUDP方法获得平滑无间断基频曲线，然后再采用spline进行拟合平滑，具体如图7.6所示。

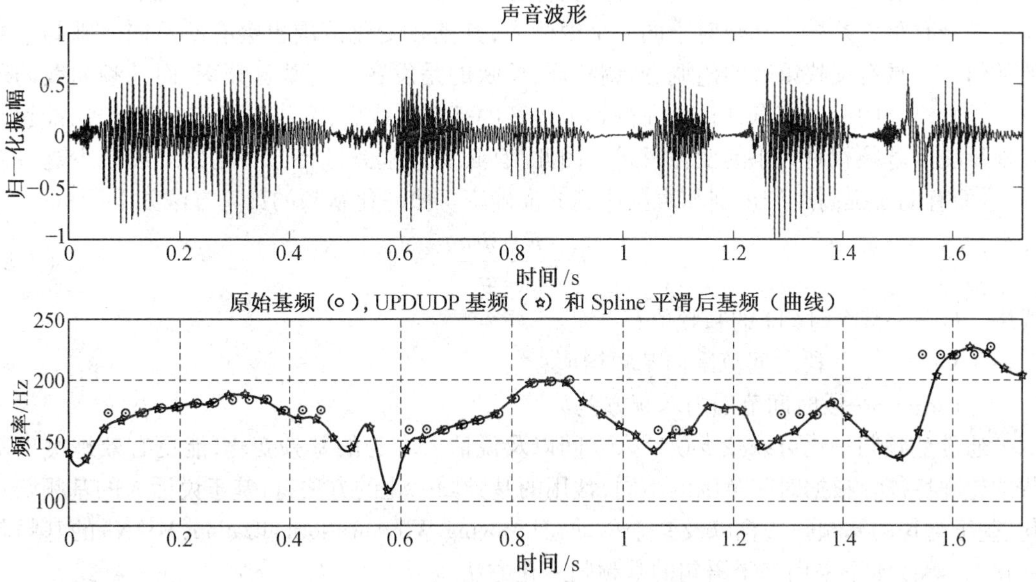

图7.6　原始基频、UPDUDP基频及Spline平滑后基频曲线

(2)使用一组截止频率为f_c的高通滤波器对上面获取的整个语句的无间断连续基频曲线进行分离,提取出基频曲线中变化较大的部分,得到高通基频曲线(HFC),该基频曲线代表着对应语音中的音节声调相关信息。

(3)在原基频曲线中去除高通基频曲线部分,剩余基频曲线中变化较和缓的部分,即低通基频曲线(LFC),代表着对应语音中语调和说话人个性信息的和。具体如图7.7所示。

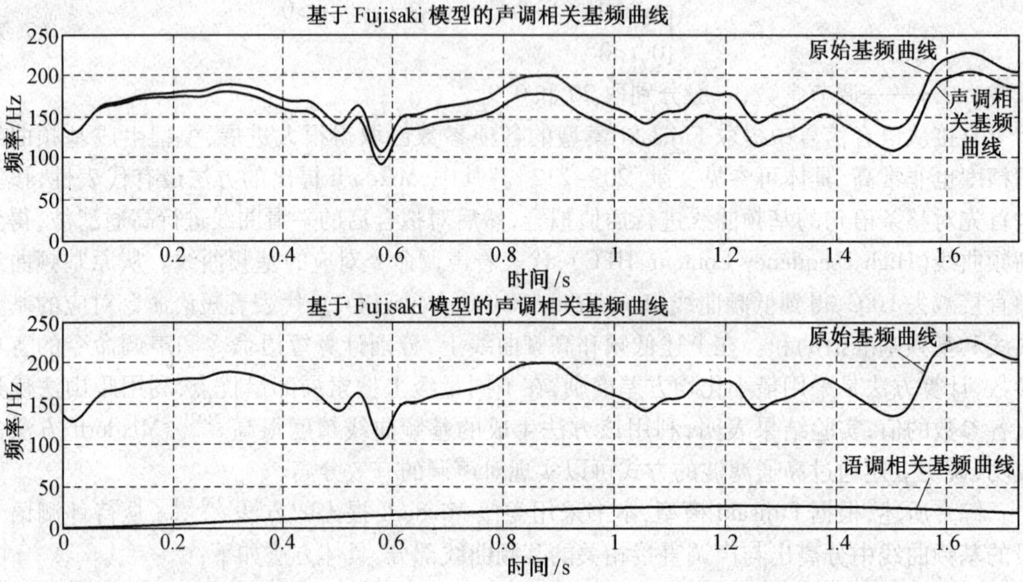

图7.7　基于Fujisaki模型的声调相关基频曲线和语调相关基频曲线

7.2.4　基频特征归一化

一般来说,受年龄、性别、方言差异、教育程度等各种因素的影响,不同说话人的基频变化范围会有很大差异。甚至对于同一个说话人,其基频变化范围也会有所不同。基频本身的数值并不具有反映语音的语调、声调特征,反映的是发音人的基音频率,而基频曲线的形状携带着语音的声调信息,所以,在得到了语音的基频曲线后,需要进行归一化处理,能够更好地反映出基频相对大小的变化模式。因此,有必要对基频进行归一化处理以减少这些差异,进而有助于提高声调识别和声调评测的准确率。归一化基频的计算方法如下所示:

$$\widetilde{F}_t=\frac{F_t-Mean}{Var} \tag{7.8}$$

式中　F_t——某个时刻t的基频值;

$Mean$——一段时间范围内基频均值;

Var——一段时间范围内基频方差。

通过基频归一化可以减少说话人之间以及说话人本身的基频变化,能更有效地突出基频的轮廓特征。根据时间范围的不同,常用的基频归一化的方法有:基于说话人的基频归一化、基于语句的基频归一化以及基于移动窗(Moving Window Normalization,MWN)的基频归一化[213]等。本书采用基于语句的基频归一化方法。

7.3　基于嵌入式声调模型的声调评测方法

按照发音质量评测系统的整体框架,对声调进行评测时,首先要训练声调模型,建立声调的识别系统,然后对待评测语音进行强制对准,计算后验概率进行评价。目前,对声调的建模方法主要有两种:嵌入式建模方法和显式建模方法。在嵌入式建模方法中,我们直接把基频特征分量及其一阶、二阶差分加入到已有的声学特征中,如 MFCC,PLP 等,并通过现有的语音识别框架对声调进行建模和识别。

7.3.1　按语音帧引入基频信息的嵌入式声调建模方法

根据发音的生理过程可知,静音处和清音处没有基频值,为方便处理有时也可设定为一固定值,比如 0,而浊音处基频值是连续变化的。因此,对于一段汉语语音来说,其基频特征序列一定会有间断,是分段连续的。传统的 HMM 建模方法,对非连续特征和连续特征进行混合建模时存在缺陷,此时可以采取以下两种办法解决。一种方法是仍采用 HMM 进行建模,但需要先利用平滑算法对特征进行拟合,使其变成完整的无间断连续特征;另外一种方法是采用多空间概率分布的隐马尔科夫模型(MSD-HMM),该模型可以直接对非连续特征和连续特征进行混合建模。下面,分别对它们进行详细介绍。

1. 基于 HMM 的方法

采用 7.2.2 小节和 7.2.3 小节介绍的方法,可直接实现对不连续特征进行拟合和平滑,使其变成无间断的连续特征。此时,可以把各类基本特征和它们的一阶、二阶差分别放在不同的流中,一个典型的包含连续基频信息的多流 HMM 的输入特征结构如图 7.8 所示。图中 M 代表 MFCC 特征;P 代表基频特征;Δ 代表后接特征的一阶差分;ΔΔ 代表后接特征二阶差分。

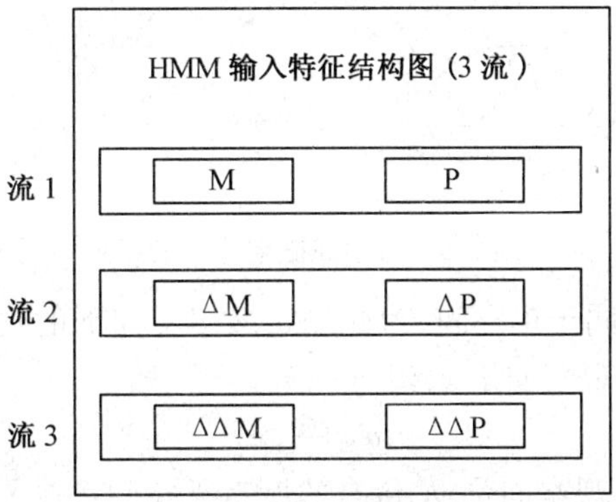

图 7.8　包含连续基频信息的多流 HMM 输入特征结构图

2. 基于 MSD-HMM 的方法

21 世纪初期,Tokuda 教授提出了多空间概率分布的隐马尔科夫模型(MSD-HMM)[214],该模型可以对连续信号、非连续信号,及连续和非连续交叠出现的信号在同一个理论框架下进行建模,通过采用不同的概率空间来分别描述信号的连续段和不连续段,无需预先对信号做平滑处理,也避免了启发式方法带来的负面效应。此方法已经被广泛应用于语音合成系统中,能有效地处理非连续的基频特征序列,效果非常显著[201]。

(1)多空间概率分布。

如图 7.9 所示,考虑样本空间 Ω 是由 G 个子空间构成,记作

$$\Omega = \bigcup_{g=1}^{G} \Omega_g \tag{7.9}$$

其中,Ω_g 是一个 n_g 维的实空间 R^{n_g},其序号为 g,每个子空间都有独立的维数,不同子空间维数可以相同,也可以不同。

假定观测值出现在每一个子空间的概率为 w_g,那么就有 $\sum_{g=1}^{G} w_g = 1$。如果 $n_g > 0$,那么子空间 Ω_g 的概率分布函数为 $N_g(x)$,$x \in R^{n_g}$,且 $\int_{R^{n_g}} N_g(x)\,\mathrm{d}x = 1$。如果 $n_g = 0$,那么子空间 Ω_g 只包含一个固定的值,为表述方便,其概率分布函数可定义为 $N_g(x) \equiv 1$。整个样本空间的概率为 1,即 $\Pr(\Omega) = 1$。

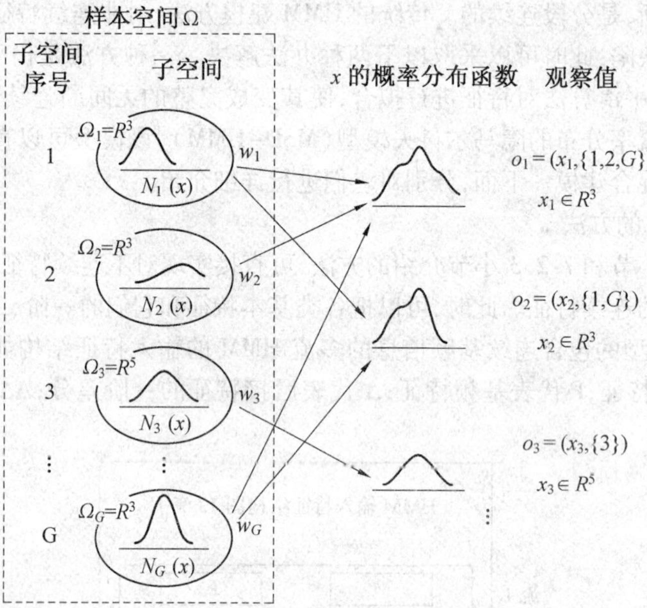

图 7.9 多空间概率分布示意图

多空间的观察事件不同于单空间,为此先定义多空间下的观察值 o,它由两部分构成,子空间序号集合 X 和随机观察向量 x,记作

$$o = (X, \boldsymbol{x}) \tag{7.10}$$

其中,$\boldsymbol{x}$ 是 n 维的随机观察向量;X 包含的所有子空间都是 n 维的,但 X 不一定包含 Ω 中所有的 n 维子空间。此时,在观察事件中,不仅观察向量 $\boldsymbol{x}$ 是一个随机变量,子空间序号集合 X 也是一个随机变量,需要在特征提取时被确定。观察值 o 的产生概率定义如下:

$$b(o) = \sum_{g \in S(o)} w_g N_g(v(o)) \tag{7.11}$$

其中,$S(o) = X$;$v(o) = x$。

在图 7.9 中,观察值 o_1 由两部分构成,子空间序号集合 $X_1 = \{1, 2, G\}$ 和随机观察向量 $\boldsymbol{x}_1 \in R^3$。其中,x_1 为 3 维随机向量,由 X_1 对应的三个 3 维子空间 Ω_1、Ω_2 和 Ω_G 的概率分布

函数来共同描述，即 $b(o_1)=w_1N_1(x)+w_2N_2(x)+w_GN_G(x)$。

可以看出，多空间概率分布是一种更具有一般性的分布。当 $n_g\equiv 0$ 时，多空间概率分布退化为离散概率分布，当 $n_g\equiv m>0, S(o)\equiv\{1,2,\cdots,G\}$，且 N_g 为高斯分布时，多空间概率分布则转化为由 G 个高斯构成的混合高斯分布。

为便于理解多空间概率分布，下面给出一个具体的例子进行说明。如图 7.10 所示，有一个人在池塘钓鱼，池塘里有红色的鱼、绿色的鱼、乌龟以及一些垃圾。钓鱼者在钓鱼时会关心所钓物品的品种和相关属性，当他钓到鱼时，他会关心鱼的长度和质量；当他钓到乌龟时，他会关心乌龟的直径；当他钓到垃圾时，一般不会关心垃圾的任何属性。此时，池塘中的所有物品的样本空间就被划分为四个子空间：

Ω_1：2 维空间，代表红色的鱼的长度和质量。

Ω_2：2 维空间，代表绿色的鱼的长度和质量。

Ω_3：1 维空间，代表乌龟的直径。

Ω_4：0 维空间，代表垃圾。

每一个子空间的概率 w_1, w_2, w_3, w_4 分别由池塘中红色的鱼、绿色的鱼、乌龟以及垃圾的数量决定。子空间 Ω_1 和 Ω_2 中有关红色的鱼和绿色的鱼的概率分布函数分别是 $N_1(\cdot)$ 和 $N_2(\cdot)$，维度为 2（长度和质量）。子空间 Ω_3 中有关乌龟的概率分布函数为 $N_3(\cdot)$，维度为 1（直径）。如果在某次钓鱼中，这个人钓到一条红色的鱼，则本次钓鱼的观察值为 $o=(\{1\},\boldsymbol{x})$，其中 x 是一个 2 维向量，代表红色的鱼的长度和质量。如果这个人日夜不停地钓鱼，在晚间钓鱼将无法获知鱼的颜色，只能测量鱼的长度和质量，此时鱼的观察值为 $o=(\{1,2\},\boldsymbol{x})$，表示既可能是红色的鱼，也可能是绿色的鱼。

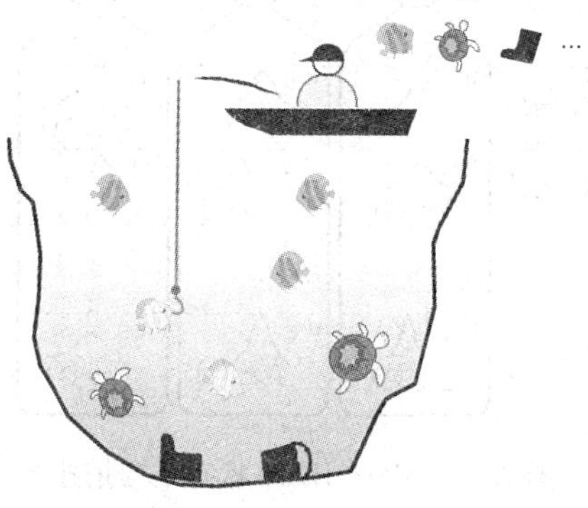

图 7.10　多空间概率分布实例

（2）MSD-HMM。

当定义完多空间概率分布的基本概念后，就可以在此基础上重新定义一种新的 HMM，即 MSD-HMM。类似于 HMM，一个 N 状态的 MSD-HMM 也可以用一个三元组表示，记作

$$\theta \triangleq (\pi, A, B) \tag{7.12}$$

式中　π——初始状态概率，$\pi=\{\pi_j\}_{j=1}^{N}$；

A——状态转移概率，$A=\{a_{ij}\}_{i,j=1}^{N}$；

$$B=\{b_i(o)\}_{i,j=1}^{N}$$

B——状态输出概率，$b_i(o)=\sum\limits_{g\in S(o)} w_{ig}N_{ig}(v(o))$。

可以看出,π 和 A 与 HMM 中的定义完全相同,仅 B 与 HMM 中定义略有不同,采用的是多空间概率分布,每个状态 i 包含 G 个概率分布函数,$N_{i1}(\cdot),N_{i2}(\cdot),\cdots,N_{iG}(\cdot)$,它们分别来自于子空间 $\Omega_1,\Omega_2,\cdots,\Omega_G$,权重依次为 $w_1,w_2,\cdots,w_G$。一个 MSD－HMM 的状态结构拓扑图如图 7.11 所示。

对于一个观察值序列 $O=\{o_1,o_2,\cdots,o_T\}$,其累计的观察概率为

$$\begin{aligned}\Pr(O\mid\theta)=&\sum_{\text{all } q}\prod_{t=1}^{T}a_{q_{t-1}q_t}b_{q_t}(o_t)=\\&\sum_{\text{all } q}\Big(\prod_{t=1}^{T}a_{q_{t-1}q_t}\sum_{g\in S(o)}w_{q_tg}N_{q_tg}(v(o_t))\Big)=\\&\sum_{\text{all } q}\Big(\sum_{g\in S(o_1)}a_{q_0q_1}w_{q_1g}N_{q_1g}(v(o_1))\Big)\Big(\sum_{g\in S(o_2)}a_{q_1q_2}w_{q_2g}N_{q_2g}(v(o_2))\Big)\cdots\\&\Big(\sum_{g\in S(o_T)}a_{q_{T-1}q_T}w_{q_Tg}N_{q_Tg}(v(o_T))\Big)=\\&\sum_{\text{all}q,l}\prod_{t=1}^{T}a_{q_{t-1}q_t}w_{q_tg}l_tN_{q_tg}(v(o_t))\end{aligned}\tag{7.13}$$

其中,a_{q_0j} 即为 π_j,$q=\{q_1,q_2,\cdots,q_T\}$ 为 O 所有可能的状态序列,$l=\{l_1,l_2,\cdots,l_t\}\in\{S(o_1)\times S(o_2)\times\cdots\times S(o_T)\}$ 为 O 所有可能的子空间序列。

MSD-HMM 的估计问题、解码问题、训练问题与 HMM 中的问题思想相同,具体参见文献[214]。

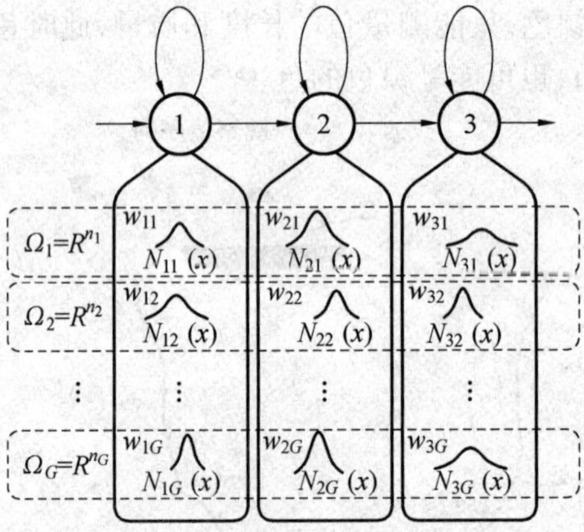

图 7.11 MSD-HMM 状态结构拓扑图

(3)MSD-HMM 对基频建模。

基频在韵母(浊音)处是一维的连续变量,在声母(清音)处和静音处不存在。因此,采用 MSD-HMM 模型时,基频序列定义在一个由多个 1 维空间和一个 0 维空间共同组成的多概率空间中,其中韵母段的基频分布用多个 1 维子空间描述,声母段的基频分布用一个 0 维子空间描述。即

$$S(o_t)=\begin{cases}\{1,2,\cdots,G-1\},\text{母}\\\{G\},\text{母和}\end{cases}\tag{7.14}$$

其中 $n_g=1(g=1,2,3,\cdots,G-1)$,$n_G=0$。此时,当子空间分布函数为单高斯分布时,韵母处的基频序列相当于由 $G-1$ 阶混合高斯模型生成,而声母和静音处的基频序列为一个常数。

此时,基频特征的值可以定义在多个一维空间和一个零维空间中。可见,MSD-HMM 可以完美地处理基频序列不连续的问题。

7.3.2　基于嵌入式模型的声调评测方法

与传统的音素发音质量评测方法类似,基于嵌入式声调模型的声调发音质量评测方法也可以在现有成熟的发音质量自动评测系统的框架下进行。本书中,声学模型采用上下文无关的带调声韵母模型,包括声母 27 个(含 6 个零声母),带调韵母 185 个(含 37 个韵母,且每个韵母有 5 个声调:阴平、阳平、上声、去声和轻声),静音 1 个,共计 213 个音素。采用嵌入式声调模型对声调发音质量进行评测时,需要把带调韵母作为评测对象,且一般认为韵母已知。首先,我们对待评测语音的发音文本按照所有可能的声调进行扩展,如图 7.12 所示,然后在扩展后的包含多种声调的限制识别网络中进行带调声韵母的识别,并进行后验概率计算。对于一段给定的发音特征序列 O_T 和它对应的带调韵母 $p_{i,t}$(表示韵母 p_i 的第 t 类声调,$t \in \{1,2,\cdots,5\}$),对数后验概率的计算公式如下:

$$\log \mathrm{PP}(p_{i,t} \mid O_T) = \log\left(\frac{\Pr(O_T \mid p_{i,t})\Pr(p_{i,t})}{\sum_{j=1}^{5}\Pr(O_T \mid p_{i,j})\Pr(p_{i,j})}\right) \approx \log\left(\frac{\Pr(O_T \mid p_{i,t})}{\sum_{j=1}^{5}\Pr(O_T \mid p_{i,j})}\right) \tag{7.15}$$

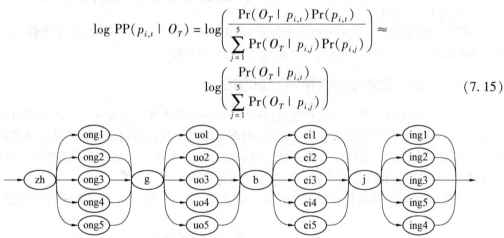

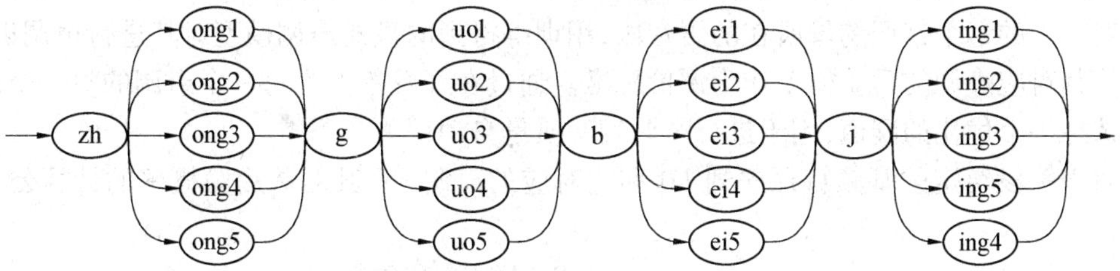

图 7.12　“中国北京”按照声调进行扩展的限制识别网络

对于同一个韵母的不同声调,可以看作是该韵母的一个最易混淆的音素集合,因此,带调韵母的后验概率计算过程和第 6 章的基于音素混淆概率矩阵的发音质量评测方法类似,且能够和该方法无缝集成,可以扩展出更多的带调易混淆韵母集合。同时,通过在开发集上为每一个韵母的每一个声调发音等级选择一个优化的阈值,完成对声调发音质量的自动评测。

7.4　基于显式声调模型的声调评测方法

7.4.1　按音节引入基频信息的显式声调建模方法

显式声调建模方法是在音节层次上使用基频等多种声学特征,并利用一些模式分类方法,比如 HMM[215],DTA[216],GMM[97-99,217],SVM[218] 和 NN[219] 等,建立分类模型,对声调进行分类和识别。下面给出建立显式声调模型时所用到的特征,然后介绍具体建模的方法。

首先,提取下列特征。

PPTone:当前音节之前第二个音节的声调。

PTone:当前音节之前第一个音节的声调。

Probability:3-gram 声调模型的概率。

PMean1:当前音节之前音节被平均分成三份以后的第一部分基频的平均值。

PMean2:当前音节之前音节被平均分成三份以后的第二部分基频的平均值。

PMean3:当前音节之前音节被平均分成三份以后的第三部分基频的平均值。

CMean1:当前音节被平均分成三份以后的第一部分基频的平均值。

CMean2:当前音节被平均分成三份以后的第二部分基频的平均值。

CMean3:当前音节被平均分成三份以后的第三部分基频的平均值。

FMean1:当前音节之后音节被平均分成三份以后的第一部分基频的平均值。

FMean2:当前音节之后音节被平均分成三份以后的第二部分基频的平均值。

FMean3:当前音节之后音节被平均分成三份以后的第三部分基频的平均值。

总共有 12 个特征。

GMM 简单、高效,在很多声调发音质量评测中被广泛采用[97-99]。为便于比较,本书也采用 GMM 作为分类模型,并进行一些优化处理,类似文献[98]。

7.4.2 基于显式模型的声调评测方法

我们对待评测语音进行强制对准后,获得带调韵母的边界信息及其对应的声调信息,然后针对其中的每个带调韵母所在的语音段,用训练得到的显式声调模型对其进行声调识别,并计算其对应声调的后验概率作为评价标准。通过在开发集上为每一个声调的每一个发音等级选择一个优化的阈值,用于进行声调发音质量自动评测。

对于一段给定的基频特征序列 $F0$ 和它对应的声调 ref,其对数后验概率的计算公式如下:

$$\log \mathrm{PP}(ref \mid F0) = \log\left(\frac{\Pr(F0 \mid ref)\Pr(ref)}{\sum_{k=1}^{5}\Pr(F0 \mid t_k)\Pr(t_k)}\right) \approx \log\left(\frac{\Pr(F0 \mid ref)}{\sum_{k=1}^{5}\Pr(F0 \mid t_k)}\right) \tag{7.16}$$

式中 t_k——声调类别标记,$k=\{1,2,\cdots,5\}$,代表五种不同的声调;

$\Pr(F0 \mid ref)$——参考声调 ref 对应的显式声调 GMM 产生 $F0$ 的概率;

$\Pr(F0 \mid t_k)$——声调 t_k 对应的显示声调 GMM 产生 $F0$ 的概率。

可以看出,使用 GMM 模型的后验概率方法,无论 GMM 对声调识别是否正确,但只要其后验概率的值在一个正确的范围,都能实现对声调发音质量有效评测。

7.5 基于多维置信度的多种评测方法的融合

上面两类声调建模方法,一类是基于语音识别技术的在语音帧层级上利用短时段特征信息的建模方法,一类是基于模式分类技术的在音节层级上利用长时段特征信息的建模方法，这两类方法具有很好的互补性。因此，我们尝试对这两类声调模型进行融合，模型的融合方法有系统级的，也有特征级的，其总体框架如图 7.13 所示。

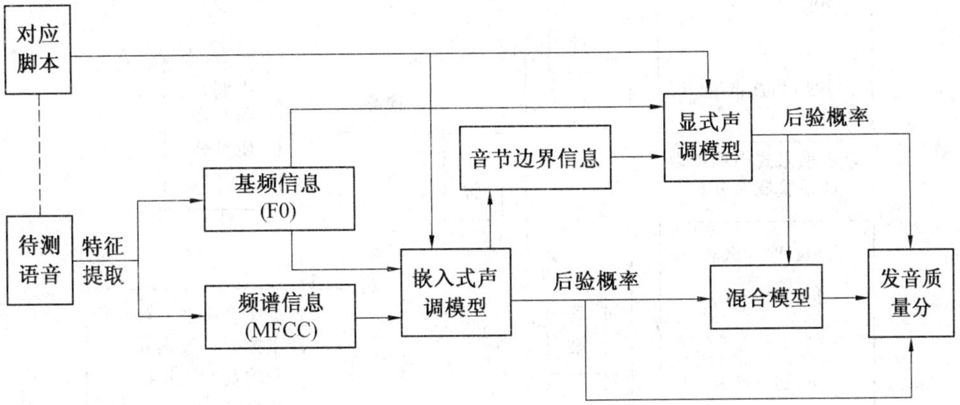

图 7.13　声调发音质量评测系统的总体框图

系统级的融合可以采用等权值线性融合的方法进行，直接对两类方法获得置信度分数取平均值，然后通过在开发集上为每一个声调的每一个发音质量等级选择一个优化的阈值，进行声调发音质量自动评测。

等权值线性融合的方法比较简单，且融合后的评测特征仍然是单维置信度分数，和融合前的两种评测方法区别不大。和 6.4.1 小节中提到的原因一样，由于发音的多样性和易变性，这种靠计算单维置信度分数加阈值判断的方法，对于很多实际的发音质量评测任务还不够稳定。因此，考虑对所有声调模型的置信度得分分布做模型和后处理，进一步提高系统的鲁棒性和整体性能。

为了更好地利用已获得的声调发音质量的各种置信度信息，可以把基于嵌入式模型的声调评测置信度信息和基于显式模型的声调评测置信度信息连接成一个更大的向量，作为声调发音质量的多维置信度向量，建立 SVM 模型，并利用已标注的数据进行训练，系统将具有更好的鲁棒性和适应性，而且不需要考虑阈值的选取。

针对嵌入式声调模型，对待评测语音进行强制对准后，获得带调韵母的边界信息，然后对每一段带调韵母语音段分别计算该语音段和它所对应的 5 个带调韵母（每个韵母有 5 个声调：阴平、阳平、上声、去声和轻声）的 GOP 分数，组成一个 5 维置信度向量。

针对显式声调模型，对待评测语音进行强制对准后，获得每个音节的边界信息，然后针对每个音节所在的语音段，用显式声调模型对其进行声调识别，可得到其对应每一类声调的后验概率，组成一个 5 维置信度向量。再与基于嵌入式声调模型得到的 5 维置信度向量连接，组成一个 10 维置信度向量，用于表征该语音段的声调发音质量置信度。

这样，对于所有声调为 $t_k(k\in\{1,2,\cdots,5\})$ 的语音段，它对应的发音特征序列为 O_T，对应的基频特征序列为 $F0$，对应的带调韵母为 $p_{i,k}$（表示韵母 p_i 的第 k 类声调，$k\in\{1,2,\cdots,5\}$），则在嵌入式声调模型下，对数后验概率为 $\log \mathrm{PP}(p_{i,k}|O_T)$，在显式声调模型下，对数后验概率为 $\log \mathrm{PP}(t_k|F0)$，依次计算该语音段在两类声调模型下对所有声调的后验概率并连接成一个多维置信度向量，采用 SVM 分类模型，训练声调 t_k 的发音质量分类器，并用于声调为 t_k 语音段的声调发音质量自动评测，具体过程可如图 7.14 所示。

这种基于多维置信度的 SVM 混合模型的声调评测方法，能更好地利用嵌入式声调模型

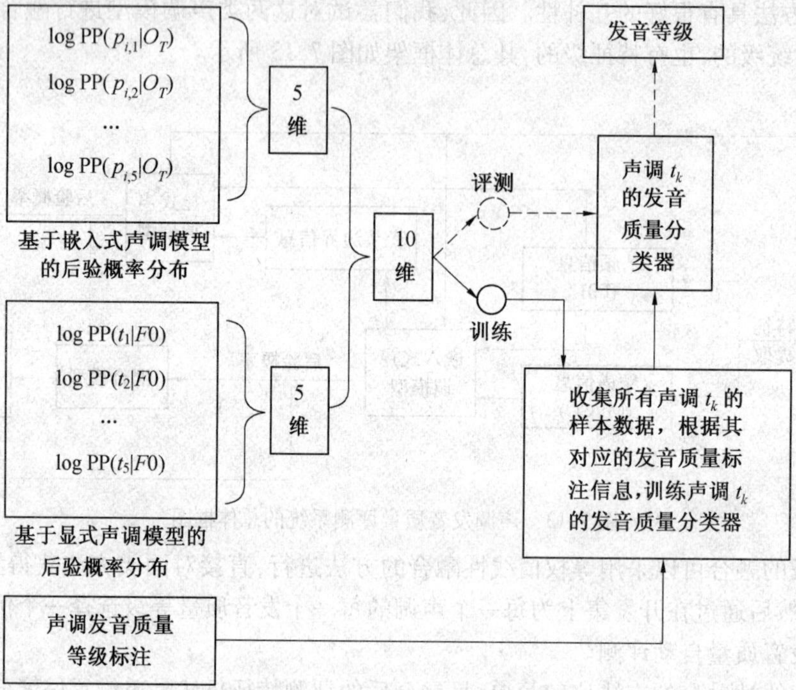

图 7.14 基于多维置信度向量的 SVM 分类器示意图

和显式声调模型各自的优点，且在更大范围上综合利用语音段对不同声调类别的多层次置信度信息，有助于提高系统的鲁棒性和适应性，有助于提高系统的综合性能。

7.6 实验及实验结果分析

7.6.1 基频信息对声韵母评测的影响

由发音生理可知，基频信息是一种重要的声学特征，对表征声调具有重要作用，但是否有利于提高声韵母评测的准确度呢？为此，在 6.5.1 小节系统 1 的基础之上，增加了 3 维基频相关特征（基频及其一阶、二阶差分），构成一个 42 维的新的输入特征，进行对比实验，结果见表 7.1。

表 7.1 基频信息对声韵母发音质量评测的影响

名称	相关系数	联合错误率
6.5.1 节系统 1	0.726	0.367
增加基频信息的新系统	0.727	0.364

从表 7.1 中可以看出，新系统由于增加了基频信息，其对声韵母发音质量评测的准确度略有提升，但效果不是很明显，因此，没有必要在声韵母发音质量评测任务中加入基频信息。值得说明的是，虽然语言语音学研究已表明，基频本身和声韵母无关，但是增加基频信息确实带来系统性能的略微提升，可能与汉语是一种声调语言有一定的关系。

7.6.2　基频信息对声调评测的影响

选择 CCTV 语音库和 G1-112 语音库作为嵌入式声调模型和显式声调模型的模型训练数据集。选择 PSC-Develop-87 作为基于嵌入式声调模型、基于显式声调模型以及等权值线性混合模型的声调评测系统的阈值选取开发集。选择 PSC-Test-89 为声调评测系统的测试集。

下面共设计7个实验系统进行比较,分别对应不同类型的基频信息利用方法和声调建模方法。系统1为本次实验的基线系统,采用7.3节介绍的嵌入式声调模型进行声调评测,且仅使用 MFCC 特征(MFCC_0_D_A_Z),输入特征为39维。系统2在系统1的基础上,加入了由 UPDUDP 算法获得的平滑无间断基频特征,输入特征为42维,在训练时采用3个流,其输入语音模型参数见表7.2。系统3与系统2基本相同,但其基频特征是在 UPDUDP 算法获得的基频特征的基础之上,根据 Fujisaki 模型进行高通滤波,得到声调相关的基频特征,在训练时采用3个流,其输入语音模型参数见表7.3。系统4类似于文献[102]中使用的方法,在系统1的基础上,加入了由 ACF 算法获得的有间断的基频特征,输入特征为42维,在训练时采用4个流,其输入语音模型参数见表7.4,第1个流为谱参数流,39维 MFCC,采用传统的 HMM 建模方法,后3个流为基频参数流,分别是基频及其一阶、二阶差分,采用 MSD-HMM 的建模方法。系统5类似于文献[98]中使用的方法,即采用 GMM 为分类模型的显式声调建模方法。系统6是对系统4和系统5进行简单线性融合后的混合模型,混合方法采用等权值线性融合。系统7是利用系统4和系统5获得的多维置信度向量建立的 SVM 混合模型。HMM 模型训练采用 HTK 工具进行[200],MSD-HMM 模型训练采用 HTS 工具进行[201],SVM 分类模型采用 WEKA 工具中的 SMO 分类器及其默认设置[202]。实验结果见表7.5。

表7.2　系统2的语音模型参数

参数类型	参数值
特征	42[MP_U__$\Delta M\Delta P_U$__$\Delta\Delta M\Delta\Delta P_U$]
混合数	3[8__4__4]
流数	3[14__14__14]

注:M 为 MFCC 特征; P_U为通过 UPDUDP 算法提取的平滑无间断基频;Δ 为一阶差分;ΔΔ 为二阶差分。

表7.3　系统3的语音模型参数

参数类型	参数值
特征	42[MP_F__$\Delta M\Delta P_F$__$\Delta\Delta M\Delta\Delta P_F$]
混合数	3[8__4__4]
流数	3[14__14__14]

注:M 为 MFCC 特征;P_F为在 UPDUDP 算法提取基频的基础上,根据 Fujisaki 模型获得的声调相关的基频; Δ 为一阶差分;ΔΔ 为二阶差分。

表 7.4 系统 4 的语音模型参数

参数类型	参数值
特征	42[MΔMΔΔM__P_A__ΔP_A__$\Delta\Delta P_A$]
混合数	4[16__2__2__2]
流数	4[39__1__1__1]

注:M 为 MFCC 特征;P_A为通过 ACF 算法提取的基频;Δ 为一阶差分;ΔΔ 为二阶差分。

表 7.5 基于不同类型基频信息和建模方法的声调评测算法的评测性能

名称	相关系数	联合错误率
系统 1 HMM39	0.762	0.355
系统 2 HMM42-UPDUDP	0.811	0.281
系统 3 HMM42-Fujisaki	0.824	0.274
系统 4 MSDHMM42-ACF(文献[102]的方法)	0.853	0.257
系统 5 GMM12(文献[98]的方法)	0.840	0.263
系统 6 MSDHMM-GMM-Linear	0.875	0.236
系统 7 MSDHMM-GMM-SVM	0.899	0.193

从表 7.5 中可以看出,系统 2 由于加入了平滑无间断基频信息,声调模型得到极大改善,和系统 1 相比,人机评分相关系数由 0.762 提高到 0.811,相对提高了 6.43%,联合错误率下降到 0.281。通过系统 3 和系统 2 对比发现,根据 Fujisaki 模型进行高通滤波得到的声调相关的基频信息能更好地反映声调特点,声调评测的准确率也略高一些。系统 4 采用 MSD-HMM,有效地解决了 HMM 无法对连续特征和非连续特征进行混合建模的弱点,性能得到了较大提升,相关系数提高到 0.853,联合错误率下降到 0.257。系统 4 明显好于系统 2 和系统 3,说明对基频信息进行插值平滑的各种方法都没有直接使用原始的基频信息进行混合建模更有效。系统 2、系统 3 和系统 4 的实验结果充分说明了引入基频特征信息,显著地提高了声调评测系统的性能。系统 5 是采用 GMM 的显式声调建模,能充分利用基频的长时统计信息和上下文信息,和系统 1 相比,相关系数由 0.762 提高到 0.840,相对提高了 10.24%,同时,联合错误率下降到 0.263。系统 6 通过对系统 4 和系统 5 的线性融合,得到了更好的评测效果,相关系数提高到 0.875,相对系统 4 和系统 5 分别提高了 3.02% 和 4.17%。最后,系统 7 更好地利用嵌入式声调模型和显式声调模型各自的优点,且在更大范围上综合利用语音段对不同声调类别的多层次置信度信息,得到了最好的评测效果,相关系数提升到 0.899,联合错误率下降到 0.193,已经超过了人工评测的平均水平。

7.6.3 评测方法的实际评测性能

在实际汉语普通话发音质量评测任务中,需要对声、韵、调进行综合评测,即要综合考虑每一个汉字(音节)的声母、韵母和声调发音,然后给出是否存在发音缺陷和发音错误的判断。为此,我们在第 6 章声韵母发音质量评测的基础上,再加上对声调发音质量的评测,通过选择音节所包含的声母、韵母和声调的评分的最小值作为该音节的最后评分,并计算音节评分与三位评测专家的综合评分的分差,具体实验结果见表 7.6。可以看出,声调评测信息的加入,进一步提高了评测系统的实际评测性能,相对于第 3 章改进方法,分差由 4.65 降到 4.39,下降了 5.6%,这也说明对汉语普通话发音质量评测时,声调评测是不可缺少的。

表 7.6　评测方法的实际评测性能表(分差)

评测方法	分差
人工评测	3.71
第 6 章改进方法	4.65
本章改进方法(系统 7)	4.39

7.7　本章小结

在发音质量评测系统的框架下,针对多种不同的基频特征提取方法和基频信息特点,分别尝试在语音帧层级和音节层级上利用基频信息,建立嵌入式声调模型、显式声调模型及混合模型进行声调的发音质量评测,并详细实验了不同方法对评测性能的影响。实验结果表明,各类基频特征的引入较大程度地提高了声调评测方法的准确性,尤其是基于系统融合的多维置信度的声调评测方法,能有效融合两种建模方式的互补性,同时利用长时语段和短时语段的特征信息,且不需要考虑阈值选取,具有更好的鲁棒性和适应性,有效提高了声调评测方法的准确性,人机相关系数达到 0.899,超过了人工评测的平均水平。下一步将研究更好的基频提取方法,得到更稳定的基频信息,同时充分利用不同声调模型的优点,研究更好的系统融合方法。

第 8 章　儿化音发音质量自动评测技术

8.1　引　言

儿化是汉语普通话口语中一种颇具特色的音变现象，主要是由词尾"儿〔er〕"变化而来。词尾"儿"原本是一个独立音节，长期与其前面的音节流畅地连读而发生音变，"儿"失去独立性，"化"到前一个音节上，只保持一个卷舌动作，且使其前面音节中的韵母部分或多或少地发生变化，如"老头儿""鲜花儿"。很多儿化词也经常被用作书面语，能起到区别词性和意义，表达不同感情色彩的作用。

儿化是汉语普通话中一种重要的语流音变现象，说好普通话，就要熟练掌握儿化音。因此，儿化也成为国家普通话水平测试中必不可少的基本内容，在该测试的第二大题，读多音节词语（共 50 个双音节词语，包含轻声和儿化）部分对儿化现象进行了专项考察。该大题主要测查说话人声母、韵母、声调和变调、轻声、儿化读音的标准程度。其中对儿化的具体要求是：儿化词不少于 4 个，且为不同的儿化韵母；把儿化音读成原韵的，或者把儿化音读成两个音节（包括把儿化音读成"儿尾"的），都判定为语音错误；儿化音卷舌程度不够的，或按规律变读时，开口度偏大或者偏小的，都判定为语音缺陷[220]。本章主要研究如何在该类题目中进行儿化音发音质量的自动评测，具体研究内容如图 8.1 所示。

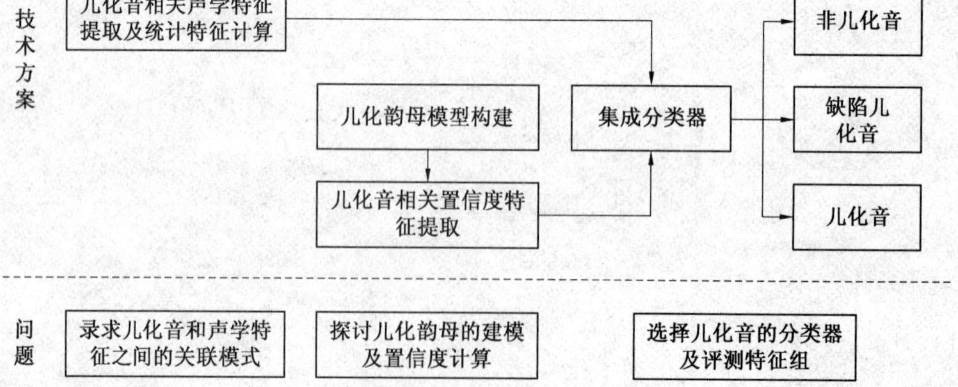

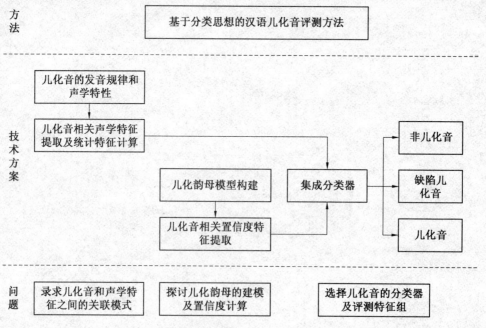

图 8.1　本章研究的主要内容

8.2　汉语儿化音的特点

儿化音并不是先发出一个普通音节，然后再发出一个“儿”音节，而是在发普通音节韵母的同时，叠加上卷舌动作，这使得整个韵母都贯穿上儿化的色彩。实际上，儿化音变的根本动因就是为了要做出一个卷舌动作，发出一个卷舌音[221]。因此，儿化引起韵母产生音变的程度取决于该韵母的末位音素是否同卷舌动作相冲突，是否妨碍卷舌。如果同卷舌动作不冲突，与卷舌无碍，儿化时韵母的变化就很小；反之，如果同卷舌动作冲突，妨碍卷舌，儿化时韵母的变化就比较大。同时，由于两个音节结合得特别紧密，以至于“儿”音节的特征完全渗透到其前面音节的韵母里，使两个音节化合成了一个音节，使普通的韵母变成了儿化韵母。下面给出双音节儿化词“小孩儿”的语谱图如图 8.2 所示。从语谱图上看，“孩”音节和“儿”音节已经完全化合成了一个音节，很难分开。

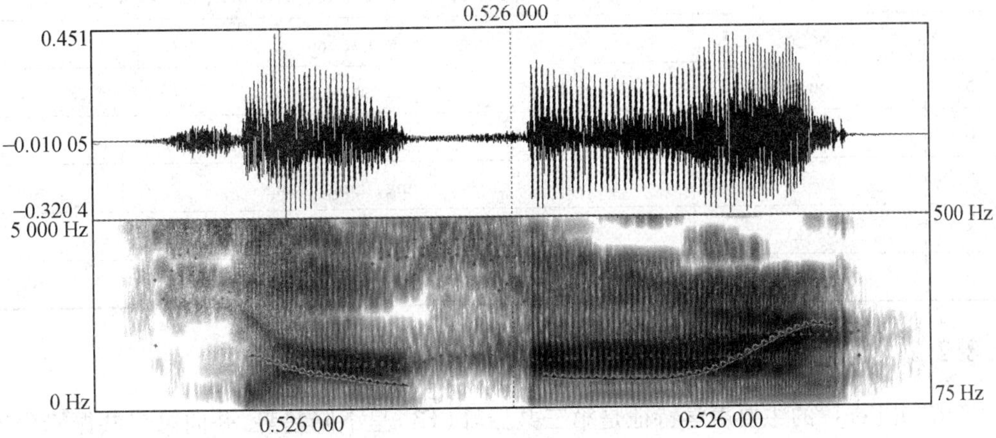

图 8.2　双音节儿化词“小孩儿”的语谱图

8.2.1　儿化音的发音规律

汉语普通话里所有的韵母，除了韵母〔er〕以外，都可以进行儿化，共有 36 个儿化韵母。根据韵母的不同发音特点（与卷舌动作的冲突程度），从正常韵母到儿化韵母的转换规律可大致归纳如下[222]：

（1）直接儿化。韵母〔a〕，〔o〕，〔e〕，〔u〕，〔ao〕，〔ou〕及其相应的带〔i〕，〔u〕，〔v〕介音的复合韵母，儿化时直接加上卷舌作用构成儿化韵母。

（2）去尾后儿化。韵尾为〔i〕或〔n〕的韵母，儿化时先去掉这些韵尾，再加上卷舌作用构成儿化韵母；韵尾为〔ng〕的韵母，儿化时先去掉这些韵尾，然后主要元音鼻化，再加上卷舌作用构成儿化韵母。

（3）加过渡音后再儿化。韵母〔i〕和〔v〕儿化时，先加上过渡性央元音〔e〕，再加卷舌作用构成儿化韵母。

（4）变音后再儿化。韵母〔i[ʅ]〕和〔i[ɿ]〕儿化时，先将它们变为央元音〔e〕，然后加上卷舌作用构成儿化韵母。

根据上面的发音转换规律,很多原来读音不同的韵母,儿化后读音变成相同的了(介音可能不同)[223]。为此,可以把普通话儿化韵母划分为9大类,那就是〔a_r〕,〔e_r〕,〔u_r〕,〔o_r〕,〔ao_r〕,〔ou_r〕以及〔a~_r〕,〔e~_r〕和〔o~_r〕(其中〔a~〕为〔a〕的鼻化元音,其他类推),具体见表8.1。表中韵母的标记符号主要考虑到工程上表述方便,其中〔ii〕代表〔-i[ɿ]〕,〔iii〕代表〔-i[ʅ]〕,〔v〕代表〔ü[y]〕等。表中第三类〔e_r〕比较复杂,包含较多变体:〔ər〕,〔ɤr〕,〔ɛr〕,但已有逐渐合并为〔ər〕的趋势,这里暂归为一类[224]。另外,本分类将仅用于表征音节的类别特征信息。

表8.1 汉语普通话儿化韵母分类表

序号	类别代号	包含的韵母(指变化前的原韵母,共36个)
1	a_r	a, ai, an, ia, ian, ua, uai, uan, van
2	o_r	o, uo
3	e_r	e, ei, en, i, ie, ii, iii, in, uei, uen, v, ve, vn
4	ao_r	ao, iao
5	ou_r	ou, iou
6	u_r	u
7	a~_r	ang, iang, uang
8	o~_r	ong, iong
9	e~_r	eng, ing

8.2.2 儿化音的声学特性

音节"儿〔er〕"的主要声学特征是第三共振峰(F3)呈下降趋势,并向第二共振峰(F2)靠近,儿化音也表现出显著的相似特性。文献[225]通过对八个单元音〔a〕,〔o〕,〔e〕,〔i〕,〔u〕,〔v〕,〔ɿ〕,〔ʅ〕的儿化音(12个标准发音人,每人300个发音)的共振峰进行了详细的测量,并对测量数据进行了时间上的规整平均,揭示了它们共振峰的变化轨迹,如图8.3和图8.4所示(两图是根据该文献作者提供的相应数据进行绘制)。儿化韵母同其原韵母相比,F3出现大幅度地下降,越来越向F2靠近,而且与F2的值越接近,听感上的卷舌色彩就越强烈[224]。通过对儿化韵母与其原韵母各项参数的比较分析[212]发现,从儿化韵母到其原韵母的头三个共振峰的频率位置都发生了变化。尤其是F3频率,儿化韵母无一例外地显著下降,有些一开始就比其原韵母下降几百Hz,就中值而言,大约比其原韵母下降26%,就目标值而言,大约比其原韵母下降30%。从中值到目标值下降幅度不大,由此可见,大约在整个韵母的一半左右时,就基本上达到〔er〕音的目标位置。另外,由于F3频率的大小既同卷舌的程度有关,还同唇形的圆展和腭咽部面积的大小有关,因此,儿化韵母的共振峰频率结构并不是固定的,它会在一定的范围内变化。

在时间域上,儿化音变是由量变到质变的过程。在起始段,基本上保持着非儿化时的特征,在收尾段,基本上体现了〔er〕音的特征,中间段是个过渡性音段。总的来说,儿化的卷舌作用一般从韵腹开始,直到韵尾,韵头不受影响。各类儿化韵母内部的时长结构存在着系统的差异,不带介音的儿化韵母会比带介音的儿化韵母更早接近〔er〕音的目标值。儿化韵母的时长比其原韵母的时长略长或基本相同[222]。另外，对于双音节儿化词，儿化韵母所在音节时长一般要长于其前面音节时长。

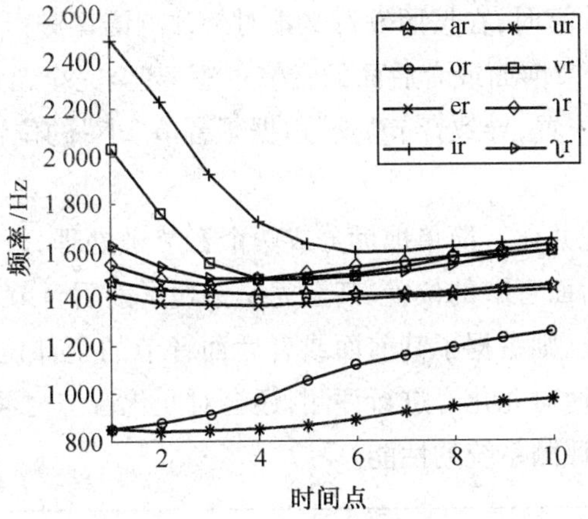

图 8.3　八个单元音的第二共振峰的变化轨迹

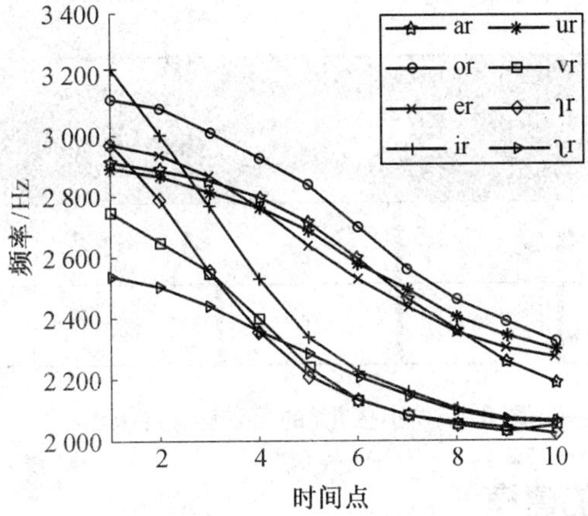

图 8.4　八个单元音的第三共振峰的变化轨迹

8.3　儿化音的建模方法

有关儿化音的建模方法，相关参考文献较少，主要原因包括以下两个方面：一方面，儿化音是音节〔er〕与其前面不同韵母的紧密化合是在原韵母发音的同时叠加了卷舌动作，不同韵母的儿化音变情况复杂多样，很难对儿化音进行显式建模；另一方面，儿化音在汉语普通话中出现的频度相对较低，没有得到研究人员足够的重视，而且可获得的儿化语音数据较少，进行嵌入式建模时部分儿化韵母模型得不到充分训练。

8.3.1　儿化音的直接拆分

出于工程上实现便利的考虑，儿化音可直接被拆分成两个音节，同时把后音节记作音节“儿”的一种特殊调式，比如，“小孩儿”记为“Xiao3 Hai2 Er6”，拼音后面的数字为该音节的调式,阴平为1,阳平为2,上声为3,去声为4,轻声为5,儿化为6。那么,可以在不改变现有发音质量评测系统的基础上,利用GOP算法直接对儿化音进行评测。

采用上述方式进行计算时,在按照发音文本对待评测语音进行强制对准后,经常会造成严重的错切,导致“儿”音节前面或者后面的音节过短,甚至完全错误,如图8.5所示。音节“儿”占据了音节“孩”的位置,导致音节“孩”占据了音节“小”的位置,把音节“小”挤到前面的语音段去了。

这种现象说明不能把儿化音简单地拆分成两个音节来处理,否则音节“儿”不可避免地会占据其前面音节或者后面音节的位置,甚至完全错切了前后音节,把它们挤到更前面的音节或者更后面的音节,自己则占据了其前面或者后面音节的全部位置。这对系统的影响是致命的,它不仅无法有效地对儿化音进行评测,还会对儿化音节之前或者之后的音节产生巨大的影响,直接影响整个评测系统的性能。

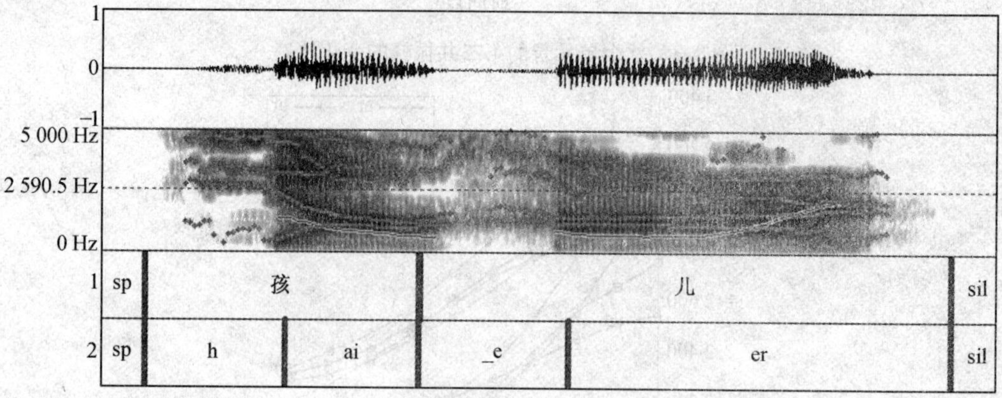

图8.5 “小孩儿”的强制切分结果图

8.3.2 儿化韵母的建模

扩展现有发音评测系统的声学模型,使其包括所有的儿化韵母,即把汉语普通话的音素集合扩展为所有的声韵母,再加上所有韵母的儿化韵母,比如〔a〕的儿化韵母记为〔a_r〕,〔e〕的儿化韵母记为〔e_r〕等,韵母〔er〕没有儿化韵母,因此共36个儿化韵母。

虽然理论上说所有韵母都可能发生儿化,但实际上有些韵母发生儿化的机会很少,因此也很难收集完整的儿化音数据。考虑到原有的评测系统已经训练完毕,且训练集中的儿化音很少(参见1.4节研究用语音数据库部分),在训练儿化韵母声学模型时采取的策略是,首先复制其原韵母的声学模型,然后再利用专门采集的标准儿化音语音库ERHUA,对儿化韵母的声学模型做进一步的训练。ERHUA语音库中儿化韵母及其数量的统计结果见表8.2。

表8.2　ERHUA 语音库中儿化韵母及其数量分类统计表

序号	名称	数量	序号	名称	数量	序号	名称	数量	序号	名称	数量
1	a_r	28	2	ai_r	20	3	an_r	40	4	ang_r	16
5	ao_r	40	6	e_r	28	7	ei_r	8	8	en_r	60
9	eng_r	16	10	i_r	16	11	ia_r	12	12	ian_r	52
13	iang_r	12	14	iao_r	24	15	ie_r	8	16	ii_r	16
17	iii_r	12	18	in_r	12	19	ing_r	32	20	iong_r	4
21	iou_r	12	22	o_r	8	23	ong_r	24	24	ou_r	36
25	u_r	24	26	ua_r	20	27	uai_r	4	28	uan_r	32
29	uang_r	12	30	uei_r	24	31	uen_r	24	32	uo_r	24
33	v_r	12	34	van_r	28	35	ve_r	8	36	vn_r	4

利用训练好的包含儿化韵母的声学模型,对 PSC-Test-89 语音库中的专家标注为发音正确的双音节儿化词语进行识别。首先对每个儿化韵母进行强制切分,得到相应的语音段,然后对该语音段在整个扩展的韵母集合(包括所有韵母和儿化韵母)上分别进行识别,并把识别的结果做统计,列于表8.3中。

表8.3　PSC-Test-89 语音库中正确发音的儿化韵母语音段被识别的结果排名表(部分)

儿化韵母语音段			被识别韵母(第一)			被识别韵母(第二)			被识别韵母(第三)		
名称	百分比	数量	名称	百分比	数量	名称	百分比	数量	名称	百分比	数量
a_r	1.97%	6	a	50.00%	3	ua	16.67%	1	a_r	16.67%	1
ai_r	3.62%	11	an	36.36%	4	a_r	18.18%	2	er	9.09%	1
an_r	3.95%	12	an_r	33.33%	4	an	33.33%	4	a	16.67%	2
ang_r	0.33%	1	an_r	100.00%	1						
ao_r	0.66%	2	ao	50.00%	1	ou	50.00%	1			
e_r	0.33%	1	uo	100.00%	1						
ei_r	0.66%	2	ei	50.00%	1	uei	50.00%	1			
en_r	6.91%	21	en	38.10%	8	uen	28.57%	6	eng	14.29%	3
eng_r	0.00%	0									
i_r	2.30%	7	i	28.57%	2	v	28.57%	2	ie	14.29%	1
ia_r	0.33%	1	ia	100.00%	1						
ian_r	13.82%	42	ian	38.10%	16	an_r	19.05%	8	uan	14.29%	6
iang_r	1.97%	6	iang	33.33%	2	ang	33.33%	2	ian	16.67%	1
iao_r	2.96%	9	iao	22.22%	2	iou	22.22%	2	ao	22.22%	2
ie_r	1.32%	4	ie	25.00%	1	i	25.00%	1	e	25.00%	1
ii_r	0.66%	2	ii	50.00%	1	iii	50.00%	1			
iii_r	4.28%	13	iii	30.77%	4	ii	30.77%	4	i	7.69%	1
in_r	0.66%	2	in	50.00%	1	ing	50.00%	1			
ing_r	0.66%	2	ing	50.00%	1	er	50.00%	1			

表8.3分为四大部分。第一部分为切分后儿化韵母语音段的统计信息,包含儿化韵母

的名称、占所有语料的百分比以及在所有语料中出现的数量。后面三个部分分别为该儿化韵母语音段最容易被识别成的韵母的前三名，也就是该儿化韵母最容易被混淆的韵母中的前三名，包含被混淆的韵母名称、被混淆的百分比以及被混淆的数量。

从表 8.3 中可以看出，被识别的结果常常并不是相应的儿化韵母，很多情况是其对应的原韵母，或者是其原韵母的易混淆韵母，或者是韵母〔er〕。可能的原因是儿化韵母模型的训练数据太少，与其原韵母模型的混淆度很大，或者是儿化韵母中“儿”尾过长等。对于这样的识别结果，在计算 GOP 分数时，儿化韵母与原韵母，或者原韵母的易混淆韵母，或者韵母〔er〕，分值都可能很相近，很难判断出儿化韵母发音是否正确，因此，会严重影响对儿化音的评测性能。

8.4 基于分类思想的儿化音评测方法

8.4.1 基本思路

从 8.3.2 小节可以看出，如果采用传统的 GOP 算法及其改进，在包含儿化韵母的发音空间上对儿化音进行评测，儿化韵母和原韵母的区分度并不理想。而根据 8.2 节对儿化音发音规律和声学特性的分析可知，儿化韵母和原韵母之间的区分度还是很大的，比如儿化韵母的第三共振峰均呈显著下降趋势。因此，下面针对 PSC 中对儿化音的考评要求，提出一种基于分类思想的儿化音评测方法，借助模式分类技术来实现儿化音的评测。具体评测过程如下：先采用 8.3.2 小节中的包含儿化韵母的扩展声韵母模型对待评测语音进行强制对准切分；然后以双音节词为分类单元，在切分后的语音段上广泛提取与儿化音相关的各类发音特征，包括时长、音节类别、发音置信度、基频、能量、音强和共振峰等，并通过高性能分类器，把 PSC 中待评测的双音节儿化词分成三类——非儿化音、缺陷儿化音和儿化音；最后，依据分类结果和对应的参考文本，直接转化为儿化音的评测结果。

8.4.2 发音特征的提取

对于每一个双音节儿化词，需要提取的发音特征如下：

(1) 音节的时长特征。

①*SyDur*. 当前音节的时长。

②*FiDur*. 当前音节的韵母时长。

同时，考虑到双音节词语的结构特征，计算时长信息的动态特征。设 $SyDur_i$，$FiDur_i$（$i=1,2$）分别表示第一音节和第二音节的时长以及它们所包含的韵母的时长。按照如下的方法计算其动态特征：

①$SyDur_2 / SyDur_1$；

②$FiDur_2 / FiDur_1$。

(2) 音节的类别特征。

①*ToneTy*. 当前音节的声调类别，分为 5 个声调（含轻声）。

②*ErTy*. 当前音节的韵母（原韵母或者儿化韵母），所属儿化韵母的类别（参见表 8.1），分为 9 个类别。

主要考虑双音节词语中第二个音节的音节类别特征。

(3)音节的发音置信度特征。

①*GopFi*. 当前音节的韵母音段对其原韵母的置信度(GOP 分数)。

②*GopErFi*. 当前音节的韵母音段对其儿化韵母的置信度(GOP 分数)。

③*GopEr*. 当前音节的韵母音段对韵母 er 的置信度(GOP 分数)。

④*bErFi*. 以上三个值中,如果 *GopErFi* 的值最大,则取值为 1,否则为 0。

(4)音节的共振峰特征。

由于儿化音的第三共振峰有明显的下降趋势,并向第二共振峰接近,是显著的区分性特征,为此引入音节的共振峰数据。首先,需要计算音节的第二、三共振峰数值,分别记为 $F2(i)$ 和 $F3(i)$,$(i=1,2,\cdots,N)$。N 是对该音节语音段进行等分的数目。然后,为了便于比较,对数值进行归一化,方法如下所示:

$$NF3(i)=\frac{F3(i)-F3Max}{F3Max-F3Min}$$

式中　$F3Max$,$F3Min$——$F3(i)$的最大值和最小值。

选取第三共振峰的中值和终值,作为重要特征:

①$NF3(int\ (N\ div\ 2))$;

②$NF3(N)$。

同时,计算第三共振峰相对于第二共振峰的动态变化特征:

①$(F3(int\ (N\ div\ 2))-F2(int\ (N\ div\ 2)))\ /\ F3(int\ (N\ div\ 2))$;

②$(F3(N)-F2(N))\ /\ F3(N)$。

(5)音节的基频、能量、音强等特征。

①*PiMax*. 当前音节的基频最大值。

②*PiMin*. 当前音节的基频最小值。

③*PiMean*. 当前音节的基频平均值。

④*PiRMS*. 当前音节的基频均方根。

⑤*PiDev*. 当前音节的基频标准差。

类似于基频相关特征,可以分别计算出能量和音强相关的统计特征。考虑到双音节词语的结构特征,计算双音节词语中前后音节的基频、能量和音强相关的动态特征,并归一化。设 $PiMax_i$,$PiMin_i$,$PiMean_i$,$PiDev_i(i=1,2)$分别为第一和第二音节范围内基频、能量以及音强的最大值、最小值、平均值和标准差。按照以下方法计算它们的动态特征:

①$(PiMean_2-PiMean_1)/PiDev_1$;

②$(PiMax_2-PiMean_1)/PiDev_1$;

③$(PiMax_2-PiMax_1)/PiDev_1$;

④$PiMax_2/(PiMax_1-PiMin_1)$;

⑤$PiMean_2/(PiMax_1-PiMin_1)$。

8.4.3　AdaBoost 集成分类器及改进

1. 集成学习

分类问题作为机器学习和模式识别的基本问题之一,已提出很多经典的处理方法,如决策树、k 平均聚类、支持向量机、神经网络、k 最近邻、贝叶斯模型等,并在实际中得到广泛应用。但是,上述单一分类方法至少存在以下几个方面的问题:①任何一种方法都有一定的局限性,无法保证在任何情况下都优于其他方法,而且部分方法存在不稳定性,方法的泛化能力有待提高;②很多分类方法通常只能处理特定类型的数据,而现实数据具有复杂性和多样性,数据来源于不同领域的不同属性信息,且往往是不完整的或者不准确的;③很多分类方法都要求较强的应用前提或假设,比如一般需要事先知道研究对象的分布状态、变量间统计信息等先验知识,然而这些信息往往很难获取。综上所述,采用上述方法的单一分类器通常很难获得很好的效果,特别是随着数据维数的增加和样本容量的增大,单一分类器处理数据的能力和效率都大打折扣。

集成学习(Ensemble Learning)是机器学习领域的一种新型方法,与单一学习方法相比,其泛化能力增强了很多,这使得集成学习方法备受瞩目,发展迅速,并广泛应用于工程、生物、医学和计算机等研究领域。集成学习通过联合多个基分类器来解决同一问题,主要包括两个步骤:基分类器的生成和基分类器的组合。首先调用一些简单的分类方法,构建出多个不同的基分类器;然后采用某种组合方式,将这些基分类器合并成一个集成分类器。不同集成学习方法的主要差异在于这两部分采取的技术不同,其中基分类器的准确性和多样性最为重要,有效地产生分类正确率高、差异性大的基分类器是提高集成学习方法性能的关键。基分类器的生成方法可粗略地分为两大类:一类是将不同类型的分类方法应用于同一训练样本集上的异质型基分类器生成方法;一类是先将原有的训练样本集进行随机抽样得到不同的训练子集,再将同一分类方法应用于上述不同训练子集的同质型基分类器生成方法。同质型基分类器生成方法中的随机抽样方法主要有 Bagging 和 Boosting 等。Bagging 方法采取的策略是有放回随机抽样构建训练子集,Boosting 方法采取的策略是利用学习误差来赋予训练样本集中每个样本不同的权重,然后根据样本权重抽样构建训练子集。

集成学习能显著提高一个分类系统的分类性能和泛化能力,为此本书选择决策树为基分类器,并采用改进的 AdaBoost 算法构建集成分类器,用于儿化音的发音质量的分类。

2. AdaBoost 算法

AdaBoost 算法是最优秀的基于 Boosting 框架的集成学习算法之一,有着坚实的理论基础,并在实践中得到了广泛的应用。它最早是由 Freund 和 Schapire 根据在线分配算法的基础上提出的,首先构建一个基分类器,被看作是一个弱分类器,根据当前基分类器的错误率,自适应地调整训练样本集中各个样本的权值,被正确分类的样本权值降低,错误分类的样本权重提高,这样反复迭代,可以训练出一系列的基分类器,最后根据所有基分类器的表现加权投票给出最终判决结果[226]。通过这种方式,AdaBoost 算法能更加关注那些难以被正确分类的困难样本,从而提高了算法对所有样本的分类能力。

在 AdaBoost 算法中,每次迭代会产生一个基分类器 $C^{(t)}$,$(t=1,2,\cdots,T)$,基分类器的重要性(权值)取决于其对训练样本集中所有样本的分类错误率。基分类器 $C^{(t)}$ 的分类错误率 $\varepsilon^{(t)}$ 的计算方法如下所示:

$$\varepsilon^{(t)} = \sum_{j=1}^{N} w_j(t) \times \mathrm{I}(C^{(t)}(x_j) \neq y_j) \tag{8.1}$$

式中 N——训练样本集合中训练样本的数量;

(x_j, y_j)——第 j 个训练样本,$j \in \{1,2,\cdots,N\}$,x_j 为该样本在属性空间的值,y_j 为该样

本的类别标签；

$w_j(t)$——在第 t 次迭代中，第 j 个训练样本的权重；

$\mathrm{I}(a)$——如果 a 为真，$\mathrm{I}(a)=1$，否则 $\mathrm{I}(a)=0$。

基分类器 $C^{(t)}$ 的权值 $\alpha^{(t)}$ 的计算方法如下所示：

$$\alpha^{(t)}=\log\frac{1-\varepsilon^{(t)}}{\varepsilon^{(t)}} \tag{8.2}$$

由式(8.2)可以看出，当 $\varepsilon^{(t)}$ 从 0 变到 1，$\alpha^{(t)}$ 将从一个很大的正数变化为一个很大的负数，$\varepsilon^{(t)}$ 越低，基分类器越重要。如果某一基分类器的 $\varepsilon^{(t)}$ 超过 50%，则权值恢复到初始值，并重新进行抽样。这样，$\alpha^{(t)}$ 理论上的取值范围是 0 到正无穷，且 $\alpha^{(t)}$ 与基分类器 $C^{(t)}$ 的分类错误率成反比，$C^{(t)}$ 的分类错误率越小，它在集成分类器中所占的比重就越大；相反，$C^{(t)}$ 的分类错误率越大，它在集成分类器中所占的比重就越小。

在 AdaBoost 算法中，$\alpha^{(t)}$ 也被用来更新样本的权值，计算方法如下所示：

$$w_j^{(t+1)}=\frac{w_j^{(t)}}{Z^{(t)}}\times\begin{cases}e^{\alpha^{(t)}}, C^{(t)}(x_j)\neq y_j\\ 1, C^{(t)}(x_j)=y_j\end{cases} \tag{8.3}$$

式中　$Z^{(t)}$—— 规整因子，使得 $\sum_{j=1}^{N} w_j^{(t+1)}=1$。

因为 $\alpha^{(t)}$ 为正数，所以 $e^{\alpha^{(t)}}$ 总是大于 1 的，这样被错误分类的样本下一轮的权值就会增加，规整后，被正确分类的样本下一轮的权值将会降低。

AdaBoost 算法具体如算法 8.1 所示。

输入：原始训练集 $D=\{(x_1,y_1),\cdots,(x_j,y_j),\cdots,(x_N,y_N)\}$，共 N 个样本，基本学习算法 L(如决策树、神经网络等)；学习算法训练的最大轮数 T(基分类器数量)。

输出：集成分类器 $H(x)=\arg\max_{y\in Y}\sum_{t:h_t(x)=y}\alpha^{(t)}\times h_t(x)$，$h_t(x)$ 为第 t 个基分类器，$\alpha^{(t)}$ 为第 t 个基分类器的权重，Y 为类别集合。

1. 将 D 中的每一个样本的权重 $w_j^{(1)}$ 初始化为 $1/N$；
2. for $t=1$ to T do
3. 　根据样本的权重从 D 有放回的抽样，得到新的训练集 D_t；
4. 　在 D_t 的基础上训练一个基分类器 $h_t=L(D_t)$；
5. 　根据式(8.1)计算基分类器 h_t 的误差 $\varepsilon^{(t)}$；
6. 　if $\varepsilon^{(t)}>0.5$
7. 　　重新将权重初始化为 $1/N$；
8. 　　goto 3；
9. 　end
10. 　根据式(8.2)计算基分类器 h_t 的权值 $\alpha^{(t)}$；
11. 　for each 样本 in D_t；
12. 　　根据式(8.3)，更新其对应权值 $w_j^{(t+1)}$；
13. 　end
14. end

算法 8.1　AdaBoost 算法

3. AdaBoost 算法改进

AdaBoost 算法最早是针对两类分类问题提出的，在处理多类分类问题时可以直接使用，也就是 AdaBoost. M1 算法。AdaBoost. M1 对基分类器的分类正确率的要求和两类分类的 AdaBoost 完全相同,必须大于 1/2,但这对于多类分类问题来说要求太高,当分类正确率无法满足要求时,会造成最后的集成分类器的分类性能下降,甚至会直接导致 AdaBoost 算法性能退化[226]。另外一种代表性的多类分类方法是 AdaBoost. MH,该方法直接将 K 类分类问题转化为 K 个两类问题进行处理,其优点是通过转化为两类问题,基分类器的分类正确率要求较容易满足,多类分类效果改善明显,其缺点是计算过程烦琐,计算量大[227]。

另外,AdaBoost 算法虽然可以直接用于不平衡数据集的分类,但是一些实验表明其对提高少数类样本的分类正确率作用有限,而很多时候对少数类样本的正确分类是最需要重点关注的。AdaBoost 算法是以整体分类正确率为目标,由于多数类样本的数目远大于少数类样本的数目,多数类样本对整体分类正确率的贡献大,而少数类样本的贡献相当小,特别是当多数类和少数类样本比例相差很大时,分类器会倾向于将少数类样本全部分为多数类,进而导致基分类器会对多数类过拟合,而对少数类存在偏见,过拟合和偏见会导致最终的集成分类器分类性能下降[228]。

本书需要处理的儿化音发音质量分类问题,非儿化音语音段所占比例达 90% 以上,是典型的数据分布不平衡的多类分类问题,采用现有的 AdaBoost 方法有很大的局限性,因此本书提出一种对 AdaBoost 的改进方法,使其在不平衡数据集的多分类问题上性能更好。

首先,对 AdaBoost 算法中各个基分类器权重的计算方法进行改进,使其能够充分考虑到少数类的样本数据。根据每个基分类器中对每个类别的识别情况分别计算其对各个不同类别样本进行分类时的权值。在算法的迭代过程中,对于每一次迭代得到的基分类器 $C^{(t)}$,$(t=1,2,\cdots,T)$,训练样本集中所有样本被其错误分类成第 k 类的错误率 $\varepsilon_k^{(t)}$ 的计算方法如下所示:

$$\varepsilon_k^{(t)} = \sum_{j=1}^{N} w_j^{(t)} \times \mathrm{I}(C^{(t)}(x_j) = k\&\&y_j \neq k) \tag{8.4}$$

式中 N——训练样本集合中训练样本的数量;

(x_j,y_j)——第 j 个训练样本,$j\in\{1,2,\cdots,N\}$,x_j 为该样本在属性空间的值,y_j 为该样本的类别标签,且 $y_j\in\{1,2,\cdots,K\}$,K 为类别的数量;

$w_j^{(t)}$——在第 t 次迭代中,第 j 个训练样本的权重;

$\mathrm{I}(a)$——如果 a 为真,$\mathrm{I}(a)=1$,否则 $\mathrm{I}(a)=0$。

此时,基分类器 $C^{(t)}$ 把样本标记为第 k 类时被赋予的权值 $\alpha_k^{(t)}$ 的计算方法如下所示:

$$\alpha_k^{(t)} = \log\left(\frac{1-\varepsilon_k^{(t)}}{\varepsilon_k^{(t)}}\times(K-\Pr(y=k))\right) = \log\left(\frac{1-\varepsilon_k^{(t)}}{\varepsilon_k^{(t)}}\right)+\log(K-\Pr(y=k)) \tag{8.5}$$

式中 $\Pr(y=k)$——初始训练样本集中第 k 类样本所占的比例,即第 k 类样本出现的先验概率,其取值范围为$[0,1]$。

K——分类类别的数量。

通过式(8.5)可知,一方面,对于同一基分类器,会根据待分类样本被其分类的不同类别而分别赋予一个不同的权值 $\alpha_k\ (t)$,对不同类别的错误率分别进行考虑,有利于提高基分类器对少数类的分类正确率,并通过多个基分类器的权值融合来提高所有类别的分类效果;

另一方面，引入各个类别的先验概率 $\Pr(y=k)$，并在权值计算时是增加了 $\log(K-\Pr(y=k))$ 项，由于少数类的先验概率远小于多数类的先验概率，因此对少数类的权值提升作用会明显大于对多数类的权值提升，进而实现对大类错误的惩罚，降低大类错误率高的基分类器在集成分类器中的比例。同时，类比式（8.2），由于增加了 $\log(K-\Pr(y=k))$ 项，也为多类分类问题带来很大的性能改善。在式（8.2）中，为保证 $\alpha^{(t)}$ 是正数，要求 $1-\varepsilon^{(t)}\geqslant 1/2$，即基分类器的分类正确率要大于 1/2，这对于多类分类情况要求太高。而在式（8.5）中，只要求保证 $1-\varepsilon_k^{(t)}\geqslant 1/K$，即基分类器的分类正确率略大于随机猜测，就可以保证 $\alpha_k^{(t)}$ 为正，这使得改进后算法对基分类器的分类正确率的要求大大降低。

同样，$\alpha_k^{(t)}$ 也被用来更新样本的权值，计算方法如下所示：

$$w_j^{(t+1)}=\frac{w_j^{(t)}}{Z^{(t)}}\times\begin{cases}e^{\alpha_k(t)}, & C^{(t)}(x_j)\neq y_j\\ 1, & C^{(t)}(x_j)=y_j\end{cases}\tag{8.6}$$

式中　$Z^{(t)}$—— 规整因子，使得 $\sum_{j=1}^{N}w_j^{(t+1)}=1$。

因为 $\alpha_k^{(t)}$ 为正数，所以 $e^{\alpha_k^{(t)}}$ 总是大于 1，这样，被错误分类的样本的下一轮权值就会增加，而且少数类错误分类样本的权值增加的幅度会大于多数类错误分类样本的权值增加的幅度，有利于增加下一轮训练子集中少数类样本的比例。规整后，被正确分类的样本的下一轮权值将会降低。具体算法如算法 8.2 所示。

输入：原始训练集 $D=\{(x_1,y_1),\cdots,(x_j,y_j),\cdots,(x_N,y_N)\}$，共 N 个样本，其中，$y_j\in Y=\{1,2,\cdots,K\}$，共 K 类；基本学习算法 L（如决策树、神经网络等）；学习算法训练的最大轮数 T（基分类器数目）。

输出：集成分类器 $H(x)=\arg\max\limits_{y\in Y}\sum\limits_{t:h_t(x)=y}\alpha_y^{(t)}\times h_t(x)$，$h_t(x)$ 为第 t 个基分类器，$\alpha_y^{(t)}$ 为第 t 个基分类器把样本分类为类别 y 时的权值。

```
1. 将 D 中的每一个样本的权重 w_j^(1)(j=1,2,…,N) 初始化为 1/N;
2. for t=1 to T do
3.    按照权重分布对原始样本集 D 进行加权采样，得到训练子集 D_t。
4.    在 D_t 的基础上训练一个基分类器 h_t=L(D_t);
5.    根据式(8.4)计算基分类器 h_t 对不同分类类别 k 的误差 ε_k^(t);
6.    if ε_k^(t)>1-1/K
7.        重新将权重初始化为 1/N;
8.        goto 3;
9.        end
10.   根据式(8.5)计算基分类器 h_t 对不同分类类别 k 的权值 α_k^(t);
11.   for each 样本 in D;
12.       根据式(8.6)，更新其对应权值 w_j^(t+1);
13.       end
14. end
```

算法 8.2　改进的 AdaBoost 算法

改进后的 AdaBoost 算法主要有以下几个优点：①每次迭代时，都会根据基分类器对每个类别的识别情况，分别计算其对各个不同类别样本进行分类时的权值，这样有效保证了对少数类的样本数据的分类正确率，进而提高集成分类器的分类性能；②引入类别的先验概率来调整基分类器的权值，类别的先验概率与对应类别的基分类器的权值成反比关系，进一步提高少数类分类器的权重，避免对少数类存在偏见，同时对大数类分类器的权值做限制，避免对大数类产生过拟合，从而有效解决 AdaBoost 算法在不平衡数据集上可能存在的性能回退问题；③在权值计算时，通过增加了一个正数项 $\log(K-\Pr(y=k))$，使得改进后算法对基分类器的分类正确率要求大大降低，只需每个基分类器的精度比随机猜测好，算法简单明了，虽然计算复杂度和计算量略有增加，但为多类分类问题带来很大的性能改善。

8.5 实验及实验结果分析

8.5.1 不同分类器对儿化音分类的效果

本章选用 ERHUA 语音库训练儿化韵母模型，并采用包含儿化韵母的扩展声韵母模型对待评测语音进行强制对准切分和相关置信度计算。根据专家的评分标注信息，所有双音节词发音很容易被分成三类——儿化音、缺陷儿化音和非儿化音。选用 PSC-Train-1000 语音库作为训练集，提取 8.4.2 小节中双音节词语的多种相关特征作为分类特征，采用改进的 AdaBoost 算法为集成分类器，其基分类器为 C4.5 决策树算法，迭代次数为 30，在 PSC-Test-89 语音库上进行儿化音的分类检测实验。为便于性能比较，本章还分别实现了传统的 AdaBoost 集成分类器、决策树算法（DTA）、神经网络（NN）、支持向量机（SVM）等经典分类方法。其中，AdaBoost 集成分类器采用的是 WEKA 中的 AdaboostM1 分类器，其基分类器为 C4.5 决策树算法 J48，迭代次数为 30。DTA 采用的是 WEKA 中的 C4.5 决策树算法 J48 及其默认设置。NN 采用的是 WEKA 中的多层感知器（MLP），1 个隐层中所包含的节点的个数为输入特征维数的一半。SVM 采用的是 WEKA 中的 SMO 分类器及其默认设置。具体实验结果见表 8.4，其中 DTA 的分类效果最差，NN 和 SVM 的分类效果差不多，集成分类器的分类效果明显好于单一分类器，而且本章提出的改进的 AdaBoost 集成分类器，重新设计了基分类器的权值计算方法和迭代更新策略，大大降低了 AdaBoost 算法对基分类器分类正确率的要求，提高了算法对少数类样本的分类正确率，特别适合数据分布不平衡的多类分类问题，获得了最好的分类效果，联合错误率下降到 0.182。

表 8.4 不同分类模型的儿化音分类检测效果

分类模型	联合错误率
改进的 AdaBoost 集成分类器	0.182
AdaBoost 集成分类器	0.189
决策树算法（DTA）	0.252
神经网络（NN）	0.209
支持向量机（SVM）	0.211

8.5.2 不同特征组对儿化音分类的效果

下面将通过实验语音库来深入分析时长、音节类别、发音置信度、共振峰、基频、能量和音强等特征在儿化音感知中的作用，从不同侧面来揭示和验证语言学和语音学上的关于儿化音感知的结论。

分别以时长、音节类别、发音置信度、共振峰、基频、能量和音强等为分类特征,在训练集上训练各自特征组的改进的 AdaBoost 集成分类器,并在测试集上进行测试。表 8.5 列出了在测试集上不同的特征组对儿化音的分类效果。

表 8.5　不同特征组在儿化音分类中的分类效果

特征组	联合错误率
时长	0.371
音节类别	0.497
发音置信度	0.315
共振峰	0.274
基频	0.458
能量	0.473
音强	0.459

从表 8.5 中可以看到:①对汉语儿化音分类来说,共振峰特征的区分性最好,分类联合错误率可下降到 0.274,这也从另一个侧面说明了其在汉语儿化音感知中的重要作用;②发音置信度(GOP 分数)也是比较稳定的,一直是评价发音准确度的重要指标,虽然训练集中包含的儿化音数据有限,使得儿化韵母和原韵母的混淆度很大,但利用一组 GOP 分数作为特征进行分类时,也取得了很好的效果,分类联合错误率下降到 0.315;③虽然儿化韵母的音节时长与其原韵母的音节时长大体相同,但是在双音节词的分类任务中,其分类效果也很不错,分类联合错误率下降到 0.371;④基频、能量以及音强方面的声学特征对儿化音分类也具有一定的区分性,其重要性依次为:基频、音强和能量;⑤音节类别特征对儿化音分类的贡献不是很大。

8.5.3　评测方法的实际评测性能

汉语儿化音的分类结果可以很容易地整合到汉语普通话发音质量评测中去,以便进一步提高评测的实际性能。采取的策略是根据发音文本,针对每一个双音节词,在进行声母、韵母和声调的自动评测后(本书第 6 章、第 7 章方法),加上对儿化音的发音质量等级的分类,并根据分类结果进行该双音节词中第二个音节的再评分。具体流程如图 8.6 所示,其中模块 1 对应着声韵母发音质量自动评测,模块 2 对应着声调发音质量自动评测,模块 3 对应着儿化音发音质量自动评测。

具体实验结果见表 8.6,可以看出在第 7 章方法的基础上,通过增加对儿化音的分类检测,能进一步提高对整体音节发音质量评测的准确性,总体分差由原来的 4.39 降低到4.26,更接近人工评测的分差,这使得在实际汉语普通话评测任务中,系统的整体评测性能将会得到进一步提升。

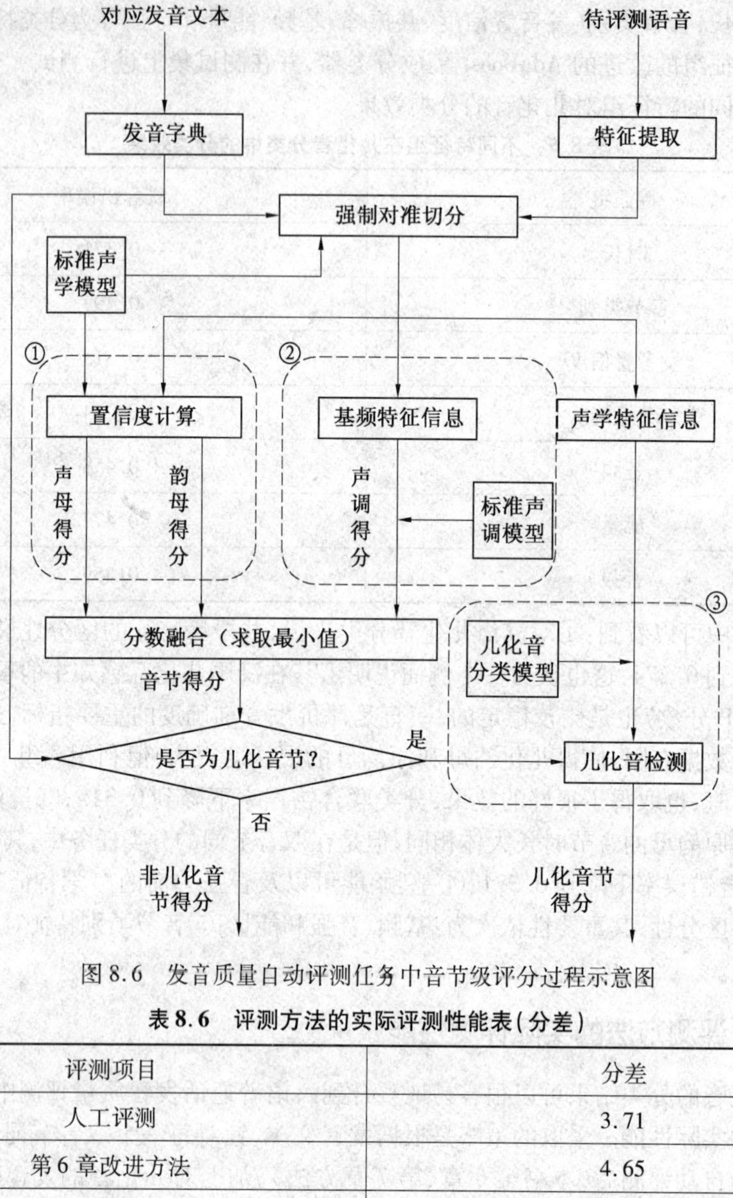

图 8.6 发音质量自动评测任务中音节级评分过程示意图

表 8.6 评测方法的实际评测性能表(分差)

评测项目	分差
人工评测	3.71
第 6 章改进方法	4.65
第 7 章改进方法	4.39
本章改进方法	4.26

8.6 本章小结

鉴于儿化音复杂多变,难于进行显式建模,而采取嵌入式建模时,儿化韵母与其原韵母、原韵母的易混淆韵母以及韵母〔er〕的发音模型之间的混淆程度很大,不适合采用传统评测方法(GOP)进行评测。本章针对国家汉语普通话水平测试中对儿化音的评测目标和要求,采用分类的方式对儿化音的发音质量进行分类和评价。首先,根据儿化音的发音规律和声学特性,选取儿化音相关的多种代表性特征,包括共振峰、发音置信度、时长等,并采用改进的 AdaBoost 算法构建集成分类器,实现对儿化音发音质量的有效分类,分类的联合错误率降低到 0.182。改进的 AdaBoost 算法特别适合数据分布不平衡的多类分类问题:一方面,每次迭代时为同一基分类器的不同分类类别分别更新权值,提高了 AdaBoost 算法中对少数类样本的分类正确率;另一方面,在权值计算时增加了一个与类别先验概率和类别数目相关的正数项,使得改进后算法对基分类器的分类正确率要求大大降低,只需每个基分类器的精度比随机猜测好。另外,本章提出的策略和方法可以作为一种有效的辅助评测手段,对汉语普通话中其他类别音变现象的发音质量比如变调、轻声等,进行专项分类和评价,能部分转化汉语中音变的多样性和复杂性,降低评测的难度,并有可能获得更好的评测效果。

更值得一提的是,通过综合声韵母、声调和儿化三个方面的评测结果,评测系统的实际评测性能得到很大提升,音节分差下降到 4.26,和人工评测的 3.71 已经非常接近,说明机器自动评测可以代替人工评测在大规模语言考试中应用。

参考文献

[1] 魏思，刘庆升，胡郁，等. 普通话水平测试电子化系统[J]. 中文信息学报，2006，20(6):89-96.

[2] LEVIS J. Computer technology in teaching and researching pronunciation[J]. Annual Review of Applied Linguistics，2007，27：184-202.

[3] 王士进，李宏言，柯登峰，等. 面向第二语言学习的口语大规模智能评估技术研究[J]. 中文信息学报，2011，25(6)：142-148.

[4] 陈开顺. 话语感知与理解——过程、特征与能力探讨[M]. 北京：外语教学与研究出版社，2001.

[5] 杨亦鸣. 语言的神经机制与语言理论研究[M]. 上海：学林出版社，2003.

[6] 唐浩. 听觉条件下汉语声母、韵母、声调在语义激活中的作用及时间进程[D]. 大连：辽宁师范大学，2012.

[7] VAN D J，STRIK H，CUCCHIARINI C. Utterance verification in language learning applications[C]// Proc. of the 2009 ISCA International Workshop on Speech and Language Technology in Education (SLaTE). Warwickshire，UK：ISCA，2009：13-16.

[8] LO W K，HARRISON A M，MENG H. Statistical phone duration modeling to filter for intact utterances in a computer-assisted pronunciation training system[C]// Proc. of the 2010 IEEE International Conference on Acoustics，Speech，and Signal Processing (ICASSP). Dallas，USA：IEEE，2010：5238-5241.

[9] MEHLA R，AGGARWAL R K. Automatic speech recognition：a survey[J]. International Journal of Advanced Research in Computer Science and Electronics Engineering，2014，3(1)：45-53.

[10] KINNUNEN T，LI H. An overview of text-independent speaker recognition：from features to supervectors[J]. Speech Communication，2010，52(1)：12-40.

[11] ATAL B S. Effectiveness of linear prediction characteristics of the speech wave for automatic speaker identification and verification[J]. Journal of the Acoustical Society of America，1974，55(6)：1304-1312.

[12] LEE L，ROSE R. A frequency warping approach to speaker normalization[J]. IEEE Transactions on Speech and Audio Processing，1998，6(1)：49-60.

[13] IKBAL S. Nonlinear feature transformations for noise robust speech recognition[R]. [S. l.]:IDIAP Laboratory，2004.

[14] BENGIO Y. Learning deep architectures for AI[J]. Foundations and Trends in Machine Learning，2009，2(1)：127-136.

[15] MOHAMED A R，DAHL G，HINTON G. Deep belief networks for phone recognition [C]// NIPS Workshop on Deep Learning for Speech Recognition and Related Applications. Whistler，Canada：Microsoft，2009：1-9.

[16] MOHAMED A R，YU D，DENG L. Investigation of full-sequence training of deep belief

networks for speech recognition[C]// Proc. of the 11th Annual Conference of the International Speech Communication Association (INTERSPEECH). Makuhari, Japan: ISCA, 2010: 2846-2849.

[17] HARTLEY H. Maximum likelihood estimation from incomplete data[J]. Biometrics, 1958, 14: 174-194.

[18] DEMPSTER A P, LAIRD N M, RUBIN D B. Maximum likelihood from incomplete data wia the EM algorithm[J]. Journal of the Royal Statistical Society B, 1977, 39(1): 1-22.

[19] SCHLUTER R. Investigations on discriminative training criteria[D]. Aachen: RWTH Aachen University, 2000.

[20] BAUM L E, PETRIE T. Statistical inference for probabilistic functions of finite state Markov chains[J]. Ann. Math. Stat., 1966, 37:1554-1563.

[21] ROBINSON T, CHRISTIE J. Time-first search for large vocabulary speech recognition [C]// Proc. of the 1998 IEEE International Conference on Acoustics, Speech, and Signal Processing (ICASSP). Seattle, USA: IEEE, 1998, 2: 829-832.

[22] PAUL D B, NECIOGLU B F. The Lincoln large-vocabulary stack-decoder HMM CSR [C]// Proc. of the 1993 IEEE International Conference on Acoustics, Speech, and Signal Processing (ICASSP). Minneapolis, USA: IEEE, 1993, 2: 660-663.

[23] KENNY P, HOLLAN R, GUPTA V, et al. A * -admissible heuristics for rapid lexical access[C]// Proc. of the 1991 IEEE International Conference on Acoustics, Speech and Signal Processing (ICASSP). Toronto, Canada: IEEE, 1991: 689-692.

[24] HO T H, YANG K C, HUANG K H, et al. Improved search strategy for large vocabulary continuous mandarin speech recognition[C]// Proc. of the 1998 IEEE International Conference on Acoustics, Speech and Signal Processing (ICASSP). New York, USA: IEEE, 1998: 825-828.

[25] RAVISHANKAR M K. Efficient algorithms for speech recognition[D]. Pittsburgh: Carnegie Mellon University, 1996.

[26] ODELL J J. The use of context in large vocabulary speech recognition[D]. Cambridge: University of Cambridge, Ph. D thesis, 1995.

[27] ALLEVA F. Search organization in the whisper continuous speech recognition system[C]// Proc. of the 1997 IEEE Workshop on Automatic Speech Recognition and Understanding. Santa Barbara, USA: IEEE, 1997: 295-302.

[28] GIULIANI D, GEROSA M, BRUGNARA F. Improved automatic speech recognition through speaker normalization[J]. Computer Speech & Language, 2006, 20(1): 107-123.

[29] LEGGETTER C J, WOODLAND P C. Maximum likelihood linear regression for speaker adaptation of continuous density hidden Markov models[J]. Computer Speech & Language, 1995, 9(2): 171-185.

[30] GAUVAIN J L, LEE C H. Maximum a posteriori estimation for multivariate Gaussian mixture observations of Markov chains[J]. IEEE Transactions on Speech and Audio Process-

ing, 1994, 2(2): 291-298.

[31] 魏思. 基于统计模式识别的发音错误检测研究[D]. 合肥: 中国科学技术大学,2008.

[32] HARRISON A M, LO W, QIAN X J, et al. 2009. Implementation of an extended recognition network for mispronunciation detection and diagnosis in computer-assisted pronunciation training[C]// Proc. of the 2009 ISCA International Workshop on Speech and Language Technology in Education (SLaTE). Warwickshire, UK: ISCA, 2009: 45-48.

[33] 严可,胡国平,魏思, 等. 面向大规模英语口语机考的复述题自动评分技术研究[J]. 清华大学学报(自然科学版),2009, 49(S1): 1356-1362.

[34] YAN K, GONG S. Pronunciation proficiency evaluation based on discriminatively refined acoustic models[J]. International Journal of Information Technology and Computer Science, 2012, 3(2): 17-23.

[35] YAN K, LIU D. Automatic scoring system for middle-school students' oral translation examination[J]. Recent Advances in CSIE, 2012, 128: 735-744.

[36] NEUMEYER L, FRANCO H, WEINTRAUB M, et al. Automatic text-independent pronunciation scoring of foreign language student speech[C]// Proc. of the 4th International Conference on Spoken Language Processing (ICSLP). Philadelphia, USA: IEEE, 1996: 1457-1460.

[37] FRANCO H, NEUMEYER L, KIM Y, et al. Automatic pronunciation scoring for language instruction[C]// Proc. of the 1997 IEEE International Conference on Acoustics, Speech, and Signal Processing (ICASSP). Munich, Germany: IEEE, 1997: 1471-1474.

[38] KIM Y, FRANCO H, NEUMEYER L. Automatic pronunciation scoring of specific phone segments for language instruction[C]// Proc. of the 1997 European Conference on Speech Communication and Technology (EUROSPEECH). Rhodes, Greece: ISCA, 1997:649-652.

[39] WITT S M, YOUNG S J. Language learning based on non-native speech recognition[C]// Proc. of the 1997 European Conference on Speech Communication and Technology (EUROSPEECH). Rhodes, Greece: ISCA, 1997: 633-636.

[40] WITT S M, YOUNG S J. Phone-level pronunciation scoring and assessment for interactive language learning[J]. Speech Communication, 2000, 30(2): 95-108.

[41] KANTERS S, CUCCHIARINI C, STRIK H. The goodness of pronunciation algorithm: a detailed performance study [C]// Proc. of the 2009 ISCA International Workshop on Speech and Language Technology in Education (SLaTE). Warwickshire, UK: ISCA, 2009: 49-52.

[42] FRANCO H, ABRASH V, PRECODA K, et al. The SRI EduSpeakTM system: Recognition and pronunciation scoring for language learning[C]// Proc. of the 2000 Speech Technology in Language Learning (InSTIL). Dundee, Scotland: ISCA, 2000: 123-128.

[43] MENG H, LO W K, HARRISON A M, et al. Development of automatic speech recognition and synthesis technologies to support chinese learners of english: the CUHK experience[C] // Proc. of the 2nd Annual Summit and Conference of Asia-Pacific Signal and Information

Processing Association (APSIPA). Singapore: [s. n.], 2010: 811-820.

[44] WITT S M. Use of speech recognition in computer-assisted language learning[D]. Cambridge: University of Cambridge, 1999.

[45] 李净,郑方,张继勇,等. 汉语连续语音识别中上下文相关的声韵母建模[J]. 清华大学学报(自然科学版), 2004, 44(1): 61-64.

[46] SONG Y, LIANG W, LIU R. Lattice-based GOP in automatic pronunciation evaluation [C]// Proc. of the 2rd IEEE International Conference on Computer and Automation Engineering (ICCAE). Singapore: IEEE, 2010, 3: 598-602.

[47] 魏思, 刘庆升, 胡郁, 等. 带方言口音普通话自动水平测试[C]// 第八届全国人机语音通讯学术会议. 北京: 中国中文信息学会, 2005: 22-25.

[48] 刘庆升, 魏思, 胡郁, 等. 基于语言学知识的发音质量评价算法改进[J]. 中文信息学报, 2007, 21(4): 92-96.

[49] 刘庆升. 计算机辅助普通话发音评测关键技术研究[D]. 合肥: 中国科学技术大学, 2010.

[50] 葛凤培, 潘复平, 董滨, 等. 汉语发音质量评估的实验研究[J]. 声学学报, 2010, 35(2): 261-266.

[51] 张茹, 韩纪庆. 一种基于音素模型感知度的发音质量评价方法[J]. 声学学报, 2013, 38(2): 201-207.

[52] 王岚, 李崇国, 蒙美玲, 等. 音素级错误发音自动检测[J]. 先进技术研究通报, 2009, 3(2): 6-10.

[53] WANG H, MENG H, QIAN X. Predicting gradation of L2 English mispronunciations using ASR with extended recognition network[C]// Proc. of the fifth Annual Summit and Conference of Asia-Pacific Signal and Information Processing Association (APSIPA). Kaohsiung, Taiwan: IEEE, 2013: 1-4.

[54] QIAN X, MENG H M, Soong F K. On mispronunciation lexicon generation using joint-sequence multigrams in Computer-Aided Pronunciation Training (CAPT)[C]// Proc. of the 12th Annual Conference of the International Speech Communication Association (INTERSPEECH). Florence, Italy: ISCA, 2011: 865-868.

[55] HONGCUI W, KAWAHARA T. Effective prediction of errors by mon-native speakers using decision tree for speech recognition-based CALL system[J]. IEICE Transactions on Information and Systems, 2009, 92(12): 2462-2468.

[56] STANLEY T, HACIOGLU K, PELLOM B. Statistical machine translation framework for modeling phonological errors in computer assisted pronunciation training system[C]// Proc. of the 2011 ISCA International Workshop on Speech and Language Technology in Education (SLaTE). Venice, Italy: ISCA, 2011: 125-128.

[57] OHKAWA Y, SUZUKI M, OGASAWARA H, et al. A speaker adaptation method for non-native speech using learners' native utterances for computer-assisted language learning systems[J]. Speech Communication, 2009, 51(10): 875-882.

[58] 张峰, 黄超, 戴礼荣. 普通话发音错误自动检测技术[J]. 中文信息学报, 2010, 24

(2): 110-115.
[59] SONG Y, LIANG W. Experimental study of discriminative adaptive training and MLLR for automatic pronunciation evaluation[J]. Tsinghua Science & Technology, 2011, 16(2): 189-193.
[60] LUO D, YU Q, MINEMATSU N, et al. Regularized maximum likelihood linear regression adaptation for computer-assisted language learning systems[J]. IEICE Transactions on Information and Systems, 2011, E94-D(2): 308-316.
[61] ZHANG J, FUPING P A N, BIN D, et al. A novel discriminative method for pronunciation quality assessment[J]. IEICE Transactions on Information and Systems, 2013, 96(5): 1145-1151.
[62] LI H, WANG S, LIANG J, et al. High performance automatic mispronunciation detection method based on neural network and TRAP features[C]// Proc. of the 10th Annual Conference of the International Speech Communication Association (INTERSPEECH). Brighton, UK: ISCA, 2009: 1911-1914.
[63] LU X, PAN F, YIN J, et al. A new formant feature and its application in Mandarin vowel pronunciation quality assessment[J]. Journal of Central South University, 2013, 20: 3573-3581.
[64] ZHANG R, HAN J, LOU J. Bhattacharyya distance between the formants structure for robust pronunciation errors detection[J]. Journal of Computational Information System, 2011, 7(2): 435-443.
[65] KONIARIS C, SALVI G, ENGWALL O. On mispronunciation analysis of individual foreign speakers using auditory periphery models[J]. Speech Communication, 2013, 55(5): 691-706.
[66] SUZUKI M, QIAO Y, MINEMATSU N, et al. Integration of multilayer regression analysis with structure-based pronunciation assessment[C]// Proc. of the 11th Annual Conference of the International Speech Communication Association (INTERSPEECH). Makuhari, Japan: ISCA, 2010: 586-589.
[67] IRIBE Y, MORI T, KATSURADA K, et al. Real-time visualization of English pronunciation on an IPA chart based on articulatory feature extraction[C]// Proc. of the 13th Annual Conference of the International Speech Communication Association (INTERSPEECH). Portland, USA: ISCA, 2012: 1271-1274.
[68] ENGWALL O. Analysis of and feedback on phonetic features in pronunciation training with a virtual teacher[J]. Computer Assisted Language Learning, 2012, 25(1): 37-64.
[69] LEE A, GLASS J. Pronunciation assessment via a comparison-based system[C]// Proc. of the 2013 ISCA International Workshop on Speech and Language Technology in Education (SLaTE). Grenoble, France: ISCA, 2013: 122-126.
[70] LEE A, ZHANG Y, GLASS J. Mispronunciation detection via dynamic time warping on deep belief network-based posteriorgrams[C]// Proc. of the 2013 IEEE International Conference on Acoustics, Speech, and Signal Processing (ICASSP). Vancouver, Canada:

IEEE, 2013: 8227-8231.

[71] TRUONG K, NERI A, CUCCHIARINI C, et al. Automatic pronunciation error detection: an acoustic-phonetic approach[C]// Proc. of the 2004 InSTIL/ICALL Symposiumon on Computer Assisted Learning. Venice, Italy: ISCA, 2004: 135-138.

[72] STRIK H, TRUONG K, DE W F, et al. Comparing classifiers for pronunciation error detection[C]// Proc. of the 8th Annual Conference of the International Speech Communication Association (INTERSPEECH). Antwerp, Belgium: ISCA, 2007: 1837-1840.

[73] PATIL V, RAO P. Automatic pronunciation assessment for language learners with acoustic-phonetic features[C]// Proc. of the 2012 International Conference on Computational Linguistics (COLING). Mumbai, India: [s. n.], 2012: 17-23.

[74] 董滨. 计算机辅助汉语普通话学习和客观测试方法的研究[D]. 北京: 中国科学院声学研究所,2006.

[75] 王孟杰, 孟子厚. 基于区别特征检测的汉语韵母分类[J]. 电声技术, 2011, 35(9): 38-41.

[76] 冯晓亮, 孟子厚. 面向普通话辅音检测的区别特征参数测量[J]. 声学技术, 2010, 29(3): 297-305.

[77] FRANCO H, NEUMEYER L, DIGALAKIS V, et al. Combination of machine scores for automatic grading of pronunciation quality[J]. Speech Communication, 2000, 30(2): 121-130.

[78] HACKER C, CINCAREK T, GRUHN R, et al. Pronunciation feature extraction[C]// Proc. of the 27th Annual Meeting of the German Association for Pattern Recognition, DAGM 2005. Vienna, Austria: Springer Berlin Heidelberg, 2005: 141-148.

[79] LEE K, HAGEN A, ROMANYSHYN N, et al. Analysis and detection of reading miscues for interactive literacy tutors[C]//Proc. of the 20th International Conference on Computational Linguistics (COLING). Geneva, Switzerland: ACL, 2004: 1254.

[80] WANG S, PRICE P, HERITAGE M, et al. Automatic evaluation of children's performance on an English syllable blending task[C]// Proc. of the 2007 ISCA International Workshop on Speech and Language Technology in Education (SLaTE). Farmington, USA: ISCA, 2007: 120-123.

[81] TAM Y C, MOSTOW J, BECK J E, et al. Training a confidence measure for a reading tutor that listens[C]// Proc. of the 4th Annual Conference of the International Speech Communication Association (INTERSPEECH). Geneva, Switzerland: ISCA, 2003: 3161-3164.

[82] 梁维谦, 王国梁, 刘加. 基于音素的发音质量评价算法[J]. 清华大学学报(自然科学版), 2005, 45(1): 5-8.

[83] 刘先任. 基于过零触发机制的语音基频快速估计算法[J]. 电讯技术, 2002, 2:16.

[84] 张红, 黄泰翼. 一种新的峰值提取方法及其在语音基频提取中的应用[J]. 铁道学报, 1998, 20(6): 68-73.

[85] SHIMAMURA T, KOBAYASHI H. Weighted autocorrelation for pitch extraction of noisy

speech[J]. IEEE Transactions on Speech and Audio Processing, 2001, 9(7): 727-730.
[86] ZONG Y, ZENG Y, LI M, et al. Pitch detection using EMD-based AMDF[C]// Proc. of the 4th IEEE International Conference on Intelligent Control and Information Processing (ICICIP). Beijing, China: IEEE, 2013: 594-597.
[87] ZHAO H, GAN W. A new pitch estimation method based on AMDF[J]. Journal of Multimedia, 2013, 8(5): 618-625.
[88] CHAKRABORTY R, SENGUPTA D, SINHA S. Pitch tracking of acoustic signals based on average squared mean difference function[J]. Signal Image and Video Processing, 2009, 3(4): 319-327.
[89] CHU W, ALWAN A. SAFE: a statistical approach to F0 estimation under clean and noisy conditions[J]. IEEE Transactions on Audio, Speech, and Language Processing, 2012, 20(3): 933-944.
[90] GODSILL S, DAVY M. Bayesian harmonic models for musical pitch estimation and analysis [C]// Proc. of the 2002 IEEE International Conference on Acoustics, Speech, and Signal Processing (ICASSP). Orlando, USA: IEEE, 2002: II-1769-II-1772.
[91] SUN X. Pitch determination and voice quality analysis using sub harmonic-to-harmonic ratio [C]// Proc. of the 2002 IEEE International Conference on Acoustics, Speech, and Signal Processing (ICASSP). Orlando, USA: IEEE, 2002: I-333-I-336.
[62] KADAMBE S, BOUDREAUX B G F. Application of the wavelet transform for pitch detection of speech signals[J]. IEEE Transactions on Information Theory, 1992, 38(2): 917-924.
[93] XU J, CHANG L, CUI H, et al. A pitch period detection algorithm using time and frequency analyses[J]. Journal of Tsinghua University (Science and Technology), 2012, 52(3): 143-145.
[94] UPADHYA S S. Pitch detection in time and frequency domain[C]// Proc. of the 2012 IEEE International Conference on Communication, Information & Computing Technology (ICCICT). Mumbai, India: IEEE, 2012: 1-5.
[95] CHEN J C, JANG J S R. tRUES: tone recognition using extended segment [J]. ACM Transaction on Asian Language Information Processing, 2008, 7(3):10-33.
[96] LIU Q, WANG J, WANG M, et al. A pitch smoothing method for mandarin tone recognition[J]. International Journal of Signal Processing, Image Processing & Pattern Recognition, 2013, 6(4): 245-253.
[97] PAN F, ZHAO Q, YAN Y. Improvements in tone pronunciation scoring for strongly accented mandarin speech[C]// Proc. of the 5th International Symposium on Chinese Spoken Language Processing (ISCSLP). Singapore: COLIPS, 2006: II- 592-II-602.
[98] ZHANG J, WU H, YAN Y. Tone pronunciation quality scoring of mandarin multi-syllable words[C]// Proc. of the 10th IEEE International Conference on Signal Processing (ICSP). Beijing, China: IEEE, 2010: 545-548.
[99] 汤霖. 普通话声调的客观评价[J]. 中文信息学报, 2007, 21(6): 116-123.

[100] ZHANG L, HUANG C, CHU M, et al. Automatic detection of tone mispronunciation in Mandarin[C]// Proc. of the 5th International Symposium on Chinese Spoken Language Processing (ISCSLP). Singapore: Springer, 2006: 590-601.

[101] PAN Y Q, WEI S, WANG R H. Tone evaluation of Chinese continuous speech based on prosodic words[C]// Proc. of the 6th International Symposium on Chinese Spoken Language Processing (ISCSLP). Kunming, China: ISCA, 2008: 1-4.

[102] 刘常亮. 基于语音识别技术的自动朗读错误检测研究[D]. 北京: 中国科学院声学研究所,2010: 73-93.

[103] WEI S, WANG H K, LIU Q S, et al. CDF-Matching for automatic tone error detection in Mandarin call system[C]// Proc. of the 2007 IEEE International Conference on Acoustics, Speech, and Signal Processing (ICASSP). Honolulu, USA: IEEE, 2007: IV-205 - IV-208.

[104] CHENG J. Automatic tone assessment of non-native mandarin speakers[C]// Proc. of the 13th Annual Conference of the International Speech Communication Association (INTERSPEECH). Portland, USA: ISCA, 2012: 1299-1302.

[105] 张琰彬, 呼月宁, 初敏, 等. 汉语普通话声调发音错误检测[J]. 清华大学学报(自然科学版), 2008, 48(S1): 683-687.

[106] LIAO H C, CHEN J C, CHANG S C, et al. Decision tree based tone modeling with corrective feedbacks for automatic mandarin tone assessment[C]// Proc. of the 11th Annual Conference of the International Speech Communication Association (INTERSPEECH). Makuhari, Japan: ISCA, 2010: 602-605.

[107] CHEN J C, LO J L, JANG J S R. Computer assisted spoken English learning for Chinese in Taiwan[C]// Proc. of the 2004 International Symposium on Chinese Spoken Language Processing. Hongkong, China:IEEE, 2004: 337-340.

[108] CHEN J C, JANG J S R, TSAI T L. Automatic pronunciation assessment for Mandarin Chinese: approaches and system overview[J]. Computational Linguistics and Chinese Language Processing, 2007, 12(4): 443-458.

[109] CHENG J. Automatic assessment of prosody in high-stakes English tests[C]// Proc. of the 12th Annual Conference of the International Speech Communication Association (INTERSPEECH). Florence, Italy: ISCA, 2011: 1589-1592.

[110] YAMASHITA Y, NOZAWA K. Automatic scoring for prosodic proficiency of English sentences spoken by Japanese based on utterance comparison[J]. IEICE Transactions on Information and Systems, 2005, 88(3): 496-501.

[111] VAN S J P H, PRUD'HOMMEAUX E T, BLACK L M. Automated assessment of prosody production[J]. Speech Communication, 2009, 51(11): 1082-1097.

[112] JIA H, TAO J, WANG X. Prosody variation: application to automatic prosody evaluation of Mandarin speech[C]// Proc. of the Fourth International Conference on Speech Prosody. Campinas, Brazil: ISCA, 2008: 547-550.

[113] DUONG M, MOSTOW J. Adapting a duration synthesis model to rate children's oral

reading prosody[C]// Proc. of the 11th Annual Conference of the International Speech Communication Association (INTERSPEECH). Makuhari, Japan: ISCA, 2010: 769-772.

[114] ARIAS J P, YOMA N B, VIVANCO H. Automatic intonation assessment for computer aided language learning[J]. Speech Communication, 2010, 52(3): 254-267.

[115] HUANG S, LI H, WANG S, et al. Exploring goodness of prosody by diverse matching templates[C]// Proc. of the 11th Annual Conference of the International Speech Communication Association (INTERSPEECH). Makuhari, Japan: ISCA, 2010: 1145-1148.

[116] TEIXEIRA C, FRANCO H, SHRIBERG E, et al. Prosodic features for automatic text-independent evaluation of degree of nativeness for language learners[C]// Proc. of the 1st Annual Conference of the International Speech Communication Association (INTERSPEECH). Beijing, China: ISCA, 2000: 187-190.

[117] HINCKS R. Processing the prosody of oral presentations[C]// Proc. of the 2004 InSTIL/ICALL Symposiumon on Computer Assisted Learning. Venice, Italy: ISCA, 2004: 19-24.

[118] MAIER A K, HÖNIG F, ZEIßLER V, et al. A language-independent feature set for the automatic evaluation of prosody[C]// Proc. of the 10th Annual Conference of the International Speech Communication Association (INTERSPEECH). Brighton, UK: ISCA, 2009: 600-603.

[119] HÖNIG F, BATLINER A, WEILHAMMER K, et al. Automatic assessment of non-native prosody for english as L2[C]// Proc. of the 5th International Conference on Speech Prosody. Chicago, USA: ISCA, 2010, 100973:1-4

[120] TEPPERMAN J, KAZEMZADEH A, NARAYANAN S S. A text-free approach to assessing nonnative intonation[C]// Proc. of the 8th Annual Conference of the International Speech Communication Association (INTERSPEECH). Antwerp, Belgium: ISCA, 2007: 2169-2172.

[121] TEPPERMAN J, NARAYANAN S S. Better nonnative intonation scores through prosodic theory[C]// Proc. of the 9th Annual Conference of the International Speech Communication Association (INTERSPEECH). Brisbane, Australia: ISCA, 2008: 1813-1816.

[122] SENEFF S, WANG C, ZHANG J. Spoken conversational interaction for language learning [C]// Proc. of the 2004 InSTIL/ICALL Symposiumon on Computer Assisted Learning. Venice, Italy: ISCA, 2004: 151-154.

[123] MENZEL W, HERRON D, BONAVENTURA P, et al. Automatic detection and correction of non-native English pronunciations[C]// Proc. of the 2000 Speech Technology in Language Learning (InSTIL). Dundee, Scotland: ISCA, 2000: 49-56.

[124] STRIK H, COLPAERT J, VAN D J, et al. The DISCO ASR-based CALL system: practicing L2 oral skills and beyond[C]// Proc. of the 2012 International Conference on Language Resources and Evaluation. Istanbul, Turkey: ELRA, 2012: 2702-2707.

[125] CUCCHIARINI C, DE W F, STRIK H, et al. Assessment of dutch pronunciation by

means of automatic speech recognition technology[C]// Proc. of the 5th International Conference on Spoken Language Processing (ICSLP). Sydney, Australia: ISCA, 1998: 1739-1742.

[126] KAWAHARA T, WANG H, TSUBOTA Y, et al. English and Japanese CALL systems developed at Kyoto University[C]// Proc. of the 2nd Annual Summit and Conference of Asia-Pacific Signal and Information Processing Association (APSIPA). Singapore: [s. n.], 2010: 804-810.

[127] DOWNEY R, FARHADY H, PRESENT T R, et al. Evaluation of the usefulness of the versant for English test: a response[J]. Language Assessment Quarterly, 2008, 5(2): 160-167.

[128] BERNSTEIN J, VAN M A, CHENG J. Validating automated speaking tests[J]. Language Testing, 2010, 27(3): 355-377.

[129] 张兰. 畅言语音教具系统在英语课堂上的应用[J]. 中国现代教育装备,2011, 12: 63-64.

[130] 李宏言. 面向英语口语测试的发音错误检测和诊断技术研究[D]. 北京: 中国科学院自动化所,2010.

[131] MÜLLER P F D V, DE W F, VAN D W C, et al. Automatically assessing the oral proficiency of proficient L2 speakers[C]// Proc. of the 2009 ISCA International Workshop on Speech and Language Technology in Education (SLaTE). Warwickshire, UK: ISCA, 2009: 29-32.

[132] WANG H, QIAN X J, MENG H. Predicting gradation of L2 English mispronunciations using crowdsourced ratings and phonological rules[C]// Proc. of the 2013 ISCA International Workshop on Speech and Language Technology in Education (SLaTE). Grenoble, France: ISCA, 2013: 30-31.

[133] WITT S M. Automatic error detection in pronunciation training: where we are and where we need to go? [C]// Proc. of the International Symposium on Automatic Detection of Errors in Pronunciation Training (IS ADEPT). Stockholm, Sweden: KTH, 2012: 1-8.

[134] PEABODY M A. Methods for pronunciation assessment in computer aided language learning[D]. Boston: Massachusetts Institute of Technology, 2011.

[135] LIAO H C, GUAN Y H, TU J J, et al. A prototype of an adaptive Chinese pronunciation training system[J]. System, 2014, 45: 52-66.

[136] ZHAO J, YUAN H, LEUNG W K, et al. Audiovisual synthesis of exaggerated speech for corrective feedback in computer-assisted pronunciation training[C]// Proc. of the 2013 IEEE International Conference on Acoustics, Speech, and Signal Processing (ICASSP). Vancouver, Canada: IEEE, 2013: 8218-8222.

[137] VAPNIK V N. The Nature of statistical learning theory[M]. Berlin: Springer Verlag, 1995.

[138] GE F P, LIU C L, BIN D, et al. An SVM-based mandarin pronunciation quality assessment system[J]. Advances in Intelligent and Soft Computing, 2009, 56:255-265.

[139] DOREMALEN J V, CUCCHIARINI C, STRIK H. Using non-native error patterns to improve pronunciation verification[C]// Proc. of the 11th Annual Conference of the International Speech Communication Association (INTERSPEECH). Makuhari, Japan: ISCA, 2010: 590-593.

[140] 刘庆升,魏思,胡郁,等. 基于 KLD 差的统计错误模式生成算法[J]. 数据采集与处理, 2009, 24(1): 32-37.

[141] GE F P, LU L, YAN Y H. Experimental investigation of mandarin pronunciation quality assessment system [C]// International Symposium Computer Science and Society (ISCCS). Kota Kinabalu:[s. n.],2011: 235-239.

[142] GOLDBERGER J, ARONOWITZ H. A distance measure between GMMs based on unsented transform and its application to speaker recognition[C]// ISCA Proceedings of Eurospeech. Lisbon, Portugal:[s. n.],2005: 1985-1988.

[143] SILKE G, MARINA S, WOLFGANG W. Is non-native pronunciation modeling necessary? [C]// EUROSPEECH 2001. Aalborg, Denmark:[s. n.], 2001: 309-312.

[144] 宋寅,梁维谦. 区分性模型在英语发音评测中的应用[J]. 清华大学学报(自然科学版), 2010, 50(4): 503-506.

[145] 祁均,梁维谦. 区分性训练算法在英语语音评测中的应用[J]. 电声技术, 2011, 35(8): 42-44.

[146] CINCAREK T, GRUHN R, HACKER C, et al. Automatic pronunciation scoring of words and sentences independent from the non-native's first language[J]. Computer Speech & Language, 2009, 23(1): 65-88.

[147] WEI S, HU G, HU Y, et al. A new method for mispronunciation detection using support vector machine based on pronunciation space models[J]. Speech Communication, 2009, 51(10): 896-905.

[148] OH R Y, PARK G J, LEE Y K. Speech recognition based pronunciation evaluation using pronunciation variations and anti-models for non-native language learners [J]. Advances in Intelligent and Soft Computing, 2012, 26: 345-352.

[149] 张峰. 基于统计模式识别发音错误自动检测的研究[D]. 合肥: 中国科学技术大学, 2009.

[150] VERTANEN K. An overview of discriminative training for speech recognition[R]. [S. l.]:Tech. Rep., 2008.

[151] BAHL L R, BROWN P F, SOUZA P V, et al. Maximum mutual information estimation of hidden Markov model parameters for speech recognition[C]// Proc. of the 1986 IEEE International Conference on Acoustics, Speech and Signal Processing (ICASSP). Texas, USA: IEEE, 1986: 49-52.

[152] MERIALDO B. Phonetic recognition using hidden Markov models and maximum mutual information[C]// Proc. of the 1988 IEEE International Conference on Acoustics, Speech and Signal Processing (ICASSP). New York, USA: IEEE, 1988: 111-114.

[153] CHOW Y L. Maximum mutual information estimation of HMM parameters for continuous

speech recognition using the N-best algorithm[C]// Proc. of the 1990 IEEE International Conference on Acoustics, Speech and Signal Processing (ICASSP). Albuquerque, NM: IEEE, 1990, 2: 701-704.

[154] NORMANDIN Y. Hidden Markov models, maximum mutual information estimation, and the speech recognition problem[D]. Montreal: McGill University, 1991.

[155] NORMANDIN Y. MMIE training for large vobabulary continuous speech recognition [C]// Proceedings of ICSLP, Yokohama, Japan,1994, 3: 1367-1370.

[156] VALTCHEV V, ODELL J, WOODLAND P, et al. Lattice-based discriminative training for large vocabulary speech recognition[C]// Proc. of the 1996 IEEE International Conference on Acoustics, Speech and Signal Processing (ICASSP). Atlanta, GA: IEEE, 1996, 2: 605-608.

[157] VALTCHEV V, ODELL J, WOODLAND P, et al. MMIE training of large vocabulary recognition systems[J]. Speech Communication, 1997, 22(4): 303-314.

[158] JUANG B H, KATAGIRI S. Discriminative learning for minimum error classification[J]. IEEE Trans. on Signal Processing, 1992, 40(12): 3043-3054.

[159] SCHLUTER R, MACHEREY W, MULLER B, et al. Comparison of discriminative training criteria and optimization methods for speech recognition[J]. Speech Communication, 2001, 34(3): 287-310.

[160] MACHEREY W, HAFERKAMP L, SCHLUTER R, et al. Investigations on error minimizing training criteria for discriminative training in automatic speech recognition[C]// Proceedings of Eurospeech. Lisbon, Portugal:[s. n.],2005: 2133-2136.

[161] SUKKAR R, LEE C H. Vocabulary independent discriminative utterance verification for nonkeyword rejection in subword based speech recognition[J]. IEEE Trans. on speech and audio processing, 1996, 4(6): 420-429.

[162] KORKMAZSKIY F, JUANG B H. Discriminative adaptation for speaker verification[C]// Proceedings of ICSLP, Philadelphia, PA:[s. n.],1996, 3: 1744-1747.

[163] POVEY D, WOODLAND P. Minimum phone error and I-Smoothing for improved discriminative training[C]// Proc. of the 2002 IEEE International Conference on Acoustics, Speech and Signal Processing (ICASSP). FL, USA: IEEE, 2002, 1:105-108.

[164] DU J, LIU P, SOONG F, et al. Minimum divergence based discriminative training[C] // Proceedings of ICSLP. PA, USA:[s. n.], 2006: 2410-2413.

[165] HEIGOLD G, MACHEREY W, SCHLUTER R, et al. Minimum exact word error training [C]// Proceedings of IEEE Workshop on Automatic Speech Recognition and Understanding. San Juan:[s. n.],2005: 186-190.

[166] POVEY D, GALES M, KIM D, et al. MMI-MAP and MPE-MAP for acoustic model adaptation[C]// Proceedings of Eurospeech. Geneva, Switzerland: [s. n.], 2003: 1981-1984.

[167] POVEY D. Improvements to fMPE for discriminative training of features[C]// Proceedings of Eurospeech. Lisbon, Portugal:[s. n.],2005: 2977-2980.

[168] CHOU W, JUANG B H, LEE C. Segmental GPD training of HMM based speech recognizer[C]// Proc. of the 1992 IEEE International Conference on Acoustics, Speech and Signal Processing (ICASSP). San Francisco, CA, USA: IEEE, 1992, 1: 473-476.

[169] KATAGIRI S, JUANG B H, LEE C H. Pattern recognition using a family of design algorithms based upon the generalized probabilistic descent method [J]. Proceedings of the IEEE, 1998, 86(11):2345-2373.

[170] GOPALAKRISHNAN P, KANEVSKY D, NADAS A, et al. An inequality for rational functions with applications to some statistical estimation problems[J]. IEEE Transactions on Information Theory, 1991, 37(1): 107-113.

[171] KANEVSKY D. A generalization of the Baum algorithm to functions on non-linear manifolds[C]// Proc. of the 1995 IEEE International Conference on Acoustics, Speech and Signal Processing (ICASSP). Detroit, Michigan, USA: IEEE, 1995(1):473-476.

[172] KAPADIA S, VALTCHEV V, YOUNG S. MMI Training for continuouous phoneme recognition on the TIMIT database[C]// Proc. of the 1993 IEEE International Conference on Acoustics, Speech and Signal Processing (ICASSP). Minnesota, USA: IEEE, 1993, 2: 491-494.

[173] 鄢志杰. 声学模型区分性训练及其在自动语音识别中的应用[D]. 合肥：中国科学技术大学,2008.

[174] QIAN X J, SOONG F, MENG H. Discriminative acoustic model for improving mispronunciation detection and diagnosis in computer-aided pronunciation training (CAPT)[C]// Proc. of the 11th Annual Conference of the International Speech Communication Association (INTERSPEECH). Makuhari, Japan: ISCA, 2010: 757-760.

[175] 龚澍. 基于 Tandem 的区分性训练在语音评测中的应用研究[D]. 合肥：中国科学技术大学,2010.

[176] RENOLDS D A, QUATIERI T F ,DUNN R B. Speaker verification using adapted Gaussian mixture models[J]. Digital Signal Processing, 2000, 10:19-41.

[177] SHEN W, REYNOLDS D A. Improving phonotactic language recognition with acoustic adaptation[C]// Proc. of the 8th Annual Conference of the International Speech Communication Association (INTERSPEECH). Antwerp, Belgium: ISCA, 2007: 358-361.

[178] WOODLAND P C, POVEY D. Large scale discriminative training of hidden Markov models for speech recognition [J]. Computer Speech & Language, 2002, 16(1): 25-47.

[179] UEBEL L F, WOODLAND P C. Speaker adaptation using lattice-based MLLR[C]// Proceedings of ISCA ITR-Workshop Adaptation Methods Speech Recognition. Sophia Antipolis, France: ISCA, 2001: 57-60.

[180] UEBEL L F, WOOLLAND P C. Discriminative linear transforms for speaker adaptation [C]// Proceedings of ISCA ITR-Workshop Adaptation Methods for Speech Recognition. Sophia Antipolis, France: ISCA, 2001: 61-64.

[181] WANG L, WOODLAND P C. MPE-based discriminative linear transforms for speaker adaptation[J]. Computer Speech & Language, 2008, 22(3): 256-272.

[182] ANASTASAKOS T, BALAKRISHNAN S V. The use of confidence measures in unsupervised adaptation of speech recognizers[C]// Proceedings of ICSLP. Sydney, Australia: [s. n.] ,1998: 2303-2306.

[183] PADMANABHAN M, SAON G, ZWEIG G. Lattice-based unsupervised MLLR for speaker adaptation[C]// Proceedings of ISCA ITRW ASR,. Paris, France: [s. n.] ,2000: 128-131.

[184] ANASTASAKOS T, MCDONOUGH J, SCHWARTZ R, et al. A compact model for speaker-adaptive training[C]// Proceedings of ICSLP. Philadelphia, PA: [s. n.] ,1996, 2: 1137-1140.

[185] GALES M J F. Adaptive training for robust ASR[C]// Proceedings of IEEE Workshop on Automatic Speech Recognition and Understanding (ASRU). Madonna di Campiglio, Italy: IEEE, 2001: 15-20.

[186] YU K, GALES M J F, WOODLAND P C. Unsupervised discriminative adaptation using discriminative mapping transforms[J]. IEEE Trans. on ASSP, 2009, 17(4): 714-723.

[187] YU K. Unsupervised discriminative adaptation using discriminative mapping transforms [C]// Proc. of the 2008 IEEE International Conference on Acoustics, Speech and Signal Processing (ICASSP). Las Vegas, NV, USA: IEEE, 2008: 4273-4276.

[188] LUO D, QIAO Y, MINEMATSU N, et al. Regularized-MLLR speaker adapation for computer assisted language learning system[C]// Proc. of the 11th Annual Conference of the International Speech Communication Association (INTERSPEECH). Makuhari, Japan: ISCA, 2010: 594-597.

[189] 李超雷. 交互式语言学习系统中发音质量客观评价方法研究[D]. 北京：中国科学院研究生院,2007.

[190] HUANG C, ZHANG F, SOONG F K. Improving automatic evaluation of mandarin pronunciation with speaker adaptive training (SAT) and MLLR speaker adaptation[C]// Proceedings of ISCSLP. Kunming, China: [s. n.] ,2008: 1-4.

[191] OKAWA Y, SUZUKI M, OGASAWARA H, et al. A speaker adaptation method for non-native speech using learners' native utterances for computer-assisted language learning systems[J]. Speech Communication, 2009, 51(10): 875-882.

[192] LEE C H. Speaker adaptation based on MAP estimation of HMM parameters[J]. IEEE Trans. on ASSP, 1993,2: 558-561.

[193] 潘逸倩. 汉语连续语流调型评测技术研究[D]. 合肥：中国科学技术大学, 2008.

[194] HUANG S, LI H Y, WANG S J, et al. Automatic reference independent evaluation of prosody quality using multiple knowledge fusions[C]// Proc. of the 11th Annual Conference of the International Speech Communication Association (INTERSPEECH). Makuhari, Japan: ISCA, 2010: 610-613.

[195] 国家语言文字工作委员会普通话培训测试中心. 普通话水平测试实施纲要[M]. 北京：商务印书馆, 2004.

[196] 严可,胡国平,魏思. 计算机用于英语背诵题的自动评分技术初探[J]. 计算机应用与

软件,2010, 27(7): 164-168.

[197] SCHLUTER R, MACHEREY W. Comparison of discriminative training criteria[C]// Proc. of the 1998 IEEE International Conference on Acoustics, Speech and Signal Processing (ICASSP). Seattle, WA, USA: IEEE, 1998(1):493-496.

[198] PENG X, XU W, WANG B. Speaker clustering via novel pseudo-divergence of Gaussian mixture models[C]// Proc. of the 2005 IEEE International Conference on Natural Language Processing and Knowledge Engineering (NLP-KE). Wuhan, China: IEEE, 2005: 111-114.

[199] SUGAMURA N, SHIKANO K, FURUI S. Isolated word recognition using phoneme-like templates[C]// Proc. of the 1983 IEEE International Conference on Acoustics, Speech and Signal Processing (ICASSP). Boston, USA: IEEE, 1983: 723-726.

[200] YOUNG S, EVERMANN G, GALES M, et al. The HTK book version 3.4 [R]. Cambridge, UK:Univ. Cambridge, 2009.

[201] ZEN H, NOSE T, YAMAGISHI J, et al. The HMM-based speech synthesis system (HTS) version 2.0[C]// Proc. of Sixth ISCA Workshop on Speech Synthesis. Bonn, Germany: ISCA, 2007: 294-299.

[202] MARK H, EIBE F, GEOFFREY H, et al. The WEKA data mining software: an update [J]. SIGKDD Explorations, 2009(11):10-18.

[203] 李萌涛, 杨晓果, 冯国栋,等. 大规模大学英语口语测试朗读题型机器阅卷可行性研究与实践[J]. 外语界, 2008, 4: 88-95.

[204] 郭巧, 陆际联. 计算机辅助汉语教学系统中语音评价体系初探[J]. 中文信息学报, 1999, 13(3): 48-53.

[205] 黄双, 李婧, 王洪莹, 等. 基于发音易混淆模型的发音质量评价算法[J]. 计算机应用, 2006, 26(S2): 287-289.

[206] 王炳锡, 屈丹, 彭煊. 实用语音识别基础[M]. 北京: 国防工业出版社, 2005.

[207] 赵元任. 一套标调的字母[J]. 语言学教师, 1980(2):81-83.

[208] FUJISAKI H, HIROSE K. Analysis of voice fundamental frequency contours for declarative sentences of Japanese[J]. Journal of the Acoustical Society of Japan (E), 1984, 5(4): 233-242.

[209] FUJISAKI H, WANG C, OHNO S, et al. Analysis and synthesis of fundamental frequency contours of standard Chinese using the command-response model[J]. Speech Communication, 2005, 47(1): 59-70.

[210] MIXDORFF H. A novel approach to the fully automatic extraction of Fujisaki model parameters[C]// Proc. of the 2000 IEEE International Conference on Acoustics, Speech and Signal Processing (ICASSP). Istanbul, Turkey: IEEE, 2000: 1281-1284.

[211] MIXDORFF H, FUJISAKI H, CHEN G P, et al. Towards the Automatic Extraction of Fujisaki model Parameters for Mandarin[C]// Proc. of the 4th Annual Conference of the International Speech Communication Association (INTERSPEECH). Geneva, Switzerland: ISCA, 2003:873-876.

[212] NARUSAWA S, MINEMATSU N, HIROSE K, et al. A method for automatic extraction of

model parameters from fundamental frequency contours of speech[C]// Proc. of the 2002 IEEE International Conference on Acoustics, Speech and Signal Processing (ICASSP). Orlando, USA: IEEE, 2002: 509-512.

[213] LEE T, LAU W, WONG Y W, et al. Using tone information in Cantonese continuous speech recognition[J]. ACM Transactions on Asian Language Information Processing, 2002, 1(1): 83-102.

[214] TOKUDA K, MASUKO T, MIYAZAKI N, et al. Multi-Space probability of distribution of HMM[J]. IEICE Transaction on Information and System, 2002, E85-D(3):455-464.

[215] ZHANG J S, HIROSE K. Anchoring hypothesis and its application to tone recognition of Chinese continuous speech[C]// Proc. of the 2000 IEEE International Conference on Acoustics, Speech and Signal Processing (ICASSP). Istanbul, Turkey: IEEE, 2000: 1419-1422.

[216] CAO Y, DENG Y, ZHANG H, et al. Decision tree based mandarin tone model and its application to speech recognition[C] // Proc. of the 2000 IEEE International Conference on Acoustics, Speech and Signal Processing (ICASSP). Istanbul, Turkey: IEEE, 2000: 1759-1762.

[217] QIAN Y, SOONG F K, LEE T. Tone-enhanced generalized character posterior probability (GCPP) for Cantonese LVCSR[J]. Computer Speech & Language, 2008, 22(4): 360-373.

[218] PENG G, WANG W S Y. Tone recognition of continuous Cantonese speech based on support vector machines[J]. Speech Communication, 2005, 45(1): 49-62.

[219] CHEN S H, WANG Y R. Tone recognition of continuous mandarin speech based on neural networks[J]. IEEE Transactions on Speech and Audio Processing, 1995, 3(2): 146-150.

[220] 宋欣桥. 普通话语音训练教程[M]. 长春: 吉林人民出版社, 1993.

[221] 吴宗济, 林茂灿. 实验语音学概要[M]. 北京: 高等教育出版社, 1989.

[222] 曹剑芬. 普通话儿化和轻声研究及其合成试验[C]// 第七届全国语音图像与通讯信号处理学术会议论文集. 西安: 西安电子科技出版社, 1995:1-6.

[223] 北京大学中文系现代汉语教研室. 现代汉语[M]. 北京: 商务印书馆, 2006.

[224] 王理嘉, 贺宁基. 北京话儿化韵的听辨实验和声学分析[M]. 北京: 商务印书馆, 1983.

[225] 周佳程, 于水源. 普通话儿化音的共振峰测量及分析[C]// 第八届中国语音学学术会议暨庆贺吴宗济先生百岁华诞语音科学前沿问题国际研讨会论文集. 北京: [出版者不详], 2008:1-4.

[226] SCHAPIRE R E, FREUND Y. Boosting: foundations and algorithms[M]. Massachusetts: MIT Press, 2012.

[227] MUKHERJEE I, SCHAPIRE R E. A theory of multiclass boosting[J]. The Journal of Machine Learning Research, 2013, 14(1): 437-497.

[228] THANATHAMATHEE P, LURSINSAP C. Handling imbalanced data sets with synthetic boundary data generation using bootstrap re-sampling and AdaBoost techniques[J]. Pattern Recognition Letters, 2013, 34(12): 1339-1347.

名词索引

X

Y

Z